EUL VERLAG

EINZELSCHRIFTEN

Manuel Imhof
Business Restructuring – Eine betriebswirtschaftliche und steuerrechtliche Analyse
Lohmar – Köln 2012 • 504 S. • € 73,- (D) • ISBN 978-3-8441-0207-9

Thorsten Böth und Matthias Meyer-Schwarzenberger (Hrsg.)
Klimawandel und nachhaltige Ökonomie – Problemkontext und Perspektiven – Konferenzbeiträge zum 3. Internationalen Ökonomentag
Lohmar – Köln 2012 • 116 S. • € 42,- (D) • ISBN 978-3-8441-0210-9

Martin Wehrfritz
Nationale Prägung der IFRS-Anwendung – Empirische Erkenntnisse für Deutschland und Großbritannien
Lohmar – Köln 2012 • 416 S. • € 67,- (D) • ISBN 978-3-8441-0212-3

Christian Neßler und Katja Bartelt
Die Bedeutung eines nachhaltigen SCM für die Umsetzung von CSR in der Unternehmensstrategie
Lohmar – Köln 2013 • 84 S. • € 37,- (D) • ISBN 978-3-8441-0221-5

Thomas Holtfort
Moderne Finanzanalyse – Von der Fundamentalanalyse zur Biofinance
2., erweiterte Auflage
Lohmar – Köln 2013 • 104 S. • € 38,- (D) • ISBN 978-3-8441-0223-9

Holger Berg
Transitions of Energy Regimes – An Evolutionary Economic Interpretation
Lohmar – Köln 2013 • 352 S. • € 64,- (D) • ISBN 978-3-8441-0225-3

Andreas Kadner
Harmonisierung von internem und externem Rechnungswesen – Kritische Analyse der Harmonisierbarkeit der Einzelabschlüsse deutscher mittelständischer Unternehmen
Lohmar – Köln 2013 • 272 S. • € 58,- (D) • ISBN 978-3-8441-0232-1

Harmonisierung von internem und externem Rechnungswesen

Kritische Analyse der Harmonisierbarkeit der Einzelabschlüsse deutscher mittelständischer Unternehmen

Von der Fakultät Wirtschaftswissenschaften
der Leuphana Universität Lüneburg

zur Erlangung des Grades
Doktor der Wirtschafts- und Sozialwissenschaften (Dr. rer. pol.)
genehmigte

Dissertation

von
Andreas Kadner

geb. 30.01.1979 in Hamburg

Eingereicht am: 20.09.2012

Mündliche Prüfung am: 12.12.2012

Erstgutachter: Prof. Dr. Döring
Zweitgutachter: Prof. Dr. Kahle

Prüfungsausschuss: Prof. Dr. Döring, Vors.
Prof. Dr. Kahle
Prof. Dr. Schulte

Erschienen unter dem Titel:
Harmonisierung von internem und externem Rechnungswesen – Kritische Analyse der Harmonisierbarkeit der Einzelabschlüsse deutscher mittelständischer Unternehmen

Druckjahr: 2013

Im JOSEF EUL VERLAG

Dr. Andreas Kadner

Harmonisierung von internem und externem Rechnungswesen

Kritische Analyse der Harmonisierbarkeit der Einzelabschlüsse deutscher mittelständischer Unternehmen

EUL VERLAG

Bibliografische Information der Deutschen Nationalbibliothek

Die Deutsche Nationalbibliothek verzeichnet diese Publikation in der Deutschen Nationalbibliografie; detaillierte bibliografische Daten sind im Internet über <http://dnb.d-nb.de> abrufbar.

Dissertation, Leuphana Universität Lüneburg, 2012

ISBN 978-3-8441-0232-1
1. Auflage März 2013

JOSEF EUL VERLAG GmbH
Brandsberg 6
53797 Lohmar
Tel.: 0 22 05 / 90 10 6-6
Fax: 0 22 05 / 90 10 6-88
E-Mail: info@eul-verlag.de
http://www.eul-verlag.de

Bei der Herstellung unserer Bücher möchten wir die Umwelt schonen. Dieses Buch ist daher auf säurefreiem, 100% chlorfrei gebleichtem, alterungsbeständigem Papier nach DIN 6738 gedruckt.

Vorwort

Die vorliegende Arbeit entstand während meiner Tätigkeit als wissenschaftlicher Mitarbeiter am Institut für Bank-, Finanz- und Rechnungswesen der Leuphana Universität Lüneburg. Sie wurde im Dezember 2012 von der Fakultät Wirtschaftswissenschaften der Leuphana Universität Lüneburg angenommen. Allen, die mich während der Erstellung dieser Arbeit unterstützt haben, gilt mein Dank.

Danken möchte ich meinem akademischen Lehrer und Doktorvater Prof. Dr. Ulrich Döring für die Betreuung der Arbeit und die zahlreichen Anregungen und Diskussionen während der Erstellung der Arbeit. Herrn Prof. Dr. Egbert Kahle danke ich für die jahrelange gute Zusammenarbeit und die Übernahme des Zweitgutachtens. Meinen Kollegen am Lehrstuhl für Bank-, Finanz- und Rechnungswesen danke ich für die zahlreichen motivierenden Diskussionen und das stets hilfreiche Feedback. Mein besonderer Dank gilt hierbei Frau Dipl.-Kffr. Corinna Hänel, Frau Dr. Christina Kasten, Herrn Dr. Tobias Lücke und Herrn Dr. Marc-Oliver Obermann.

Einen speziellen Platz in der Liste der Menschen, denen ich zu Dank verpflichtet bin, nehmen meine Eltern ein. Dass ich den Weg, den ich bisher im Leben gegangen bin, gehen konnte, habe ich vor allem Ihnen zu verdanken. Ihnen widme ich diese Arbeit.

Andreas Kadner

Inhaltsübersicht

Seite

Inhaltsverzeichnis

Seite

Abbildungsverzeichnis

Abkürzungsverzeichnis

a.F.	alte Fassung
a.M.	am Main
Abs.	Absatz
ADHGB	Allgemeines deutsches Handelsgesetzbuch
AfA	Absetzung für Abnutzung (Abschreibung)
AG	Aktiengesellschaft
AktG	Aktiengesetz
Anko	Anschaffungskosten
AV	Anlagevermögen
BaFin	Bundesanstalt für Finanzdienstleistungsaufsicht
BB	Betriebsberater (Zeitschrift)
BBK	Zeitschrift für Buchführung, Bilanzierung, Kostenrechnung
BC	Basis for Conclusions
Begr.	Begründung
BFuP	Betriebswirtschaftliche Forschung und Praxis (Zeitschrift)
BGB	Bürgerliches Gesetzbuch
BilMoG	Bilanzrechtsmodernisierungsgesetz
BilReG	Bilanzrechtsreformgesetz
BMF	Bundesministerium der Finanzen
BVR	Bundesverband der Deutschen Volksbanken und Raiffeisenbanken
bzw.	beziehungsweise
ca.	circa
CAPM	Capital Asset Pricing Model
d.h.	das heißt
DAX	Deutscher Aktienindex
DB	Der Betrieb (Zeitschrift)
DBW	Die Betriebswirtschaft (Zeitschrift)
DCF	Discounted Cash Flow
DIHK	Deutscher Industrie- und Handelskammertag
DMI	Deloitte Mittelstandsinstitut der Universität Bamberg
DRS	Deutsche(r) Rechnungslegungs Standard(s)

DRSC	Deutsches Rechnungslegungs Standards Committee e.V.
DStR	Deutsches Steuerrecht (Zeitschrift)
e.V.	eingetragener Verein
EBIT	Earnings before Interest and Taxes
ED	Exposure Draft
EG	Europäische Gemeinschaft
EK	Eigenkapital
EStG	Einkommensteuergesetz
et al.	et alii (und andere)
EU	Europäische Union
EVA	Economic Value Added
f.	folgende
FCF	Free Cash Flow
ff.	fortfolgende
Fifo	First in – first out
FK	Fremdkapital
Fn.	Fußnote
FuE	Forschung und Entwicklung
GE	Geldeinheit(en)
ggf.	gegebenenfalls
GmbH	Gesellschaft mit beschränkter Haftung
GmbH & Co. KG	Gesellschaft mit beschränkter Haftung und Compagnie Kommanditgesellschaft
GmbHG	Gesetz betreffend die Gesellschaften mit beschränkter Haftung
GmbHR	GmbH Rundschau (Zeitschrift)
GoB	Grundsätze ordnungsgemäßer Buchführung
GoBil	Grundsätze ordnungsgemäßer Bilanzierung
GuV	Gewinn- und Verlustrechnung
Heko	Herstellungskosten
HGB	Handelsgesetzbuch
HHL	Handelshochschule Leipzig
Hifo	Highest in – first out
Hrsg.	Herausgeber
i.d.R.	in der Regel

i.e.S.	im engeren Sinne
i.V.m.	in Verbindung mit
IAS	International Accounting Standard(s)
IASB	International Accounting Standards Board
IASC	International Accounting Standards Committee
IDW	Institut der Wirtschaftsprüfer e.V.
IfM	Institut für Mittelstandsforschung
IFRS	International Financial Reporting Standards
IFRS for SME	International Financial Reporting Standards for Small and Medium-sized Entities
inkl.	inklusive
InsO	Insolvenzordnung
IRZ	Zeitschrift für internationale Rechnungslegung
IT	Information und Telekommunikation
Jg.	Jahrgang
KfW	Kreditanstalt für Wiederaufbau
KMU	Kleine und mittelgroße Unternehmen
KOM	Mitteilung der Europäischen Kommission
KoR	Zeitschrift für internationale und kapitalmarktorientierte Rechnungslegung
KPMG	Klynveld Peat Marwick Goerdeler (Wirtschaftsprüfer, Steuer- und Unternehmensberatung)
krp	Kostenrechnungspraxis (Zeitschrift)
Lifo	Last in – first out
LSP	Leitsätze für die Preisermittlung aufgrund von Selbstkosten
m.w.N.	mit weiteren Nachweisen
Mio.	Million(en)
NOPAT	Net Operating Profit after Tax
Nr.	Nummer
NS	Nationalsozialismus / nationalsozialistisch
P6_TA	Entschließung des Europäischen Parlaments
PiR	Praxis der internationalen Rechnungslegung (Zeitschrift)
PublG	Publizitätsgesetz
RegE	Regierungsentwurf
ROCE	Return on Capital Employed

RWE AG	Rheinisch-Westfälische Elektrizitätswerke AG
RWZ	Österreichische Zeitung für Recht und Rechnungswesen
Rz.	Randziffer
S.	Seite
SME	Small and Medium-sized Entities
Sp.	Spalte
ST	Schweizer Treuhänder (Zeitschrift)
StuB	Unternehmensteuern und Bilanzen (Zeitschrift)
Tz.	Teilziffer
u.a.	unter anderem / und andere
u.U.	unter Umständen
US	United States
US-GAAP	United States Generally Accepted Accounting Principles
v.a.	vor allem
vgl.	vergleiche
VO	Verordnung
WACC	Weighted Average Cost of Capital
WiSt	Wirtschaftswissenschaftliches Studium (Zeitschrift)
WISU	Das Wirtschaftsstudium (Zeitschrift)
WPg	Die Wirtschaftsprüfung (Zeitschrift)
WpHG	Wertpapierhandelsgesetz
z.B.	zum Beispiel
z.T.	zum Teil
ZfB	Zeitschrift für Betriebswirtschaft
ZfbF	Zeitschrift für betriebswirtschaftliche Forschung
ZfCM	Zeitschrift für Controlling und Management
ZfgG	Zeitschrift für das gesamte Genossenschaftswesen

1 Einleitung

1.1 Problemstellung und Zielsetzung

Seit der Veröffentlichung mehrerer Arbeiten zum Thema Kalkulation und Selbstkostenrechnung von Eugen Schmalenbach zu Beginn des 20. Jahrhunderts galt in Deutschland die Trennung von internem und externem Rechnungswesen als unumstößliches Dogma.[1] Seit den neunziger Jahren des 20. Jahrhunderts wird diese Doktrin jedoch in Frage gestellt.[2] Wiederholt wird eine Harmonisierung von internem und externem Rechnungswesen diskutiert oder sogar gefordert,[3] wobei eine komplette Harmonisierung bisher und zum Teil auch für die Zukunft als schwer umsetzbar eingeschätzt wird.[4] Angestoßen durch international agierende kapitalmarktorientierte Konzerne, die seit der Jahrtausendwende in ihrer internen Erfolgsrechnung fast gänzlich auf kalkulatorische Größen verzichten, hat sich diese Diskussion in Wissenschaft und Praxis immer weiter verstärkt.[5] Insbesondere durch die verpflichtende Umstellung auf die IFRS-Rechnungslegung[6], deren einzige Funktion die Information der Jahresabschlussadressaten (vor allem der Anteilseigner) ist, hat in diesen Konzernen ein Umdenken stattgefunden, denn mit der Informationsfunktion verfolgt die IFRS-Rechnungslegung grundsätzlich das gleiche Ziel, wie das interne Rechnungswesen. Der Adressatenkreis ist zwar jeweils ein anderer, das Informationsinteresse der Anteilseigner – als zentraler ex-

1 Vgl. Schweitzer/Wagener (1998), S. 442; Mussnig (1996), S. 23.

2 Vgl. Schweitzer/Ziolkowski (1999), S. 2.

3 Vgl. Stute (2007), S. 38 ff.; Kahle (2003), S. 773 ff.; Weißenberger (2006), S. 409 ff.; Küting/Pfitzer/Weber (2011), S. 46 m.w.N.

4 Vgl. Stute (2007), S. 449 ff.; Müller (2006), S. 263 ff.; Hebeler (2003), S. 3; Hoke (2001), S. 2 m.w.N.

5 So wurde bereits im Geschäftsbericht von Daimler Benz für das Geschäftsjahr 1996 darauf hingewiesen, dass die Ergebnisgrößen nach amerikanischer Rechnungslegung (in diesem Fall US-GAAP) den wirtschaftlichen Erfolg des Unternehmens zutreffend abbilden und dass deshalb die Daten der externen Rechnungslegung auch für die interne Unternehmenssteuerung herangezogen werden können. Ein ähnlicher Standpunkt wird auch im Geschäftsbericht der Allianz Group für das Geschäftsjahr 1998 vertreten. Angestoßen wurde die Diskussion unter anderem durch einen Aufsatz zur Neustrukturierung des Rechnungswesens der Siemens AG von *ZIEGLER (1994)*. Vgl. Ziegler (1994), S. 175 ff.; Schweitzer/Küpper (2011), S. 750 f.

6 Die Full IFRS sind durch die IAS-Verordnung 1606/2002 des Europäischen Parlaments und des Rates vom 19.07.2002 für kapitalmarktorientierte Konzernmütter für Geschäftsjahre, die am oder nach dem 01.01.2005 beginnen (für bestimmte Unternehmen gab es auch Übergangsfristen bis 2007), auf den Konzernabschluss verpflichtend anzuwenden. Die Begriffe Rechnungslegung und externes Rechnungswesen werden im Rahmen dieser Arbeit synonym verwendet. Eine Begründung für dieses Vorgehen liefert Abschnitt 2.2.2.2.

terner Adressat[7] – ist mit dem der Unternehmensleitung aber vergleichbar. Eines der Hauptargumente für eine Harmonisierung des internen und externen Rechnungswesens wird in Synergiepotentialen gesehen, welche durch eine Zusammenlegung der zwei Rechenkreise nutzbar werden. Auf diese Weise könnten beispielsweise die zur externen Berichterstattung erhobenen Daten auch zur Lösung interner Entscheidungsprobleme genutzt werden. Letztere sowie mögliche Lösungsansätze in diesem Zusammenhang wurden von KAHLE (1973) ausführlich beschrieben.[8] Zu prüfen bleibt jedoch jeweils, ob der Nutzen aus einer Harmonisierung – vor allem die Kostenersparnis – nicht durch eine unverhältnismäßige Verschlechterung der Dispositionsgrundlagen für interne Entscheidungsprozesse oder eine ungewollte Preisgabe von internen Informationen an Unternehmensexterne erkauft wird.

Während mehr und mehr nach IFRS bilanzierende kapitalmarktorientierte Großkonzerne bereits den Weg in ein harmonisiertes Rechnungswesen beschreiten,[9] ist davon auszugehen, dass der Großteil der nach Handelsrecht bilanzierenden Unternehmen des deutschen Mittelstandes nach wie vor mit einer klaren Trennung des Rechnungswesens arbeitet.[10] Häufig manifestiert sich diese Trennung auch in der Übertragung der beiden Aufgaben der internen Unternehmensrechnung und der externen Berichterstattung an zwei unterschiedliche Abteilungen im Unternehmen – dem Controlling und der Finanzbuchhaltung. Einer der Hauptgründe für diese Trennung ist, dass sich, wie in der Literatur auch wiederholt angemerkt, die Handelsgesetzbuch-Rechnungslegung (HGB-Rechnungslegung) vor der Einführung des Bilanzrechtsmodernisierungsgesetztes (BilMoG) aufgrund ihrer Zielsetzung nicht für eine Harmonisierung des Rechnungswesens eignete.[11] Das liegt vor allem daran, dass sich das HGB[12] dem Gläubigerschutz verschrieben hat und dass ihm neben der Informations- auch eine Zahlungsbemessungsfunktion zukommt.[13]

---

7 Vgl. Framework 9 und 10 der Full IFRS.

8 Vgl. Kahle (1973), S. 15 ff.

9 Hierzu zählen u.a.: Siemens AG, Bayer AG, Daimler AG, Deutsche Lufthansa AG, Henkel AG. Vgl. Hebeler (2003), S. 2 m.w.N.

10 Vgl. hierzu u.a. Hinz (2005), S. 4 ff.; Möller/Hüfner (2004), S. 14; Zirkler/Nohe (2003), S. 222.

11 Vgl. u.a. Hebeler (2003), S. 5; Wala/Knoll/Messner (2007), S. 1835.

12 Ist in der Folge vom HGB die Rede, ist damit die Fassung *nach* dem BilMoG gemeint. Ist die Fassung *vor* dem BilMoG gemeint, wird dies mit HGB a.F. kenntlich gemacht.

13 Auf die Tatsache, dass die Informationsfunktion im HGB nach dem BilMoG deutlich an Bedeutung gewonnen hat, wird im Abschnitt 3.2.4 noch eingegangen.

Im Jahr 2009 haben sich jedoch durch die Verabschiedung des BilMoG[14] und der Veröffentlichung der „IFRS for Small and Medium-sized Entities" (IFRS for SME)[15] tief greifende Änderungen für deutsche Mittelständler in der Rechnungslegung ergeben.[16] Interessant ist insbesondere die mit dem BilMoG einhergehende Stärkung der Informationsfunktion in der handelsrechtlichen Rechnungslegung. Außerdem führt die Abschaffung der umgekehrten Maßgeblichkeit zu einer weitergehenden Entkopplung der Handels- von der Steuerbilanz. Dadurch könnte nun auch das HGB als Basis für ein harmonisiertes Rechnungswesen in Frage kommen.[17] Inwiefern das BilMoG eine Harmonisierung des Rechnungswesens erleichtert, gilt es im Rahmen dieser Arbeit zu untersuchen.

Auch auf internationaler Ebene hat sich im Bereich der Rechnungslegung für kleine und mittelständische Unternehmen etwas getan. Da die Full IFRS für kleine und mittelständische Unternehmen als zu komplex angesehen wurden[18], hat das IASB[19] den IFRS for SME-Standard ins Leben gerufen. Dieser ist zwar bis jetzt weder durch die Europäische Union noch durch die Bundesrepublik anerkannt worden, jedoch zielt die Entwicklung der Rechnungslegung mehr und mehr in Richtung Internationalisierung, was in der mittleren bis langen Frist eine Anerkennung durchaus nicht als unwahrscheinlich erscheinen lässt. Spätestens bei einer Anerkennung müsste sich der deutsche Mittelstand mit den Vor- und Nachteilen der zusätzlichen Veröffentlichung eines IFRS for SME-Abschlusses auseinan-

---

14 Das BilMoG sollte bereits am Ende des Jahres 2008 verabschiedet werden. Aufgrund strittiger Sachfragen und der Finanzmarktkrise wurde die Verabschiedung jedoch auf das Jahr 2009 verschoben. Nähere Erläuterungen zum BilMoG folgen im Abschnitt 3.2.4.

15 Das International Accounting Standard Board (IASB (vgl. Fn. 19)) hat das Projekt zwar zwischenzeitlich in „IFRS for Non-publicly Accountable Entities" und „IFRS for Private Entities" umbenannt. Der Hauptgrund war, dass man den potentiellen Anwenderkreis im Titel des Standards deutlicher machen wollte. Schließlich ist das IASB aber doch zur ursprünglichen Bezeichnung „IFRS for Small and Medium-sized Entities" zurückgekehrt. Zu den Veränderungen bei der Bezeichnung des neuen Standards vgl. beispielsweise Janssen/Gronewold (2010), S. 75 f.

16 Da die IFRS for SME in Deutschland noch nicht anwendbar sind, ergeben sich die Änderungen bisher vor allem aus der Verabschiedung des BilMoG.

17 Vgl. Böge (2009), S. 245; Lorson/Zündorf (2009), S. 733; Küting/Pfizter/Weber (2011), S. 47 f.

18 Zur Komplexität der Full IFRS vgl. Küting (2012), S. 297 ff. m.w.N.

19 Das IASB nahm im Jahr 2001 als Nachfolgeorganisation des International Accounting Standards Committee (IASC), welches 1973 von verschiedenen Wirtschaftsprüferverbänden gegründet wurde, seine Arbeit auf. Die Ziele des IASB bestehen unter anderem darin, international einheitliche Rechnungslegungsstandards zu entwickeln und durchzusetzen. Vgl. Wagenhofer (2009), S. 69 ff.

dersetzen. Zu den Vorteilen könnte unter anderem die Harmonisierbarkeit des Abschlusses mit dem internen Rechnungswesen zählen.

Vor diesem Hintergrund wird in dieser Arbeit analysiert, inwieweit eine Harmonisierung des Rechnungswesens für einen deutschen Mittelständler möglich und sinnvoll ist. Hierbei steht nicht das Ziel im Vordergrund, ein möglichst vollständig harmonisiertes Rechnungswesen anzustreben. Vielmehr wird untersucht, in welchen Bereichen eine Harmonisierung ökonomisch sinnvoll ist. Es ergeben sich folgende zentrale Fragestellungen:

- Welche Argumente sprechen aus Sicht eines deutschen Mittelständlers für und welche gegen eine Harmonisierung des Rechnungswesens? Welche Anforderungen muss ein harmonisiertes Rechnungswesen erfüllen?

- Inwieweit kann ein deutscher Mittelständler sein Rechnungswesen auf der Grundlage des HGB nach dem BilMoG harmonisieren? In welchen Bereichen hat das BilMoG die Harmonisierbarkeit des Rechnungswesens erleichtert?

- Inwieweit kann ein deutscher Mittelständler sein Rechnungswesen auf der Grundlage der IFRS for SME harmonisieren? Welche Bereiche kommen für eine Harmonisierung in Frage? Wie unterscheidet sich die Harmonisierbarkeit von der auf Basis des deutschen Handelsrechts? Erscheint die Erstellung und Veröffentlichung eines zusätzlichen Abschlusses nach den IFRS for SME – sofern dies in Zukunft möglich sein sollte – unter Abwägung der damit verbundenen Vor- und Nachteile als sinnvoll?

Mit der Beantwortung dieser Fragen versucht die vorliegende Arbeit, die durch die Verabschiedung des BilMoG und die Veröffentlichung der IFRS for SME entstandenen Lücken in der Diskussion um die Harmonisierung des internen und externen Rechnungswesens zu schließen.

Die technische Umsetzbarkeit der Harmonisierung soll hingegen nicht Gegenstand dieser Untersuchung sein. Die heutigen IT-Systeme sollten eine Integration der beiden Rechenkreise in den Bereichen ermöglichen, in denen dies aus inhaltlichen Gründen möglich erscheint und gewünscht wird.

1.2 Gang der Untersuchung

Die Untersuchung folgt in der Gliederung den drei zentralen Fragestellungen der Arbeit. Im ersten Hauptteil (Abschnitt 2) wird untersucht, welche Gründe zu der im deutschsprachigen Raum heute noch immer üblichen Unterteilung in internes und externes Rechnungswesen geführt haben und welche Argumente aus Sicht eines Mittelständlers für eine Harmonisierung des Rechnungswesens sprechen. Weiterhin werden hier Kriterien erarbeitet, die ein Urteil darüber erlauben, ob ein Rechnungslegungssystem oder auch nur einzelne Vorschriften als Basis für eine Harmonisierung geeignet sind.

Im zweiten Hauptteil (Abschnitt 3) wird eine HGB-basierte Harmonisierung untersucht. Hierbei wird zunächst ein grundsätzlicher Überblick über die Zielsetzung und Konzeption des HGB nach dem BilMoG gegeben. Anschließend wird für die im ersten Hauptteil vorgestellten Teilbereiche des internen Rechnungswesens untersucht, inwieweit das neue HGB die Harmonisierbarkeit mit dem externen Rechnungswesen verbessert hat. Im Rahmen dieser Untersuchung sollen insbesondere die möglichen Auswirkungen einer Harmonisierung für die bilanzierenden Unternehmen analysiert werden. In diesem Zusammenhang werden die Folgen für die wertorientierte Unternehmenssteuerung, die Planungs- und Kontrollrechnung, die Kalkulation von Aufträgen aber auch die Befriedigung der Informationsinteressen der externen Adressaten der Jahresabschlüsse beleuchtet.[20] Neben den mit einer Harmonisierung verbundenen Risiken und den sich daraus ergebenen Grenzen der Zusammenführbarkeit von internem und externem Rechnungswesen sollen auch die bis heute kaum oder noch gar nicht genutzten Möglichkeiten zur Harmonisierung herausgearbeitet werden. Abschließend soll zusammenfassend festgestellt werden, ob sich das HGB grundsätzlich als Basis für eine Harmonisierung des Rechnungswesens eines Mittelständlers eignet.

Im dritten Hauptteil der Arbeit (Abschnitt 4) werden – entsprechend dem zweiten Hauptteil – die Regelungen der IFRS for SME hinsichtlich Ihrer Eignung als Basis für eine Harmonisierung des Rechnungswesens untersucht. Dem voran geht auch hier eine Erläuterung der Zielsetzung und Konzeption der Rechnungslegung nach den IFRS for SME. Schließlich sollen hier die Fragen beantwortet werden, ob sich

---

20 Zu letzteren zählen vor allem die Anteilseigner, aber auch die Konkurrenten, Kunden oder die interessierte Öffentlichkeit. Auf den Adressatenkreis von Jahresabschlüssen wird im Abschnitt 2.2.2.1 näher eingegangen.

die IFRS for SME-Rechnungslegung grundsätzlich als Basis für eine Harmonisierung eignet, inwieweit und in welchen Punkten sich die Eignung von der Harmonisierbarkeit auf Basis der HGB-Rechnungslegung unterscheidet und ob der Nutzen aus den mit der Harmonisierung des Rechnungswesens verbundenen Synergien den Aufwand für die zusätzliche Erstellung und Veröffentlichung eines Abschlusses nach den IFRS for SME rechtfertigt.[21]

Die Abbildung 1 fasst den Gang der Untersuchung der vorliegenden Arbeit noch einmal grafisch zusammen:

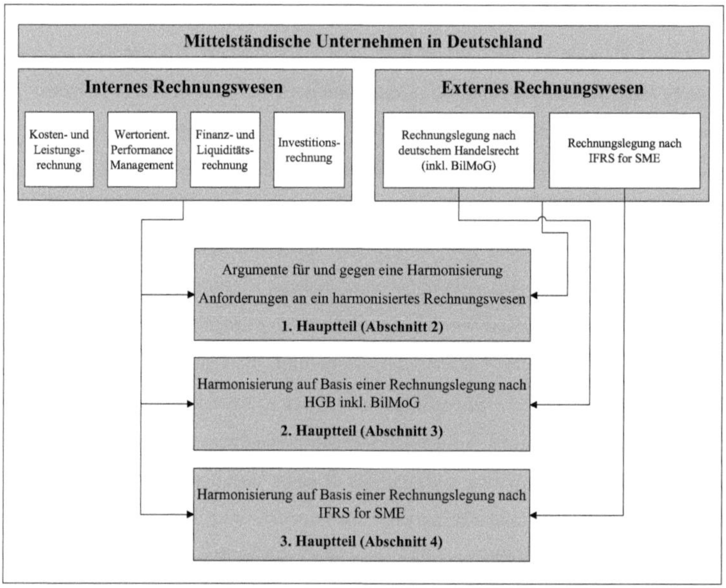

Abbildung 1: Gang der Untersuchung

21 Bei dieser Untersuchtung wird dann unterstellt, dass die Aufstellung eines zusätzlichen Abschlusses nach IFRS for SME bereits von der Europäischen Union anerkannt wäre.

2 Harmonisierung des Rechnungswesens aus Sicht eines deutschen Mittelständlers

2.1 Mittelstand

2.1.1 Definition

Da ein klares analytisches Konzept fehlt, ist bisher weder der Begriff der „kleinen und mittleren Unternehmen (KMU)", der des „Mittelstands" noch der der „mittelständischen Unternehmen" in der Literatur eindeutig definiert.[22] Die Abgrenzungskriterien werden – wie auch in der vorliegenden Arbeit – vor dem Hintergrund der jeweils zu untersuchenden Fragestellung gewählt. Diese Abgrenzungskriterien lassen sich grob in quantitative und qualitative Kriterien unterscheiden:

Quantitativen Kriterien:
In der Regel wird im Rahmen der quantitativen Kriterien auf objektive Input- beziehungsweise Einsatzwerte und Output- beziehungsweise Leistungswerte zurückgegriffen[23], die sich aus den nach gewissen Regeln aufzustellenden Jahresabschlüssen der Unternehmen ergeben. Diese Werte stellen regelmäßig einen Maßstab für die potentielle oder effektive wirtschaftliche Leistungsfähigkeit eines Unternehmens dar.[24] Hierzu zählen insbesondere die Mitarbeiterzahl, der Jahresumsatz oder die Bilanzsumme.[25] So grenzt beispielsweise die Europäische Kommission entsprechend dieser Kriterien Kleinstunternehmen sowie KMU von Großunternehmen ab:

---

22 Vgl. Europäische Kommission (2003), S. 70.

23 Vgl. Sombart (1955), S. 539 f.; Busse von Colbe (1964), S. 35 ff.

24 So geben die Rechnungslegungssysteme, nach denen ein Unternehmen seinen Jahresabschluss zu erstellen hat, beispielsweise vor, wie der Umsatz und die Bilanzsumme zu ermitteln sind. In dieser Arbeit werden das deutsche Handelsrecht und die International Financial Reporting Standards for Private Entities thematisiert.

25 Zu weiteren möglichen Abgrenzungskriterien vgl. Pfohl (2006), S. 18 ff.

Unternehmens-größe	Zahl der Beschäftigten	Jahresumsatz in Mio. €	Bilanzsumme in Mio. €
mikro	< 10	≤ 2	≤ 2
klein	< 50	≤ 10	≤ 10
mittelgroß	< 250	≤ 50	≤ 43

Abbildung 2: Unterteilungskriterien der Europäischen Kommission für KMU[26]

Das Hauptaugenmerk wird hier auf die Mitarbeiterzahl gelegt. Als zweites Kriterium muss entweder die Grenze des Jahresumsatzes oder der Bilanzsumme unterschritten werden.[27] Demnach gelten hiernach alle Unternehmen als zu den KMU gehörig, die eine Mitarbeiterzahl von 250 unterschreiten und entweder einen Jahresumsatz von 50 Mio. € oder eine Bilanzsumme von 43 Mio. € nicht überschreiten.

Eine weitere vielfach verwendete Abgrenzung wurde vom Institut für Mittelstandsforschung (IfM) in Bonn veröffentlicht. Diese verzichtet auf die Bilanzsumme als Kriterium und zählt alle Unternehmen zu den KMU, die weniger als 500 Beschäftigte oder einen Jahresumsatz von unter 50 Mio. € aufweisen.

Unternehmensgröße	Zahl der Beschäftigten	Jahresumsatz in Mio. €
klein	< 10	< 1
mittel	< 500	< 50

Abbildung 3: Unterteilungskriterien des Instituts für Mittelstandsforschung für KMU[28]

Dieser Definition folgen im Übrigen auch die Vorgaben von Basel II[29], was zu der weiten Verbreitung dieser Kriterien geführt hat.[30] KUßMAUL (1990) schließt sich

---

26 Vgl. Empfehlung der Kommission vom 06. Mai 2003 (2003/361/EG), L 124, S. 39.

27 Begründet wird die Kombination der Mitarbeiterzahl mit finanziellen Kennzahlen damit, dass Letztere erst die tatsächliche Bedeutung eines Unternehmens, seiner Leistungsfähigkeit und seiner Wettbewerbssituation widerspiegelt. Vgl. Empfehlung der Kommission vom 06.Mai 2003 (2003/361/EG), L 124, S. 36.

28 Vgl. Institut für Mittelstandsforschung Bonn (2009). Einzusehen unter www.ifm-bonn.org. (Tag der Einsichtnahme: 14.05.2009).

der Grenze von 500 Mitarbeitern an. Er wählt allerdings einen eindimensionalen Ansatz (ausschließlich die Mitarbeiter) und verzichtet auf jedes weitere Kriterium.[31]

Daneben bietet auch die handelsrechtliche Rechnungslegung über die Festlegung der Größenklassen von Kapitalgesellschaften eine Orientierung. Zuletzt wurden die Schwellenwerte des § 267 HGB im Jahr 2009 im Rahmen des Bilanzrechtsmodernisierungsgesetzes um ca. 20 % angehoben.

Unternehmens-größe	Zahl der Beschäftigten	Jahresumsatz in Mio. €	Bilanzsumme in Mio. €
Klein	< 50	≤ 9,68	≤ 4,84
mittelgroß	< 250	≤ 38,5	≤ 19,25

Abbildung 4: Unterteilungskriterien für KMU gemäß deutschem Handelsrecht[32]

Demnach gelten alle Unternehmen als KMU, die weniger als 250 Mitarbeiter beschäftigen, die einen Jahresumsatz von nicht mehr als 38,5 Mio. € und/oder eine Bilanzsumme von nicht mehr als 19,25 Mio. € aufweisen. Gemäß dem HGB müssen lediglich zwei der drei Kriterien erfüllt sein, damit eine Kapitalgesellschaft entsprechend eingestuft wird.

Schließlich finden mitunter Größenkriterien Anwendung, die den Mittelstand deutlich weiter fassen. So werden gemäß dem Deloitte Mittelstandsinstitut der Universität Bamberg (DMI) alle Unternehmen zum Mittelstand gezählt, die eine Mitarbeiterzahl von 3.000 und einen Jahresumsatz von 600 Mio. € nicht überschreiten.[33]

Aufgrund ihrer Verfügbarkeit – insbesondere für Unternehmensexterne stehen häufig nur bedingt alternative Maßstäbe zur Verfügung – haben sich in der Literatur die Kriterien „Zahl der Beschäftigten“, „Jahresumsatz“ und „Bilanzsumme“

---

29 Auf die Regelungen von Basel II wird an anderer Stelle noch eingegangen (vgl. Abschnitt 2.2.2.4).

30 Vgl. Peemöller/Schmalz (2007), S. 208.

31 Vgl. Kußmaul (1990), S. 12.

32 Vgl. § 267 Abs. 1 und 2 HGB.

33 Vgl. Becker/Ulrich (2009), S. 3. Hierbei ist jedoch zu beachten, dass das DMI die Grenzen bewusst unscharf (d.h. nicht exakt auf diese Werte) setzt, da die quantitativen im Zweifel hinter den qualitativen Kriterien zurückstehen.

weitgehend durchgesetzt.[34] Zwar bilden diese Werte einen objektiven Maßstab für die Einteilung der Unternehmen und auch Rechtsanwendungen wären ohne diese eindeutigen Grenzwerte in vielen Fällen undenkbar,[35] jedoch unterliegt ihre Festlegung einer gewissen Willkür, was auch durch die unterschiedlichen Grenzwerte deutlich wird.[36] Daneben wird in der Literatur zum Teil konstatiert, dass die ausschließliche Nutzung von quantitativen Kriterien dem Wesen der mittelständischen Unternehmen nicht gerecht wird.[37]

Qualitative Kriterien:
MUGLER (1998) gibt einen Überblick über die vielfältigen in der Literatur verwendeten qualitativen Kriterien zur Abgrenzung von KMU.[38] An dieser Stelle soll jedoch nur auf die wesentlichen in der Literatur immer wieder genannten Kriterien eingegangen werden.

Das IASB ist bei der Entwicklung der IFRS for SME von einer KMU-Definition ausgegangen, die die Anwendung der IFRS for SME nur für solche Unternehmen vorsieht, die nicht kapitalmarktorientiert oder treuhändisch vermögensverwaltend tätig sind.[39] Demnach sind entsprechend dieser Definition alle Unternehmen zu den KMU gehörig, die nicht der Öffentlichkeit gegenüber zur Rechenschaft verpflichtet sind. Jedoch konstatieren beispielsweise DROSS (1996) oder WOSSIDLO (1993), dass der Mittelstand nicht notwendigerweise über eine fehlende Emissionsfähigkeit definiert werden muss. Sie begründen dies unter anderem mit den jüngsten Entwicklungen am Kapitalmarkt,[40] welche auch kleineren Unternehmen

---

34 Diese werden je nach Untersuchungsschwerpunkt eingesetzt. Weitere mögliche Größenmerkmale nennt beispielsweise PFOHL (2006). Vgl. Pfohl (2006), S. 12.

35 Vgl. Lüdenbach/Hoffmann (2004), S. 598.

36 Vgl. Kirsch/Meth (2007), S. 9; Lüdenbach/Hoffmann (2004), S. 598; Pfohl (2006), S. 17.

37 Vgl. Wolter/Hauser (2001), S. 27.

38 Vgl. Mugler (1998), S. 20.

39 Das IASB schließt alle Unternehmen von der Anwendung der IFRS for SME aus, die entweder kapitalmarktorientiert sind oder die für einen großen Kreis von Dritten Vermögen treuhändisch verwalten (z.B. Banken, Versicherungen, Pensionsfonds oder Investmentfondsgesellschaften). Vgl. IFRS for SME 1.2 und Kirsch (2009), S. 4. Hierauf wird im Abschnitt 3.3 noch einmal genauer eingegangen.

40 Wie beispielsweise die Einführung des Börsensegments des Neuen Marktes für Unternehmen mit neuen Technologien. Vor allem junge wachstumsstarke Unternehmen wurden hier gelistet. Dieses Börsensegment wurde jedoch wegen des starken Kursverfalls am Anfang dieses Jahrhunderts (im Jahr 2003) geschlossen und durch den TecDax ersetzt.

den Zugang erleichtern, und der Möglichkeit der Finanzierung über Unternehmensbeteiligungsgesellschaften.[41]

In der Regel wird das Hauptaugenmerk jedoch auf das Verhältnis zwischen Eigentum und Unternehmensleitung gelegt.[42] In dieser Hinsicht liegt in mittelständischen Unternehmen häufig eine enge Verknüpfung vor, was sich darin äußert, dass die Eigentümer oder die Eigentümerfamilien die unternehmensrelevanten Entscheidungen treffen.[43] MANDLER (2004) sieht aufgrund der Verflechtung von Eigentum und Leitung zudem eine unterdurchschnittliche Unternehmensgröße als konsekutives Merkmal, da ab einer gewissen Unternehmensgröße die Leitung nicht mehr vom Unternehmer allein übernommen werden kann.[44] Ihm zufolge schließt eine qualitative Abgrenzung der mittelständischen Unternehmen also eine quantitative Abgrenzung mit ein.[45]

Ein weiteres Kriterium, welches mit dem eigenverantwortlichen Handeln des Eigentümers in direktem Zusammenhang steht, ist die wirtschaftliche und rechtliche Unabhängigkeit des Unternehmens. Daraus folgt, dass Konzernunternehmen, Filialen oder Betriebsstätten nicht zum Mittelstand gehören.[46]

GÜNTERBERG/KAYSER (2004) sehen daneben die Verbindung der wirtschaftlichen Existenz des Eigentümers mit dem Unternehmen als Kriterium für ein mittelständisches Unternehmen.[47] Wobei die Rechtsform des Unternehmens irrelevant ist, denn die Existenz des Eigentümers kann auch von der Beteiligung an einer haftungsbeschränkten Kapitalgesellschaft abhängen, wenn die Finanzierung dieser Gesellschaft zumindest zum Teil aus dem Privatvermögen des Unternehmers erfolgt ist.

---

41 Vgl. Dross (1996), S. 10 f.; Wossidlo (1993), Sp. 2890.

42 Vgl. beispielsweise Hamer (2006), S. 30; Scherff/Willeke (2005), S. 61.

43 Vgl. Krey/Lorson (2007), S. 1717 f. Zu den Unternehmensrelevanten Entscheidungen gehören unter anderem Regel und Strukturentscheidungen. Vgl. hierzu Kahle (2001), S. 14.

44 Vgl. Mandler (2004), S. 14; Janssen (2009), S. 11.

45 Wobei diese als nicht so absolut angesehen werden kann, wie die oben beschriebenen quantitativen Kriterien.

46 Vgl. Janssen (2009), 10 f.; Krey/Lorson (2007), S. 1717 f. Filialen oder Betriebsstätten sind rechtlich unselbständig, sie können allerdings Teil eines mittelständischen Unternehmens sein. Konzernunternehmen sind wirtschaftlich abhängig und damit grundsätzlich nicht zum Mittelstand gehörig, wenn nicht der Konzern als Ganzes als mittelständisch einzustufen ist. Im Rahmen der vorliegenden Arbeit sollen KMU-Konzerne nicht Gegenstand der Untersuchung sein.

47 Vgl. Günterberg/Kayser (2004), S. 2.

Die Abbildung 5 fasst die in der Literatur am meisten verbreiteten qualitativen Kriterien zur Abgrenzung mittelständischer Unternehmen zusammen:

Wesentliche qualitative Kriterien zur Abgrenzung mittelständischer Unternehmen			
Enge Verknüpfung zwischen Eigentum und Unternehmensleitung	Rechtliche und wirtschaftliche Unabhängigkeit des Unternehmens	Abhängigkeit der wirtschaftlichen Existenz des Unternehmers vom Unternehmen	Unterdurchschnittliche bzw. überschaubare Unternehmensgröße

Abbildung 5: In der Literatur verbreitete qualitative Kriterien von mittelständischen Unternehmen

Eine pragmatischere und für die vorliegende Arbeit relevantere Definition von mittelständischen Unternehmen anhand qualitativer Merkmale stammt von KRAMER (2000) in Anlehnung an WOSSIDLO (1993). Er weicht die Voraussetzungen der wirtschaftlichen Selbstständigkeit und die Personenbezogenheit etwas auf:

Qualitative Kriterien mittelständischer Unternehmen nach *Kramer*		
Rechtliche Selbstständigkeit:	**Wirtschaftliche Selbstständigkeit:**	**Personenbezogenheit:**
Filialen und Betriebsstätten größerer Unternehmen gelten nicht als mittelständische Unternehmen.	Unternehmen, deren Eigenkapital sich zu einem maßgeblichen Teil ($\geq 25\%$) im Besitz von Drittunternehmen befindet, gelten nicht als mittelständisch.	Unternehmen, die vom Eigentümer geleitet werden, oder solche, bei denen die Eigentümer einen faktischen Einfluss auf den Entscheidungsprozess haben, gelten als mittelständisch.

Abbildung 6: Qualitative Kriterien von mittelständischen Unternehmen nach KRAMER (2000)[48]

Als zentraler Nachteil der qualitativen Kriterien kann die nur bedingt vorhandene statistische Erfassbarkeit und die zum Teil fehlende objektive Nachprüfbarkeit gesehen werden.[49]

---

48 Eigene Darstellung in Anlehnung an Kramer (2000), S. 18; Wossidlo (1993), Sp. 2890 f.

49 So ist fraglich, wann die wirtschaftliche Existenz eines beziehungsweise des Eigentümers aufhört vom Unternehmen abzuhängen.

2.1.2 Mittelstandsverständnis im Sinne dieser Arbeit

Aus den bisherigen Ausführungen ist zu erkennen, dass der Begriff der kleinen und mittelständischen Unternehmen vor allem in Verbindung mit den quantitativen Kriterien zur Abgrenzung dieser Unternehmensgruppe genannt wird. Die Begriffe Mittelstand und mittelständische Unternehmen werden hauptsächlich mit den qualitativen Merkmalen in Verbindung gebracht. Im Rahmen dieser Arbeit werden die drei Begriffe jedoch synonym verwendet. Sie bezeichnen alle die folgende Definition:

Mittelständische Unternehmen im Sinne dieser Arbeit zeichnen sich zunächst durch eine überschaubare Größe aus. Die Größe soll allerdings nur an der Mitarbeiterzahl und nicht am Umsatz oder der Bilanzsumme festgemacht werden, da Letztere sehr von der beobachteten Branche abhängig sind.[50] Hier soll die Grenze der Mitarbeiterzahl des Instituts für Mittelstandsforschung zugrunde gelegt werden. Das heißt, dass nur Unternehmen mit einer **Mitarbeiterzahl von unter 500** zum Mittelstand gezählt werden.[51] Zentrale Unterschiede im Vergleich zu Großunternehmen ergeben sich dadurch vor allem in der Aufbau- und Ablauforganisation.[52]

Des Weiteren zählen in Anlehnung an KRAMER (2000) **keine** (wirtschaftlich abhängigen) **Konzernunternehmen oder** (rechtlich abhängigen) **Filialen oder Betriebsstätten** zu den mittelständischen Unternehmen im Sinne dieser Arbeit.[53] Im Rahmen der wirtschaftlichen Abhängigkeit gilt, dass nur solche Unternehmen zum Mittelstand gehören, deren Eigenkapital sich nicht zu einem maßgeblichen Teil[54] in den Händen von Drittunternehmen befindet. Hinsichtlich der Rechtsform gibt es keine Einschränkungen. Sowohl Personen- als auch Kapitalgesellschaften können zu den Mittelständlern zählen, sofern sie die eben genannten Kriterien erfüllen.

---

50 So wird beispielsweise bei gleicher Mitarbeiterzahl im Handel in der Regel ein höherer Umsatz zu beobachten sein als im produzierenden Gewerbe.

51 Zur Herleitung der Abgrenzungskriterien des Mittelstands und des Schwellenwerts von 500 Mitarbeitern vgl. bspw. Kahle (1992), Sp. 1408 f.

52 Zur Organisation mittelständischer Unternehmen vgl. Kahle (1992), Sp. 1412 ff.

53 Vgl. Kramer (2000), S. 18.

54 Also solche Unternehmen, deren Eigenkapital sich zu weniger als 25 % im Besitz von Drittunternehmen befindet (vgl. Abschnitt 2.1.1).

Eine Kapitalmarktorientierung der mittelständischen Unternehmen soll im Rahmen dieser Arbeit nicht von vornherein ausgeschlossen werden, da – wie oben bereits erläutert – die Veränderungen der Kapitalmärkte eine solche Finanzierung für den Mittelstand in den Bereich des Möglichen gerückt haben und es somit eine Vernachlässigung der aktuellen Marktgegebenheiten wäre, diese Mittelständler von der Untersuchung auszuschließen. Allerdings soll dieser Aspekt in der Arbeit keine zentrale Rolle spielen, da die IFRS for SME nicht für eine Anwendung bei kapitalmarktorientierten Unternehmen vorgesehen sind. Unabhängig davon sollen für solche Mittelständler, die den Kapitalmarkt nutzen, die Möglichkeiten und Folgen einer Harmonisierung auf Basis des HGB an gegebener Stelle untersucht werden.

Kleinstunternehmen[55] sind von der Untersuchung ausgenommen, da diese sowohl gesetzlich von der Aufstellung eines Jahresabschlusses befreit sind als auch meist kein internes Rechnungswesen im Sinne dieser Arbeit vorhalten. Demnach ergibt sich hinsichtlich einer möglichen Harmonisierung des Rechnungswesens für diese Unternehmen keine Relevanz.

Die Untersuchungsobjekte im Rahmen dieser Arbeit sind also solche Mittelständler, die rechtlich und wirtschaftlich selbständig sind, nicht unter die Befreiung des § 241a HGB fallen und eine Mitarbeiterzahl von 499 nicht überschreiten.

2.1.3 Gesamtwirtschaftliche Bedeutung des Mittelstands

Im Jahr 2009 gehörten nach der Definition des Instituts für Mittelstandsforschung 99,7 % aller Unternehmen in Deutschland zum Mittelstand. Auf diese Unternehmen entfielen 39,1 % aller Umsätze und 60,8 % aller Beschäftigten.[56] Darüber hinaus stellt der Mittelstand 82,9 % aller Ausbildungsplätze in Deutschland zur

---

55 Kleinstunternehmen sind Einzelkaufleute, die gemäß § 241a HGB von der Pflicht zum Führen von Büchern und der Pflicht zum Aufstellen von Inventar und Jahresabschluss befreit sind. Vgl. hierzu auch die Ausführungen im Abschnitt 2.2.2.3.

56 Vgl. Institut für Mittelstandsforschung (IfM) in Bonn (2011). Einzusehen unter www.ifm-bonn.org. (Tag der Einsichtnahme: 26.03.2012). Im Gegensatz zu der des Instituts für Mittelstandsforschung (IfM) sieht die Definition im Rahmen dieser Arbeit keine Begrenzung des Umsatzes vor, sondern ausschließlich die Begrenzung der Mitarbeiterzahl auf maximal 499. Somit dürfte der Anteil der im Sinne dieser Arbeit zum Mittelstand gehörigen Unternehmen noch höher sein.

Verfügung.[57] Vor diesem Hintergrund ist es nicht verwunderlich, dass der Mittelstand regelmäßig als „Rückrat der deutschen Wirtschaft"[58] bezeichnet wird.[59] Auch auf europäischer Ebene kommt dem Mittelstand eine besondere Bedeutung zu. So sah und sieht die EU-Kommission den Mittelstand als wichtigstes Element der EU-Volkswirtschaft und bezeichnete ihn im Jahr 2003 in einer Mitteilung an den Rat und das europäische Parlament als „wichtigsten Motor der EU-Volkswirtschaft"[60]. Ordnungspolitisch stellt der Mittelstand einen Garant für den freien Wettbewerb und damit für die Vermeidung von zu starken Konzentrations- beziehungsweise Monopolisierungstendenzen dar.[61] Darüber hinaus werden strukturelle und konjunkturelle Risiken von vielen mittelständischen Unternehmen besser abgefangen als von wenigen Großunternehmen, weil eine gewisse Risikostreuung stattfindet und kleinere Unternehmen in der Regel über eine bessere und schnellere Anpassungsfähigkeit verfügen als Großunternehmen.[62]

Hinsichtlich der wirtschaftlichen Aktivitäten ist in den vergangenen Jahren im Mittelstand eine stärkere Internationalisierung zu beobachten. Der Exportanteil – besonders von größeren Mittelständlern – hat deutlich zugenommen.[63]

Es ist eingängig, dass der Mittelstand vor dem Hintergrund seiner Bedeutung für die Volkswirtschaft auch im Hinblick auf Neuerungen in der Rechnungslegung und der sich daran anschließenden wissenschaftlichen Diskussion ein zentraler Untersuchungsgegenstand sein sollte. Nicht zuletzt aus diesem Grund werden im Rahmen dieser Arbeit speziell die Änderungen, die sich im deutschen Handelsrecht durch die Verabschiedung des BilMoG sowie in der internationalen Rechnungslegung durch die Veröffentlichung der IFRS for SME für den Mittelstand ergeben haben, im Hinblick auf eine mögliche Harmonisierung des Rechnungswesens untersucht.

57 Schätzung des Instituts für Mittelstandsforschung (IfM) in Bonn. Als Basis dienten dem IfM die Unternehmensteuerstatistik sowie die Zahlen der Beschäftigten in Betrieben der Beschäftigtenstatistik und der Selbstständigen des Mikrozensus.

58 Walther (2006), S. 350; Wallau (2006), S. 20.

59 Vgl. hierzu auch die Ausführungen von Janssen (2009), S. 13.

60 Mitteilung der Europäischen Kommission an den Europäischen Rat und das europäische Parlament vom 21.01.2003 (KOM(2003) 26), S. 7.

61 Vgl. Hamer (2006), S. 33; Lüpken (2003), S. 13.

62 Vgl. Bussiek (1996), S. 212.

63 Vgl. Miller (2009), S. 174.

2.2 Betriebliches Rechnungswesen

2.2.1 Überblick

Die Hauptaufgabe von privatwirtschaftlichen Betrieben[64] besteht in der Produktion und dem Absatz von Gütern und/oder Dienstleistungen.[65] Der Prozess der Leistungserstellung besteht regelmäßig aus der Kombination von Produktionsfaktoren.[66] Hierbei stellt das betriebliche Rechnungswesen das zentrale Hilfsmittel dar, dessen sich die Betriebs- und Geschäftsleitung zur Optimierung dieses Leistungserstellungsprozesses bedient.[67] Nach WÖHE/DÖRING (2010) ist das betriebliche Rechnungswesen „ein Informationsanbieter, der seine Leistungen an verschiedene Informationsnachfrager abgibt“[68]. Es hat die Aufgabe, quantitative Unternehmensdaten vergangener oder zukünftiger Abrechnungszeiträume zu erfassen, zu speichern und zu verarbeiten.[69] Das betriebliche Rechnungswesen beschränkt sich dabei nicht nur auf die Buchhaltung und Kalkulation, sondern umfasst auch statistische Aufzeichnungen über sich im Unternehmen abspielende Vorgänge. Außerdem sind Planungsvorgänge aller Art Bestandteil des betrieblichen Rechnungswesens.[70]

Das betriebliche Rechnungswesen kann auf verschiedene Weisen gegliedert werden. So ist beispielsweise eine Unterteilung nach dem Wiederholungscharakter möglich, bei der nach einmaligen und sich wiederholenden Rechnungen unterschieden wird. Weiterhin kann nach dem Zeitbezug unterteilt werden. Hier werden in der Regel Vergangenheits-(Ist-) und Zukunfts-(Plan-)rechnungen unterschieden. Schließlich ist die wohl gängigste Unterteilungsform zu nennen: Die Unterteilung nach dem beabsichtigten Adressatenkreis.

---

64 Nach GUTENBERG (1983) unterscheidet sich ein Unternehmen von einem Betrieb dadurch, dass es auf die langfristige Gewinnmaximierung ausgerichtet ist. Ein Unternehmen ist demnach ein kapitalistischer Betriebstyp. Vgl. Gutenberg (1983), S. 510 ff. Da im Rahmen dieser Arbeit nur solche Betriebe Gegenstand der Untersuchung sind, die als Oberziel die langfristige Gewinnmaximierung verfolgen, werden im weiteren Verlauf die Begriffe Betrieb und Unternehmen synonym verwendet.

65 Vgl. Haberstock (2008), S. 1.

66 Hierzu zählen die Elementarfaktoren, wie menschliche Arbeit, Betriebsmittel, Werkstoffe und Dienstleistungen, und der dispositive Faktor. Letzterer besteht aus der Betriebs- und Geschäftsleitung, die den Einsatz der Elementarfaktoren koordiniert.

67 Vgl. Haberstock (2008), S. 1.

68 Wöhe/Döring (2010), S. 692.

69 Vgl. Wöhe/Döring (2010), S. 692.

70 Vgl. Schneider (1969), S. 1.

<table>
<tr><th colspan="6">Betriebliches Rechnungswesen</th></tr>
<tr><th colspan="2">Externes Rechnungswesen</th><th colspan="4">Internes Rechnungswesen</th></tr>
<tr><td>Finanzbuchhaltung
• Bilanz
• GuV-Rechnung</td><td>Weitere Teile des Jahresabschlusses
• Anhang
• u.U. Lagebericht (im erweiterten JA)</td><td>Kosten- und Leistungs-rechnung</td><td>Wertorien-tiertes Per-formance Measure-ment</td><td>Finanz- und Liquiditäts-rechnung</td><td>Investitions-rechnung</td></tr>
</table>

Abbildung 7: Einteilung des betrieblichen Rechnungswesens[71]

Hier wird das betriebliche Rechnungswesen in externes und internes Rechnungswesen unterteilt.[72] Der Grund für diese Trennung liegt vor allem in der unterschiedlichen Struktur der Beziehungen zwischen dem Ersteller und dem Nutzer der Informationen des jeweiligen Rechnungssystems.[73] Während das externe Rechnungswesen sämtliche Berichtselemente umfasst, die aufgrund gesetzlicher Vorschriften vor allem für externe Adressaten erstellt und veröffentlicht werden müssen oder dürfen, beinhaltet das interne Rechnungswesen alle die Unternehmensführung unterstützenden Instrumente, die intern zur Planung, Kontrolle und Verhaltenssteuerung eingesetzt werden.[74] Die beiden Rechnungssysteme werden in den folgenden Abschnitten näher erläutert. Die hier gewählte Unterteilung des internen Rechnungswesens bildet im weiteren Verlauf dieser Arbeit das schematische Gerüst für die Analyse der Harmonisierbarkeit des Rechnungswesens.

2.2.2 Externes Rechnungswesen

2.2.2.1 Adressaten des externen Rechnungswesens

Der Namensgebung entsprechend dient das externe Rechnungswesen vor allem Adressaten außerhalb des Unternehmens – genauer: Außerhalb der Entscheidungsträger des Unternehmens – als Informationslieferant.[75] Diese haben entweder einen rechtlichen Anspruch auf Informationen oder einen sonstig gearteten diversifizierten Informationsbedarf, beispielsweise hinsichtlich der Zahlungsfähigkeit, des Erfolgs oder des Vermögens eines Unternehmens. Die externen Ad-

---

71 Ähnlich bei Wöhe/Döring (2010), S. 693.

72 Zu weiteren Unterteilungsmöglichkeiten vgl. u.a. Kosiol (1972), S. 137 ff.; Hebeler (2003), S. 45 ff.

73 Vgl. Ewert/Wagenhofer (2008), S. 4.

74 Vgl. Ulbrich (2006), S. 7.

75 Vgl. Heyd (2001), S. 202; Eisele (2002), S. 7.

ressaten fußen Ihre Entscheidungen vor allem auf die Informationen, die sie dem externen Rechnungswesen entnehmen können.[76]

Zu den Adressaten gehören in erster Linie die Eigen- und Fremdkapitalgeber – das heißt, v.a. die Anteilseigner und Gläubiger – und die Finanzbehörden. Außerdem haben Arbeitnehmer[77], Gewerkschaften, Kunden, Lieferanten, Wirtschaftsverbände, Analysten, Rating-Agenturen, Wirtschaftspresse und die allgemeine Öffentlichkeit ein Interesse an Informationen über ein Unternehmen. Schließlich kann das externe Rechnungswesen auch – entgegen seiner namentlichen Funktion – den Entscheidungsträgern des Unternehmens als Informationslieferant dienlich sein (Selbstinformationsfunktion des externen Rechnungswesens).[78] Zu diesen Entscheidungsträgern gehören solche auf höchster Unternehmensebene, das heißt Geschäftsführer oder Vorstände, und jene, die auf niedrigeren Hierarchieebenen Führungspositionen bekleiden. In der Regel sollten die Entscheidungsträger in Unternehmen jedoch über weit mehr Informationen verfügen, als sie über das externe Rechnungswesen preisgegeben werden.[79] Dies führt dazu, dass die Entscheidungsträger – im Gegensatz zu allen externen Adressaten – nicht unbedingt auf die Informationen aus den Abschlüssen des Unternehmens angewiesen sind.[80]

Während die Unternehmensleitung grundsätzlich[81] an der Abbildung der tatsächlichen wirtschaftlichen Lage des eigenen Unternehmens interessiert sein sollte, ist den Gläubigern vielmehr damit gedient, dass die Lage eher pessimistisch dargestellt wird beziehungsweise Erfolge erst später ausgewiesen werden und somit weniger Liquidität in Form von Steuer-[82] und Dividendenzahlungen aus dem Un-

---

76 Vgl. Küting/Weber (2009), S. 5; Lühr (2010), S. 55.

77 Hierzu zählen sowohl derzeit beschäftigte Mitarbeiter als auch ehemalige pensionsberechtigte und potentielle zukünftige Arbeitnehmer. Vgl. Egner (1974), S. 10.

78 Zur Selbstinformation vgl. Leffson (1987), S. 55. Zu den verschiedenen Adressaten vgl. auch Federmann (2010), S. 62 ff.; Wöhe/Döring (2010), S. 693 f. Zur Problematik der Überschneidung des externen mit dem internen Rechnungswesen vgl. Schaier (2007), S. 144 ff.

79 Diese Aussage gilt jedoch umso weniger, je kleiner Unternehmen sind. Denn je kleiner Unternehmen sind, desto größer ist die Wahrscheinlichkeit, dass wegen der zusätzlichen Kosten, des Arbeitsaufwands oder mangelnder Kenntnisse auf zusätzliche interne Rechnungen verzichtet wird. Vgl. Göbel/Kormaier (2007), S. 525; Krey/Lorson (2007), S. 1718.

80 Vgl. Bitz/Schneeloch/Wittstock (2003), S. 473.

81 Auf die Möglichkeit der bewussten Beeinflussung der externen Adressaten durch rechnungslegungspolitische Maßnahmen soll an dieser Stelle nicht eingegangen werden. Vgl. hierzu Obermann (2011), S. 9 ff.

82 Über die Maßgeblichkeit der Handels- für die Steuerbilanz hätte ein optimistischer Abschluss auch eine höhere Steuerlast und damit einen erhöhten Abfluss von Liquidität für das Unternehmen zur Folge.

ternehmen abfließt.[83] Im Gegensatz dazu sind die Eigentümer und der Fiskus natürlich an einer möglichst positiven Darstellung des Unternehmens beziehungsweise einem möglichst frühen Ausweis von Erfolgen interessiert, da somit auch die aktuellen Dividenden- und Steuerzahlungen höher ausfallen.[84] Der Gesetzgeber versucht, über die Regelungen der Rechnungslegung allen Interessen – respektive allen Adressaten – gerecht zu werden und damit einen Ausgleich zwischen den Interessen herzustellen.[85]

2.2.2.2 Aufgaben des externen Rechnungswesens

Aufgaben des Externen Rechnungswesens

Information	**Zahlungsbemessung**
• Information der Adressaten über die Vermögens-, Finanz- und Ertragslage • Rechenschaftslegung gegenüber den Adressaten	Ermittlung der Bemessungsgrundlagen für die • Ausschüttung und • Ertragsteuerzahlungen

Dokumentation
als Unterstützungsfunktion für die Informations- und Zahlungsbemessungsfunktion

Abbildung 8: Aufgaben des externen Rechnungswesens

Eine der zentralen Aufgaben des externen Rechnungswesens ist im vorigen Abschnitt bereits deutlich geworden: Die gesetzlich vorgeschriebene Information der unternehmensexternen Adressaten mit entscheidungsnützlichen Daten über die tatsächliche Vermögens-, Finanz- und Ertragslage des Unternehmens – die **Informationsfunktion**. Den Adressaten stünden nur sehr wenige Informationen über Unternehmen zur Verfügung, gäbe es die Pflicht zur Rechnungslegung nicht.[86] Damit bisherige und potentielle Anteilseigner beziehungsweise Gesell-

[83] Aus Sicht des Bilanzerstellers (die Unternehmensleitung) ist jedoch zu beachten, dass Gläubiger bei einer zu pessimistischen Darstellung der Unternehmenslage dazu neigen, dem Unternehmen eine Prolongation der bestehenden Kredite beziehungsweise neue Kredite zu verweigern.

[84] Diese Aussage soll nicht bedeuten, dass die Interessen der Eigentümer und des Fiskus' grundsätzlich gleichlaufend sind. Hinsichtlich der Darstellung des Unternehmenserfolgs kann jedoch eine Übereinstimmung der Interessen festgestellt werden.

[85] Vgl. Weber/Weißenberger (2010), S. 18.

[86] Die Pflicht zur öffentlichen Rechnungslegung ergibt sich für Kapitalgesellschaften aus § 325 HGB und für Personengesellschaften und Einzelunternehmen – bei Überschreiten be-

schafter, Gläubiger, Lieferanten, Kunden usw. fundierte wirtschaftliche Entscheidungen treffen können, bedarf es also der Informationen, die sie über den Jahresabschluss beziehungsweise das externe Rechnungswesen erhalten.[87] Die Informationsinteressen können dabei in ganz unterschiedliche Richtungen gehen. Während Kreditinstitute beispielsweise Informationen über die aktuelle und zukünftige Fähigkeit eines (potentiellen) Kreditnehmers, fälligen Zahlungsverpflichtungen termingerecht und vollständig nachkommen zu können, benötigen, um eine Entscheidung für oder gegen eine Kreditgewährung treffen zu können,[88] sind (potentielle) Anteilseigner vor allem an Informationen über das zukünftige Erfolgspotential eines Unternehmens interessiert. Diese Informationen erhalten sie in erster Linie über das externe Rechnungswesen der Unternehmen.[89] Um zu gewährleisten, dass die unterschiedlichen Adressaten auch eine adäquate, standardisierte und nachvollziehbare Informationsgrundlage erhalten, ist das externe Rechnungswesen (gesetzlich) normiert.[90] Über diese Normen wird den Unternehmen vorgegeben, wie das externe Rechnungswesen ausgestaltet sein muss beziehungsweise ausgestaltet sein darf. Außerdem wird hierüber ein Mindestmaß an Informationen für den Jahresabschluss abverlangt.[91] Darüber hinaus haben Unternehmen das Recht, ihren Adressaten weitere Informationen zukommen zu lassen, sofern diese Informationen einen Mehrwert für die Adressaten bedeuten.

Die zweite zentrale Aufgabe der externen Rechnungslegung ist die Erfüllung der **Zahlungsbemessungsfunktion**.[92] Zum einen entstehen aus den oben bereits erwähnten gesetzlichen Vorschriften Zahlungsansprüche, beispielsweise in Form

stimmter Grenzen hinsichtlich der Bilanzsumme, des Umsatzes oder der Mitarbeiterzahl – aus § 1 PublG. Für von Gesetzeswegen nicht zur Offenlegung verpflichtete Unternehmen kann sich jedoch eine faktische Pflicht zur Offenlegung – beispielsweise gegenüber eines Kreditinstituts im Rahmen von Kreditverhandlungen – ergeben.

87 Dass diese Informationen zum Teil auch noch unzureichend sein können, wird an anderer Stelle noch erläutert. Zum Begriff der Entscheidung in der Betriebswirtschaftslehre vgl. u.a. Kahle (2001), S. 9 ff.

88 Vgl. Hofmann (2004), S. 264 f. In zweiter Instanz benötigen Kreditgeber Informationen über die im Unternehmen vorhandenen Sicherheiten, die im Falle einer Zahlungsunfähigkeit zum Tragen kämen. Vgl. Gräfer/Schneider (2010), S. 7.

89 Es wird deutlich, dass sowohl Gläubiger als auch Anteilseigner vorrangig Informationen über die Zukunft benötigen. Diese sind aber schwer zu beschaffen. Erste Anhaltspunkte für die Einschätzung der zukünftigen Entwicklung eines Unternehmens bieten jedoch der aktuelle und die vergangenen Jahresabschlüsse.

90 Im Folgenden wird jedoch auch gezeigt werden, dass nicht ausschließlich der Gesetzgeber das Recht hat, Rechnungslegungsnormen zu erlassen.

91 Zu den Bestandteilen des Jahresabschlusses vgl. Abschnitt 2.2.2.3.

92 Vgl. Wagenhofer (2005), S. 455 ff.

von Gewinnsteuer-[93] oder Dividendenzahlungen. Auf Letztere haben unter anderem die Eigentümer einer Aktiengesellschaft gemäß § 58 Abs. 4 AktG Anspruch.[94] Zum anderen können aus dem Jahresabschluss vertragliche Zahlungsansprüche entstehen, zum Beispiel in Form einer variablen Vergütung für Führungskräfte oder durch das Fälligstellen von Krediten bei Überschreiten bestimmter Bilanzrelationen.[95] Hinsichtlich der gesetzlich begründeten Ansprüche hält das deutsche Handelsrecht mit den Gewinnermittlungsvorschriften standardisierte Risikoverteilungsregeln vor, die sowohl die Interessen der Anteilseigner als auch die der Gläubiger zu berücksichtigen versuchen.[96] Durch die vorsichtige Ermittlung des verteilungsfähigen Gewinns wird dem Gebot der Kapitalerhaltung und damit dem Gläubigerschutz im deutschen Handelsrecht in besonderem Maße Rechnung getragen.[97]

Als dritte Aufgabe des externen Rechnungswesens ist die Erfüllung der **Dokumentationsfunktion** zu nennen. Diese Funktion kann als Voraussetzung für die Erfüllung der beiden oben genannten Aufgaben des externen Rechnungswesens gesehen werden. So wäre die Aufstellung eines den jeweiligen Vorschriften[98] entsprechenden Jahresabschlusses nicht möglich, wenn nicht während des Jahres sämtliche Geschäftsvorfälle dokumentiert würden. Im deutschen Handelsrecht ist gemäß § 238 Abs. 1 Satz 1 HGB jeder Kaufmann verpflichtet Bücher zu führen und in diesen seine Handelsgeschäfte und die Lage seines Vermögens nach den Grundsätzen ordnungsmäßiger Buchführung ersichtlich zu machen.

Teilweise wird in der Literatur auch die Meinung vertreten, dass die Rechenschaftslegung eine eigenständige Aufgabe des externen Rechnungswesens sei. Sie beinhaltet danach die Verpflichtung der Unternehmensleitung, Rechenschaft über den Verlauf der Geschäfte in der vergangenen Abrechnungsperiode abzulegen.[99] Auf diese Weise sollen die Eigentümer und andere Interessierte in die Lage ver-

---

93 Steuerzahlungen lassen sich über das im deutschen Handelsrecht nach wie vor verankerte Maßgeblichkeitsprinzip aus dem handelsrechtlichen Jahresabschluss ableiten.

94 Wörtlich heißt es im § 58 Abs. 4 AktG, dass die Aktionäre Anspruch auf den „Bilanzgewinn“ haben.

95 Vgl. Müller (2006), S. 14 f.

96 Vgl. Busse von Colbe (1995), S. 226.

97 Vgl. Hoke (2001), S. 14.

98 Im Rahmen dieser Arbeit sind die Vorschriften des deutschen Handelsrechts und der IFRS for SME relevant.

99 Vgl. beispielsweise Wöhe (1997), S. 3; Wussow (2004), S. 9 f. m.w.N.

setzt werden, das Verhalten der Unternehmensleitung zu kontrollieren und deren Leistung zu beurteilen.[100] Der Vollständigkeit halber sei an dieser Stelle darauf hingewiesen, dass die oben dargestellten Aufgaben des externen Rechnungswesens mitunter in der Literatur auch gänzlich anders gewichtet werden. So stellt beispielsweise *Moxter* die Dokumentation und die Selbstinformation als wichtigste Funktionen dar. Ihm zufolge schützt der Zwang zur Selbstinformation auch die anderen Adressaten vor einer möglichen Insolvenz des Unternehmens.[101]

Im Sinne dieser Arbeit wird die Aufgabe der Rechenschaftslegung als Teil der Informationsfunktion gesehen, denn es handelt sich bei den Aussagen, die über das Verhalten der Unternehmensleitung gemacht werden können, um Ergebnisse von Auswertungen der Informationen, die die Unternehmensleitung über das externe Rechnungswesen veröffentlicht hat. Außerdem subsumiert auch das IASB die Aufgabe des Managements, durch den Jahresabschluss Rechenschaft über die ihm anvertrauten Ressourcen abzulegen, unter der Informationsfunktion.[102]

Die eben beschriebenen Aufgaben beziehen sich vor allem auf den handelsrechtlichen Abschluss. Die internationale Rechnungslegung nach IFRS beschränkt sich bisher auf die Aufgabe der Information der Adressaten und die dafür nötige Funktion der Dokumentation. Ob und wann sich aus dem Abschluss nach IFRS auch Zahlungsansprüche ableiten lassen, ist heute noch nicht absehbar.

2.2.2.3 Bestandteile des externen Rechnungswesens

Die Basis des externen Rechnungswesens bildet der Jahresabschluss, der sich zunächst aus der **Bilanz** und der **Gewinn- und Verlustrechnung** (GuV) zusammensetzt. Gemäß HGB sind grundsätzlich alle Kaufleute zu dessen Aufstellung verpflichtet.[103] Lediglich Kleinstunternehmen in der Rechtsform eines Einzelunternehmens, die einen Jahresumsatz von € 500.000,- und einen Jahresüberschuss von € 50.000,- nicht überschreiten, brauchen einen solchen Jahresabschluss nicht aufzustellen.[104] Hier genügt eine einfache Einnahmenüberschussrechnung.[105]

---

[100] Vgl. Boemle (1997), S. 19.

[101] Vgl. Oberbrinkmann (1990), S. 217 f.; Baetge (1976), S. 15.

[102] Vgl. IFRS for SME 2.2 und 2.3. Aus diesem Grund werden im Rahmen dieser Arbeit die Begriffe Rechnungslegung und externes Rechnungswesen synonym verwendet.

[103] Vgl. § 242 HGB.

[104] Vgl. § 241a HGB. Hiernach müssen Einzelkaufleute, die diese Grenzen an zwei aufeinander folgenden Abschlussstichtagen nicht überschreiten, die Regelungen der §§ 238 bis 241 HGB

Bestandteile des externen Rechnungswesens	
HGB	**IFRS for SME**
• Bilanz • Gewinn- und Verlustrechnung Hinzu kommen abhängig von der Rechtsform und der Größe des KMU ggf: • Anhang • Lagebericht • Kapitalflussrechnung • Eigenkapitalspiegel	• Bilanz • Gesamtergebnisrechnung • Anhang • Kapitalflussrechnung • Eigenkapitalveränderungsrechnung

Abbildung 9: Bestandteile des externen Rechnungswesens[106]

Die Bilanz stellt Vermögen und Schulden einer Unternehmung einander gegenüber und ermöglicht auf diese Weise eine stichtagsbezogene Schuldendeckungskontrolle. Sie gibt Auskunft über die Herkunft und die Verwendung des Kapitals.[107] Im Gegensatz zur Zeitpunktrechnung der Bilanz soll die Gewinn- und Verlustrechnung einen möglichst guten Einblick in die Ertragslage der abgelaufenen Periode ermöglichen.[108] Hierzu werden den Aufwendungen der Periode die entsprechenden Erträge gegenübergestellt.[109] Auf diese Weise wird den Adressaten des Jahresabschlusses ermöglicht, einen Eindruck von den Erfolgsquellen des Unternehmens zu erhalten.

Als weiterer Bestandteil eines Jahresabschlusses kann die Erstellung eines **Anhangs** gefordert sein.[110] Dieser hat vor allem die Aufgabe, die Ansätze in der Bi-

nicht anwenden. Hinsichtlich der Befreiung von der Pflicht zur Aufstellung greift § 242 Abs. 4 HGB. Sofern ein Unternehmen neu gegründet wird, treten die Rechtsfolgen bereits bei Unterschreitung der Grenzen am ersten Abschlussstichtag ein. Die Analyse der Harmonisierung von internem und externem Rechnungswesen basiert unter anderem auf der Erstellung des Jahresabschlusses. Demnach werden die Harmonisierungsmöglichkeiten im Rechnungswesen von Kleinstunternehmen im Folgenden nicht thematisiert.

105 Gemäß § 4 Abs. 3 EStG.

106 Vgl. inhaltlich Wöhe/Döring (2010), S. 727; Kirsch (2009), S. 30 ff.

107 Vgl. Wöhe/Döring (2010), S. 711 und 743 ff.

108 Vgl. Wöhe/Döring (2010), S. 802.

109 Das Gliederungsschema der GuV ergibt sich aus § 275 Abs. 2 und 3 HGB.

110 Der Anhang ist Bestandteil des so genannten erweiterten Jahresabschlusses. Das HGB fordert die Erstellung dieses erweiterten Jahresabschlusses von allen Kapitalgesellschaften und gleichgestellten Personenhandelsgesellschaften (z.B. GmbH & Co. KG. Vgl. § 264a HGB). Vgl. § 264 Abs. 1 HGB.

lanz und GuV zu erläutern und zu präzisieren.[111] Da die Bilanz und GuV allein den Adressaten häufig nicht den gewünschten Einblick in die tatsächliche Vermögens-, Finanz- und Ertragslage liefern kann,[112] dient der Anhang quasi als Brille, mit der ein klareres Bild ermöglicht wird.

Weiterhin ist unter Umständen[113] eine **Kapitalflussrechnung** und ein **Eigenkapitalspiegel**[114] zu erstellen. Im Gegensatz zur GuV, die Aufwendungen und Erträge einander gegenüberstellt, gibt die Kapitalflussrechnung einen Einblick in die Finanzlage des Unternehmens. In Letzterer werden die Auszahlungen den Einzahlungen einer Periode einander gegenüber gestellt. Auf diese Weise werden die Ursachen der Zahlungsmittelveränderungen eines Unternehmens transparent gemacht. Der Eigenkapitalspiegel beziehungsweise die Eigenkapitalveränderungsrechnung stellt die Veränderungen des Eigenkapitals innerhalb eines Jahres dar. Durch ihn ist nachvollziehbar, wie sich die einzelnen Positionen des Eigenkapitals im Laufe eines Jahres verändert haben und was jeweils die Ursachen für diese Veränderungen waren (z.B. Dividendenzahlungen oder Kapitalerhöhungen).[115] Der Vorteil liegt unter anderem darin, dass auch erfolgsneutrale Eigenkapitalveränderungen ersichtlich sind (im Gegensatz zur GuV) und somit nachvollzogen werden können.[116]

Die im Abschluss nach den Full IFRS für kapitalmarktorientierte Unternehmen geforderte Segmentberichterstattung, wird weder in der Rechnungslegung nach IFRS for SME noch in der nach HGB im Einzelabschluss verlangt. Aus diesem Grund wird im Weiteren auf die Segmentberichterstattung nicht näher eingegangen.

---

111 Vgl. Wöhe/Döring (2010), S. 814 ff. Welche Angaben der Anhang enthalten muss und welche Erleichterungen es in diesem Zusammenhang für bestimmte Unternehmen gibt, wird im deutschen Handelsrecht in den §§ 284 bis 288 HGB geregelt.

112 Dies hat im Wesentlichen drei Gründe: Zunächst werden in der Bilanz und der GuV das Vermögen, die Schulden und der Periodenerfolg in sehr komprimierter Form dargestellt. Weiterhin wird die Darstellung der tatsächlichen Lage des Unternehmens zum Teil durch gesetzliche Vorschriften gehemmt (Bilanzierung- und Bewertungswahlrechte oder durch das Vorsichtsprinzip im HGB). Schließlich kann auch der fehlende Zukunftsbezug des Jahresabschlusses zu Informationslücken beim Adressaten führen. Vgl. Wöhe/Döring (2010), S. 815.

113 Dies gilt gemäß § 297 Abs. 1 Satz 1 HGB für den Konzernabschluss, aber gemäß § 264 Abs. 1 HGB auch für kapitalmarktorientierte Kapitalgesellschaften, die nicht zur Aufstellung eines Konzernabschlusses verpflichtet sind.

114 In der Rechnungslegung nach IFRS wird dieser als Eigenkapitalveränderungsrechnung bezeichnet.

115 Vgl. u.a. Coenenberg et al. (2007), S. 453; Weber/Weißenberger (2010), S. 47.

116 Zur Kapitalflussrechnung und dem Eigenkapitalspiegel vgl. auch Driesch (2009), S. 151 ff.

Schließlich ist es laut HGB den mittelgroßen, großen und kapitalmarktorientierten Kapitalgesellschaften vorgeschrieben, einen **Lagebericht** zu erstellen.[117] In diesem „sind der Geschäftsverlauf einschließlich des Geschäftsergebnisses und die Lage der Kapitalgesellschaft so darzustellen, dass ein den tatsächlichen Verhältnissen entsprechendes Bild vermittelt wird"[118]. Daneben ist im Lagebericht die voraussichtliche Entwicklung mit ihren wesentlichen Chancen und Risiken zu beurteilen und zu erläutern. Schließlich soll hier auch auf bedeutende Vorgänge eingegangen werden, die erst nach dem Bilanzstichtag stattgefunden haben.[119] Der Lagebericht ist jedoch kein originärer Bestandteil des Jahresabschlusses. Er stellt ein eigenständiges Berichtsinstrument dar. Seine Aufgabe besteht darin, die Informationsfunktion des Jahresabschlusses zu unterstützen.[120]

2.2.2.4 Externes Rechnungswesen im Mittelstand

Zunächst ist an dieser Stelle festzustellen, dass im Mittelstand die internen und externen Adressaten des externen Rechnungswesens zum Teil ineinander fließen. So sind Anteilseigner – welche in der Literatur überwiegend zu den externen Adressaten gezählt werden[121] – hier häufig durch ihre Funktion in der Unternehmensführung auch Unternehmensinterne. So kommt der im Abschnitt 2.2.2.1 bereits erläuterten Selbstinformationsfunktion des externen Rechnungswesens bei mittelständischen Unternehmen eine besondere Bedeutung zu.

Aufgrund dieser häufig vorliegenden besonderen Stellung der Eigentümer von mittelständischen Unternehmen dient das externe Rechnungswesen – neben den Funktionen der Zahlungsbemessung und Dokumentation – im Bereich der externen Adressaten vor allem der Information der Gläubiger dieser Unternehmen. Neben den Lieferanten gehören in erster Linie Banken zu diesem Adressatenkreis. Die Banken spielen bei der Finanzierung von mittelständischen Unternehmen in Deutschland eine große Rolle. So liegt die Eigenkapitalquote von mittelständischen Unternehmen in Deutschland bei etwa 20 %.[122] Demnach müssen mittel-

---

117 Nach § 264 Abs. 1 HGB.

118 § 289 Abs. 1 Satz 1 HGB.

119 Vgl. Wöhe/Döring (2010), S. 817 f.

120 Vgl. (auch zu weiteren Erläuterungen zu den Bestandteilen des Lageberichts) Coenenberg et al. (2007), S. 465.

121 Vgl. u.a. Wöhe/Döring (2010), S. 717; Coenenberg et al. (2007), S. 6.

122 Vgl. Deutsche Bundesbank Monatsbericht September 2010.

ständische Unternehmen einen Großteil ihres Kapitalbedarfs über Banken decken.[123]

Obwohl mittelständische Unternehmen meist aufgrund des Publizitätsgesetzes nicht zur Offenlegung von Jahresabschlüssen verpflichtet sind,[124] ergibt sich durch die Abhängigkeit von der Bankenfinanzierung eine faktische Pflicht zur Offenlegung gegenüber den Banken. Banken sind seit dem 01.01.2008[125] verpflichtet, die Eigenkapitalunterlegungsvorschriften von Basel II anzuwenden.[126] Diese schreiben unter anderem vor, dass die Eigenkapitalunterlegung von Unternehmenskrediten nunmehr von der individuellen Risikoeinstufung des jeweiligen Unternehmens abhängig gemacht werden muss.[127] Bei Krediten an Unternehmen mit einer schwächeren Bonität verlangt Basel II eine höhere Unterlegung mit Eigenkapital als bei Krediten an bonitätsstarke Unternehmen.[128] Dies hat zur Folge, dass die Bedeutung der Abschlüsse der Unternehmen vor dem Hintergrund der Kreditvergabe zugenommen hat.[129] Sowohl die Frage, ob ein Kredit gewährt wird, als auch

---

123 Vgl. Meeh-Bunse/Sattler (2012), S. 188 m.w.N.; Bundesverband deutscher Banken, Mittelstandsfinanzierung (2005), S. 3 f.; Wetzel (2003), S. 39 f.; Auch BÖRNER (2006) argumentiert, dass noch vor der Möglichkeit der Innenfinanzierung die wichtigsten Finanzierungsquellen von KMU der Bankkredit ist. Vgl. Börner (2006), S. 300 ff.

124 Das PublG regelt die Offenlegungspflicht von Unternehmen, die nicht aufgrund ihrer Eigenschaft als Kapitalgesellschaft zur Offenlegung verpflichtet sind. Gemäß § 1 Abs.1 PublG sind solche Unternehmen zur Offenlegung ihrer Abschlüsse verpflichtet, deren Bilanzsumme 65 Mio. EUR übersteigt, deren Umsatz 130 Mio. EUR übersteigt beziehungsweise die durchschnittlich über 5.000 Mitarbeiter beschäftigen. Sind bei drei aufeinander folgenden Bilanzstichtagen mindestens zwei der genannten Kriterien erfüllt, so sind die Voraussetzungen erfüllt und es besteht eine Offenlegungspflicht.

125 Vom 01.01.2007 bis zum 31.12.2007 galt eine Übergangszeit, in der die Banken die Vorschriften von Basel II noch nicht zwingend anwenden mussten. Vgl. Deutsche Bundesbank/BaFin (2006). Protokoll der 14. Sitzung (am 27.11.2006) des Arbeitskreises „Umsetzung Basel II" vom 15.01.2007, abrufbar unter www.bundesbank.de/download/bankenaufsicht/pdf/ 20061127_protokoll.pdf, S.14.

126 Die Verpflichtung zur Anwendung von Basel II ergibt sich für Banken aus der Richtlinie 2006/48/EG und 2006/49/EG des Europäischen Parlaments und des Rates vom 14.06.2006. Vgl. Amtsblatt der EU Nr. L177, 2006, S. 1 und S. 201.

127 Vgl. Zülch/Löw/Burghardt (2008), S. 8 ff.

128 Bereits unter Basel I mussten Banken Kredite an privatwirtschaftliche Unternehmen (die so genannte Risikoaktiva) mit 8 % Eigenkapital unterlegen. Nach Basel II liegt dieser Unterlegungssatz, da er mit einem ratingabhängigen Koeffizienten multipliziert wird, nun in einer Spanne zwischen 1,6 % und 12 %. Vgl. Zülch/Löw/Burghardt (2008), S. 6 und S. 10; Übelhör/Warns (2004), S. 21. Ausführliche Erläuterungen zu den Vorschriften von Basel II finden sich beispielsweise bei Lücke (2011), S. 54 ff.

129 Im Laufe des Jahres 2012 ist mit der Umsetzung von Basel III in eine europäische Richtlinie zu rechnen. In Kraft treten sollen die neuen Vorschriften dann im Jahr 2013. Basel III fordert in Zukunft eine noch höhere Kernkapitalquote als noch nach Basel II. Die Kernkapitalquote beschreibt das Verhältnis des Eigenkapitals einer Bank zu ihren risikobehafteten Geschäften, d.h zu vergebenen Krediten beziehungsweise zu getätigten Geldanlagen. Das für Risikoanlagen zu unterlegende Eigenkapital wird dann 10,5 % betragen, wobei es unter anderem in sogenannte harte und weiche Bestandteile zu differenzieren ist. Vgl. Bundesministerium der

die Frage, wie hoch die Kreditzinsen sein werden, hängen in hohem Maße von den vom Unternehmen in Form von Abschlüssen vorgelegten Informationen ab.[130] Ein Unternehmen kann jedoch nicht allein durch eine gute Bonität für geringere Kapitalkosten sorgen. Auch eine verbesserte Informationsqualität[131] und ein erhöhter Informationsumfang können für mehr Vertrauen bei einem potentiellen Kreditgeber sorgen. Da KMU also – wie oben bereits erwähnt – in erhöhtem Maße von der Fremdfinanzierung durch Banken abhängig sind und häufig gegenüber Eigenkapitalgebern und der Öffentlichkeit nicht zur Publizität verpflichtet sind, werden sich die über den Jahresabschluss veröffentlichten Informationen in erster Linie an den Interessen der Kredit gebenden Banken orientieren.

Auch eine intensive Beziehung zu beziehungsweise starke Abhängigkeit von Lieferanten und Kunden kann eine faktische Offenlegungspflicht nach sich ziehen. Beispielsweise kommt es vor, dass ein Kraftfahrzeuge herstellender Konzern den einzigen oder den mit Abstand größten Kunden eines mittelständischen Zulieferers (z.B. für Polsterelemente) darstellt. Der Konzern wird in einem solchen Fall über seine Marktmacht die Möglichkeit haben und diese unter Umständen auch nutzen, auf die Offenlegung von Jahresabschlüssen seines Zulieferers zu bestehen.

Es ist also festzustellen, dass die Information der Eigenkapitalgeber zwar auch bei den Jahresabschlüssen mittelständischer Unternehmen eine wichtige Rolle spielen kann, der faktischen Offenlegungspflicht gegenüber Banken und anderen Interessengruppen jedoch eine mindestens gleichgroße Bedeutung beigemessen werden muss.

Finanzen (2012). Abzurufen unter http://www.bundesfinanzministerium.de/ nn_39814/DE/ BMF__Startseite/Service/Glossar/B/022__Basel__III.html (Tag der Einsichtnahme: 29.01.2012). Für ausführliche Informationen zu den Vorschriften von Basel III und seine möglichen Folgen für den Mittelstand vgl. Schmitt (2011), S. 2347 ff.; DIHK (2011), S. 1 ff.

130 Da eine hohe Eigenkapitalunterlegung Banken daran hindern kann, weitere Kredite zu vergeben, ist ein Kredit an ein Unternehmen mit schwacher Bonität für eine Bank mit Mehrkosten (in Form von Opportunitätskosten) verbunden. Diese Mehrkosten werden i.d.R. an den Kreditnehmer in Form von erhöhten Kreditzinsen weitergegeben.

131 Die Informationsqualität lässt sich unter anderem anhand der Qualität der Periodenabgrenzungen messen. So lässt sich die wahre ökonomische Situation beispielsweise nur schwer einschätzen, wenn bei einem Unternehmen ein großer Unterschied zwischen dem Jahresüberschuss und dem Cashflow besteht (= hohe Periodenabgrenzungen). Vgl. Schorn (2009), S. 27 f.

Schließlich ist bei Mittelständlern regelmäßig der Versuch festzustellen, eine Identität von Handels- und Steuerbilanz zu erreichen.[132] Dies dient der Reduktion von administrativem Aufwand im externen Rechnungswesen. In den Fällen, in denen das Ziel der Einheitsbilanz mit denen der Fremdkapitalbeschaffung kollidiert, ist jedoch davon auszugehen, dass das Ziel der Einheitsbilanz in den Hintergrund tritt, da die Folgen nicht gewährter Kredite im Zweifel deutlich weitreichender sein können als die einer nicht erreichten Einheitsbilanz.

2.2.3 Internes Rechnungswesen

2.2.3.1 Adressaten des internen Rechnungswesens

Im Gegensatz zum externen Rechnungswesen, welches einer (gesetzlichen) Normierung unterliegt, ist das interne Rechnungswesen frei gestaltbar.[133] Es kann und sollte auf die Informationsbedürfnisse der jeweiligen Adressaten ausgerichtet und entsprechend gestaltet sein. Einer gesetzlichen Normierung bedarf es für diesen Teilbereich des Rechnungswesens nicht, da die Empfänger der Informationen nicht vor bewussten Falschinformationen geschützt werden müssen.[134] Zu den Informationsempfängern gehört in erster Linie die Unternehmensleitung beziehungsweise das oberste Management, aber auch das mittlere Management, das heißt, Bereichs- und Abteilungsleitungen gehören zu den Adressaten. Das Informationsinteresse kann hierbei deutliche Unterschiede aufweisen. Während für die Unternehmensleitung aggregierte Daten zu sämtlichen Teilbereichen des Unternehmens von Interesse sind, hat ein Abteilungsleiter primär ein Interesse an detaillierten Informationen zu seinem Unternehmensbereich.[135] Neben dem Management können auch Anteilseigner, Aufsichtsorgane, Kunden[136] und Behörden[137] zu

---

132 Durch das Maßgeblichkeitsprinzip nach § 5 Abs. 1 EStG ist zwar grundsätzlich eine gewisse Identität zwischen Handels- und Steuerbilanz vorhanden. Jedoch weicht das Steuerrecht in vielen Bereichen – z.B. bei Wahlrechten – von den Regelungen des Handelsrechts ab. Nach dem Wegfall der umgekehrten Maßgeblichkeit ist eine Einheitsbilanz somit nur über das bewusste Ausüben von Wahlrechten im handelsrechtlichen Abschluss möglich.

133 Abgesehen von Sonderfällen wie Krankenhäusern. Vgl. Küting/Pfitzer/Weber (2011), S. 46 m.w.N.

134 Vgl. Wöhe/Döring (2010), S. 694. In Einzelfällen greift jedoch auch das externe auf das interne Rechnungswesen zurück. Zum Beispiel bei der Ermittlung der Herstellungskosten für selbsterstellte materielle und immaterielle Vermögensgegenstände (Vgl. § 255 Abs. 2 und 2a HGB). In diesen Fällen haben gesetzliche Normierungen auch Auswirkungen auf das interne Rechnungswesen.

135 Vgl. Riebel (1987), S. 1159.

136 Obwohl die Daten des internen Rechnungswesens in der Regel der Geheimhaltung unterliegen, sind beispielsweise im Falle von Aufträgen der öffentlichen Hand bei der Kalkulation

den Adressaten des internen Rechnungswesens gehören.[138] Die Anteilseigner spielen als Informationsempfänger des internen Rechnungswesens bei KMU eine deutlich größere Rolle als bei Großunternehmen. Dies liegt vor allem daran, dass bei KMU Eigentum und Leitung häufig ineinander fließen. Während es bei großen Publikumsaktiengesellschaften eine klare Trennung zwischen Eigentum und Leitung gibt, befinden sich KMU häufig im Eigentum einer Person, einer Familie oder eines kleinen Personenkreises. Aufgrund dieser Tatsache haben die Eigentümer, auch nachdem sie die Leitung auf ein Management übertragen haben,[139] weiterhin nicht nur ein großes Interesse an den, sondern auch einen Anspruch auf die Informationen aus dem internen Rechnungswesen.[140]

2.2.3.2 Aufgaben des internen Rechnungswesens

Welche Aufgaben das interne Rechnungswesen wahrzunehmen hat, hängt vorrangig von den Informationsbedürfnissen der Informationsadressaten beziehungsweise den unternehmensindividuellen Anforderungen ab. Die grundlegenden Aufgaben des internen Rechnungswesens können jedoch mit der Abbildung und Dokumentation des Leistungserstellungsprozesses sowie der sich daran anschließenden Bereitstellung von Informationen für die Planung beziehungsweise Entscheidungsunterstützung, die Kontrolle und die Verhaltenssteuerung zusammengefasst werden.[141] Letztendliches Ziel ist dabei, die Optimierung des Leistungserstellungsprozesses im Unternehmen zu unterstützen. Des Weiteren muss das interne Rechnungswesen zum Teil Informationen für das externe Rechnungswesen bereitstellen, so beispielsweise für die Bewertung von Halb- und Fertigfabrikaten oder selbst geschaffenen immateriellen Vermögensgegenständen[142] des Anlagevermögens.[143]

---

die „Leitsätze für die Preisermittlung auf Grund von Selbstkosten" (LSP) zu beachten und dem Auftraggeber entsprechend offen zu legen. Auch die Marktmacht von Großkunden kann zu einer faktischen Offenlegungspflicht führen.

137 Beispielsweise können Kartell- oder Regulierungsbehörden unter bestimmten Umständen ein Auskunftsrecht besitzen.

138 Vgl. Hebeler (2003), S. 53 f.

139 Sowohl die Übertragung der Leitung von Unternehmensteilbereichen als auch die Übertragung der Gesamtunternehmensleitung auf ein Management ist denkbar.

140 Bei Publikumsaktiengesellschaften existiert dieser Anspruch beispielsweise nicht.

141 Vgl. u.a. Schweitzer/Küpper (2011), S. 27 ff. Eine eindeutige Abgrenzung dieser Aufgaben ist jedoch häufig nicht möglich, da die Aufgaben zum Teil voneinander abhängen oder aufeinander aufbauen. Vgl. Stute (2007), S. 69.

142 Während im deutschen Handelsrecht der Begriff „Vermögensgegenstand" gebräuchlich ist, findet in der IFRS for SME-Rechnungslegung der Begriff „Vermögenswert" Anwendung.

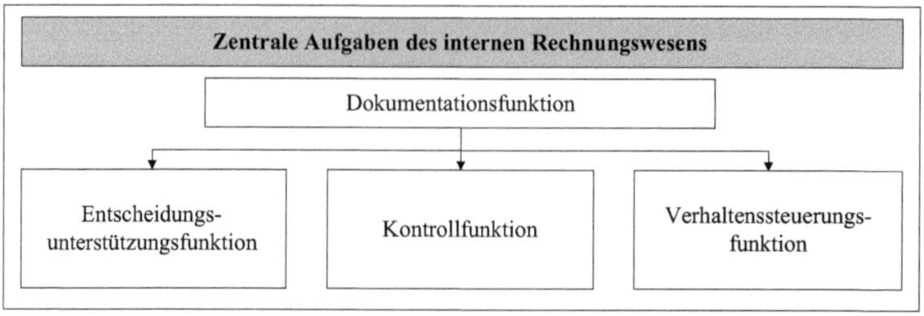

Abbildung 10: Zentrale Aufgaben des internen Rechnungswesens

Die **Dokumentationsfunktion** stellt mit der ihr innewohnenden Funktion der Informationsbereitstellung eine übergeordnete Funktion oder Meta-Funktion dar.[144] Sie ist keine Funktion um ihrer selbst Willen, sondern dient den anderen Funktionen, die die gelieferten Informationen wiederum weiterverarbeiten. Damit handelt es sich bei der Dokumentationsfunktion um eine für die anderen Funktionen nötige Basis.[145]

Im Rahmen der **Entscheidungsunterstützungsfunktion** hilft das interne Rechnungswesen bei der Erarbeitung von Zielen und erstellt Prognose- und Planungsdaten als Informationsgrundlage für die Entscheidungsträger, anhand derer entschieden werden kann, welche Handlungsalternative/n die vorteilhafteste/n ist/sind.[146] Mithin unterstützt das interne Rechnungswesen die Entscheidungsträger im Unternehmen bei der systematischen Zukunftsgestaltung.[147]

Die **Kontrollfunktion** des internen Rechnungswesens dient in erster Linie der Wirtschaftlichkeitskontrolle und wird vor allem von der Kostenrechnung wahrgenommen.[148] Sie setzt das Feststellen von Ist-Größen voraus (Dokumentationsfunk-

Inhaltlich bezeichnen jedoch beide das Gleiche. Auf die jeweiligen Definitionen wird an späterer Stelle noch eingegangen.

143 Vgl. Hebeler (2003), S. 58.

144 In der Literatur wird diese Hierarchie zum Teil auch anders herum gesehen. So beispielsweise bei STUTE (2007), der die Dokumentationsfunktion als Teil der Informationsfunktion sieht. Vgl. Stute (2007), S. 72.

145 SCHIERENBECK/WÖHLE (2008) bezeichnen die Dokumentationsfunktion auch als „Geschichtsschreibung". Vgl. Schierenbeck/Wöhle (2008), S. 587; ähnlich auch bei Küpper (1998), S. 151.

146 Vgl. u.a. Weber (1997), S. 311 f.

147 Vgl. Hahn/Hungenberg (2001), S. 45 ff.; Pfaff (1995), S. 119 ff.

148 Dies liegt daran, dass die Erlösseite regelmäßig wenig beeinflusst werden kann, da die Preise, für die vom Unternehmen hergestellten beziehungsweise angebotenen Produkte, in der Regel vom – durch Konkurrenz geprägten – Markt bestimmt werden. Werden auch die Erlö-

tion des internen Rechnungswesens) und beinhaltet im Kern den Vergleich von Soll-, Plan- und Ist-Größen zur Ermittlung der Ergebnisse des Handelns. Weiterhin kann der Kontrollfunktion die Analyse von Abweichungen zugeordnet werden. Diese Analysen wirken sich gegebenenfalls wiederum auf Entscheidungsprozesse aus, wodurch ihnen auch eine mittelbarere Entscheidungsunterstützungsfunktion zugerechnet werden kann.[149]

Die **Verhaltenssteuerung** als Aufgabe des internen Rechnungswesens bezieht sich auf die gezielte Beeinflussung des Verhaltens von Mitarbeitern. So dient das interne Rechnungswesen nicht nur der Entscheidungsunterstützung, sondern – hinsichtlich nach gelagerter Unternehmensbereiche – auch der Entscheidungsbeeinflussung.[150] Da die zentralen Unternehmensbereiche, insbesondere die Unternehmensleitung, nachgelagerte dezentrale Unternehmensbereiche beziehungsweise deren Führungen im Sinne der Gesamtunternehmensziele leiten müssen, das Management von Unternehmensteilbereichen aber mitunter opportunistisches Verhalten an den Tag legt und eigene, mit denen der Unternehmensleitung nicht kompatible, Ziele verfolgt,[151] ist eine Entscheidungsbeeinflussung von Nöten.[152] Es gibt zwischen den verschiedenen Hierarchieebenen eines Unternehmens also eine Principal-Agent-Problematik[153], die mithilfe von Tools des internen Rechnungswesens zur Verhaltenssteuerung abgebaut werden kann.

Zur Erfüllung der Aufgaben bedient sich das interne Rechnungswesen verschiedener Instrumente, die im Abschnitt 2.2.3.4 näher erläutert werden.

2.2.3.3 Anforderungen an das interne Rechnungswesen

Um die im vorangegangenen Abschnitt beschriebenen Aufgaben erfüllen zu können, müssen das interne Rechnungswesen und die von ihm bereitgestellten Informationen bestimmte Anforderungen erfüllen. Die übergeordnete Anforderung

---

se in die Betrachtung mit einbezogen, wird von Erfolgskontrollen gesprochen. Vgl. Schweitzer/Ziolkowski (1999), S. 18.

149 Vgl. Hahn/Hungenberg (2001), S. 47 f.; Schweitzer/Ziolkowski (1999), S. 17.

150 Vgl. Ewert/Wagenhofer (2008), S. 4 und S. 8 ff.

151 Vgl. Schweitzer/Küpper (2011), S. 754.

152 Vgl. Pfaff (1995), S. 119 ff.; Schweitzer/Ziolkowski (1999), S. 16 f.

153 Für nähere Erläuterungen zur Principal-Agent-Theorie vgl. Meinhövel (2004), S. 470 ff.; Hochhold/Rudolph (2009), S. 131 ff.

lässt sich direkt aus dem Ökonomischen Prinzip[154] ableiten, nach welchem jeder Kaufmann handeln sollte: Das interne Rechnungswesen sollte das Kriterium der Effizienz erfüllen.[155] Effizienz kann definiert werden als Beurteilungskriterium mit dem sich beschreiben lässt, ob eine Maßnahme oder ein Instrument geeignet ist, ein vorgegebenes Ziel in einer bestimmten Art und Weise (in dem vorliegenden Fall unter Wahrung der Wirtschaftlichkeit) zu erreichen.[156] Anders gesagt: Die Kosten für die Generierung der Informationen des interne Rechnungswesens sollten den aus ihnen resultierenden Nutzen nicht übersteigen.[157] Das bedeutet, dass beispielsweise die aufgrund einer Wirtschaftlichkeitskontrolle in der Produktion erzielten Ersparnisse nicht durch ein Mehr an Kosten für die Kontrolle selbst überkompensiert werden dürfen. In einem solchen Fall hätte sich ex post die Wirtschaftlichkeitskontrolle für den Kaufmann nicht gelohnt.[158] Dies ist jedoch nur die Mindestanforderung aus dem Kriterium der Effizienz. Sie kann als Effizienz im weiteren Sinne verstanden werden. Grundsätzlich kann jede Einsparung von Kosten bei der Generierung der Informationen für das interne Rechnungswesen als ökonomischer Gewinn gewertet werden, sofern die Informationen den gleichen Nutzen für den Kaufmann besitzen, wie jene Informationen, deren Beschaffung mehr Kosten verursacht haben. Es wird also eine Optimierung der Input-Output-Relation angestrebt (Effizienz im engeren Sinne).

Die Ermittlung der Kosten, die für die Informationsgewinnung anfallen, stellt hierbei das geringere Problem dar. Sie setzten sich beispielsweise aus den Personalkosten und den Kosten der Büroausstattung sowie den Mietkosten des internen Rechnungswesens zusammen. Die Kosten der Informationsgewinnung werden somit durch die Produktionsfaktoren bestimmt, die zur Generierung der Informationen verbraucht oder gebraucht werden.[159] Der mit den Informationen gewonnene Nutzen ist wesentlich schwieriger zu greifen. Aus den vom internen Rechnungswesen zu erfüllenden Aufgaben lassen sich jedoch drei übergeordnete – den

---

154 Zum ökonomischen Prinzip vgl. u.a. Wöhe/Döring (2010), S. 33 und 41.

155 Vgl. Wurl/Mayer (1999), S. 15.

156 Vgl. Gabler Wirtschaftslexikon (2010), S. 785.

157 Eine der Aufgaben des internen Rechnungswesens ist das Aufdecken von Unwirtschaftlichkeiten. Es verlöre jedoch seine Glaubwürdigkeit, wenn es selbst nicht wirtschaftlich arbeiten würde. Vgl. Coenenberg/Fischer/Günther (2009), S. 763.

158 Vgl. Hoke (2001), S. 98.

159 Vgl. Weißenberger (1997), S. 34 ff.

Nutzen bestimmende – Anforderungen herleiten: die Verlässlichkeit, die Relevanz und die Anreizverträglichkeit.

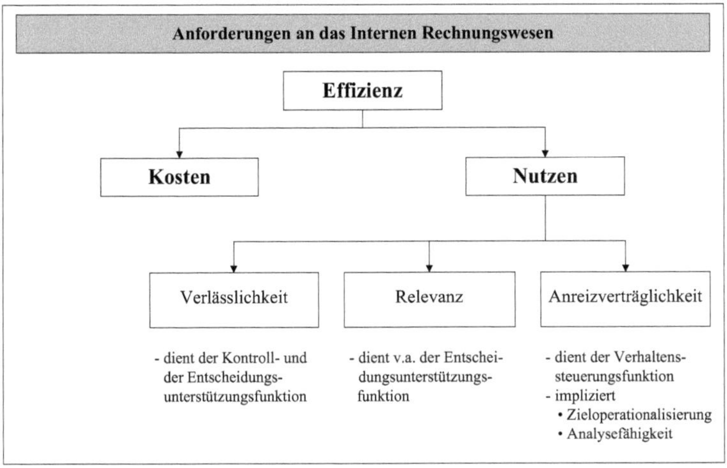

Abbildung 11: Anforderungen an das interne Rechnungswesen

Nicht nur anhand der Aufgaben des internen Rechnungswesens, auch mithilfe der Anforderungen, die die IFRS an die externe Berichterstattung stellen, lassen sich diese „Nutzenbestimmer" herleiten. Die IFRS haben laut Framework[160] als oberste Maxime das Kriterium der Entscheidungsnützlichkeit (decision usefulness).[161] Diesem Grundsatz folgt, wie oben im Rahmen des Abschnitts 2.2.3.2 bereits erläutert, auch das interne Rechnungswesen – nur, dass bei Letzterem der Adressatenkreis regelmäßig ein anderer ist.[162] Nichtsdestotrotz können hier ähnliche Kriterien angelegt werden, denn in dem Framework finden sich – dem Kriterium der Entscheidungsnützlichkeit folgend – unter anderem die Anforderungen Verlässlichkeit[163] und Relevanz[164].

160 Das so genannte Framework ist das Rahmenkonzept der IFRS-Rechnungslegung. Es bildet den Rahmen für die Entwicklung neuer beziehungsweise Überarbeitung bestehender Standards und soll Hilfestellung bei der Anwendung der IFRS – vor allem in Zweifelsfragen – geben. Außerdem kann bei Regelungslücken auf das Framework zurückgegriffen werden. Es ist jedoch kein übergeordnetes Konstrukt, wie es die GoB für die handelsrechtliche Rechnungslegung sind. Vgl. Wagenhofer (2005a), S. 115 f. Auf die GoB wird weiter unten noch näher eingegangen.

161 Gemäß Framework 12 der Full IFRS sollen die im Jahresabschluss enthaltenen Informationen für einen weiten Adressatenkreis und dessen wirtschaftliche Entscheidungen nützlich sein.

162 Vgl. Menn (1999), S. 646; sinngemäß auch Hebeler (2003), S. 36.

163 Vgl. Framework 31-32 der Full IFRS.

Für ökonomisch sinnvolle Wirtschaftlichkeitskontrollen und die sich daran anschließenden Abweichungsanalysen ist eine essentielle Voraussetzung, dass die Ist- und Solldaten eine verlässliche Grundlage bilden (**Verlässlichkeit**). Die Daten müssen möglichst frei von Manipulationen und damit möglichst objektiv sein. Das heißt, sie sollten ermessensunabhängig sein und die tatsächlichen wirtschaftlichen Verhältnisse wiedergeben. Informationen, die mit wesentlichen Fehlern behaftet und/oder subjektiv verzerrt sind, sollten demnach in der Wirtschaftlichkeitskontrolle keinen Niederschlag finden, da sie Fehlentscheidungen nach sich ziehen können.[165] Die Gefahr von bewussten Manipulationen ist immer dann gegeben, wenn der Informationslieferant, beispielsweise ein Bereichsleiter, der an die Unternehmensleitung berichtet, aus Eigeninteresse Ermessensspielräume und Wahlrechte in einer Weise ausnutzt, die dafür sorgt, dass die Informationen nicht die tatsächlichen Verhältnisse widerspiegeln.[166] Die Gefahr eines solchen Verhaltens ist besonders bei einem erfolgsabhängigen Entlohnungssystem gegebnen.[167] Selbstverständlich dient eine verlässliche Informationsgrundlage neben der Wirtschaftlichkeitskontrolle dem Treffen von fundierten Entscheidungen. Nur wenn die Entscheidungsgrundlage ein Abbild der tatsächlichen Verhältnisse ist, können ökonomisch sinnvolle Entscheidungen getroffen werden.[168] Mithin dient die Anforderung der Verlässlichkeit sowohl der Kontrollfunktion als auch der Entscheidungsunterstützungsfunktion des internen Rechnungswesens. In den IFRS findet die Anforderung der Verlässlichkeit ihren Niederschlag auch in den Unterprinzipien glaubwürdige Darstellung (*faithful representation*), wirtschaftliche Betrachtungsweise (*substance over form*), Wertfreiheit (*neutrality*), Vorsicht (*prudence*) und Vollständigkeit (*completeness*).[169]

Die Anforderung der **Relevanz** bezieht sich auf die Bedeutung der Informationen des internen Rechnungswesens für die Entscheidungsträger. Es ist zwar theore-

---

164 Vgl. Framework 26-28 der Full IFRS.

165 Vgl. Laux/Liermann (2005), S. 538 ff.

166 Der Grund hierfür kann in der im Abschnitt 2.2.3.2 bereits erwähnte Principal-Agent-Problematik liegen. Eine Möglichkeit, ein solch opportunistisches Verhalten zu verhindern, könnte beispielsweise die Verwendung von mehreren verschiedenen Zielgrößen zur Leistungsbeurteilung sein. Vgl. Hoke (2001), S. 102; Wurl/Mayer (1999), S. 18.

167 Vgl. Wussow (2004), S. 74.

168 Vgl. Küpper (1994), S. 978.

169 Vgl. Framwork 33-38 und zu deren Erläuterung Klein (1999), S. 88.

tisch möglich, Letztere über sämtliche Gegebenheiten im Unternehmen und dort ablaufende Prozesse mithilfe von quantitativen Analysen zu informieren. Die Informationsempfänger haben jedoch nur eine begrenzte Aufnahmefähigkeit.[170] Außerdem würde eine Erfassung und Darstellung sämtlicher Gegebenheiten die übergeordnete Anforderung der Effizienz nicht erfüllen, da die Kosten den Nutzen bei Weitem überstiegen. Der Informationslieferant (das internes Rechnungswesen) hat demnach darauf zu achten, dass die von ihm bereitgestellten Informationen, hinsichtlich des Bedarfs für die vorliegenden Entscheidungsprobleme, ausreichend verdichtet und fokussiert sind. Außerdem sind nur solche Informationen zu generieren, für die im Unternehmen ein aktueller oder absehbarer Bedarf besteht.[171] Diese sind aber vollständig, realitätsnah und korrekt abzubilden.[172] Eine Information ist somit als relevant einzustufen, wenn sie die wirtschaftlichen Entscheidungen der Informationsempfänger beeinflusst, indem sie zur Einschätzung vergangener, gegenwärtiger oder zukünftiger Ereignisse beiträgt oder in der Vergangenheit getroffene Entscheidungen bestätigt oder korrigiert. Ein ähnlicher Wortlaut findet sich auch im Framework der Full IFRS und den IFRS for SME als Anforderung an das externe Rechnungswesen.[173]

Die Anforderung der **Anreizverträglichkeit** besagt, dass ein Entscheidungsträger nur dann einen Vorteil aus einem Belohnungssystem erzielen können soll, wenn er mit seinen Entscheidungen auch dem Unternehmen einen Vorteil verschafft hat.[174] Außerdem muss die Objektivität und Maßgenauigkeit der berichteten Größen gewährleistet sein.[175] Liefert das Rechnungswesen Daten beziehungsweise Kennzahlen, die diese Anforderung erfüllen, dient es damit der Verhaltenssteuerungsfunktion des internen Rechnungswesens. Hieran schließt sich unmittelbar die Sub-Anforderung der Zieloperationalisierung an. Das interne Rechnungswesen muss in der Lage sein, die von dem oder den Eigentümer(n) vorgegebenen Ziele zu operationalisieren. Es muss also Kennzahlen hervorbringen, anhand derer die Festlegung der Ziele und die Messung des Zielerreichungsgrades auf oberster Unter-

---

170 Vgl. hierzu die bei Weber et al. (2003) genannten Beispiele.

171 Vgl. Hirsch et al. (2008), S. 647 f.; Pfaff (1996), S. 153.

172 Vgl. Klein (1999), S. 65.

173 Vgl. Klein (1999), S. 87 und das Rahmenkonzept der Full IFRS Framwork 26-30 (Relevanz und Wesentlichkeit) sowie IFRS SME 2.5.

174 Vgl. Laux (1995), S. 75.

175 Vgl. Wussow (2004), S. 72; Körner (1994), S. 16 ff.

nehmensebene möglich ist. Weiterhin muss es in der Lage sein, die Kennzahlen zur Messung der Zielerreichung der obersten Unternehmensebene auf untere Hierarchieebenen herunterzubrechen beziehungsweise sie für Bereiche und Abteilungen zu operationalisieren.[176] Die Kennzahlen müssen demnach geeignet sein, das Zielsystem des Unternehmens abzubilden.[177] Wäre dies nicht der Fall, läge selbst bei perfekter Umsetzung der Kennzahlenvorgaben eine Fehlsteuerung vor.[178] Nur wenn die Kennzahlen eine solche Eignung besitzen, können sie als Beurteilungsmaßstab für nach gelagerte Hierarchieebenen herhalten. Die bereits erwähnte Principal-Agent-Problematik zwischen Eigentümer(n) und Unternehmensleitung oder Bereichsleitungen und Unternehmensleitung hat des Weiteren zur Folge, dass das interne Rechnungswesen Bezugsgrößen für ein Entlohnungssystem (in der Regel Kennzahlen) hervorbringen muss, welche möglichst unempfindlich gegenüber Manipulationen sind.

In der Literatur[179] findet sich mitunter die Meinung, dass zusätzlich noch die Analysefähigkeit der Informationen des internen Rechnungswesens zu prüfen wäre. Die rechnerischen Zusammenhänge, die hinter einer zur Steuerung herangezogenen Kennzahl stehen, müssten demnach verständlich und nachvollziehbar sein. Ein Bereichsleiter müsste beispielsweise anhand der Analyse der Kennzahlen, bei denen er einen bestimmten Zielwert erreichen soll, erkennen können, welche Folgen sein Handeln für die Höhe der Kennzahlen haben wird. Der aus diesem Grund in der Literatur immer wieder geforderten Vereinfachung von Kennzahlen steht jedoch das Argument entgegen, dass Kennzahlen eine adäquate Komplexität benötigen, um die tatsächlichen wirtschaftlichen Verhältnisse weitgehend korrekt abbilden zu können. Hier gilt es, einen Kompromiss zu finden. Eine zu starke Vereinfachung macht wegen der starken Entfernung von der Realität genauso wenig Sinn wie eine übertriebene Genauigkeit, die sich nur bei einem Bruchteil der zu treffenden Entscheidungen und dort nur im Bereich von für die Entscheidungen irrelevanten Nachkommastellen auswirkt.[180] Im Rahmen der vorliegenden Arbeit wird die Analysefähigkeit nicht als eigenständig zu prüfende Anforderung gese-

---

176 Vgl. Schweitzer/Ziolkowski (1999), S. 5.

177 Vgl. Barth et al. (2008), S. 468; Coenenberg/Fischer/Günther (2009), S. 760 f.

178 Vgl. Hirsch/Gunkel/Lambrecht (2008), S. 644.

179 Vgl. hierzu z.B. Hoke (2001), S. 102 f.

180 Vgl. Seeliger (2001), S. 24; Ewert/Wagenhofer (2008), S. 7; Klein (1999), S. 69 f.

hen, sondern als Bestandteil der Anreizverträglichkeit: Sind erhobene Daten dazu geeignet, als Basis für ein variables Vergütungssystem zu dienen, kann davon ausgegangen werden, dass bei der Ermittlung dieser Daten die Gesetze der Mathematik beachtet wurden und sie somit auch analysefähig sind.[181]

Zusammenfassend ist festzuhalten, dass sich die zentrale Anforderung an das interne Rechnungswesen – die Effizienz – aus den Kosten für die Informationsbeschaffung und dem sich aus den Informationen generierbaren Nutzen zusammensetzt. Der Nutzen wird wiederum durch die Verlässlichkeit, die Relevanz und die Anreizverträglichkeit der Informationen bestimmt.

2.2.3.4 Teilbereiche des internen Rechnungswesens

Regelmäßig setzt sich das interne Rechnungswesen aus den in Abbildung 12 dargestellten Teilbereichen zusammen.

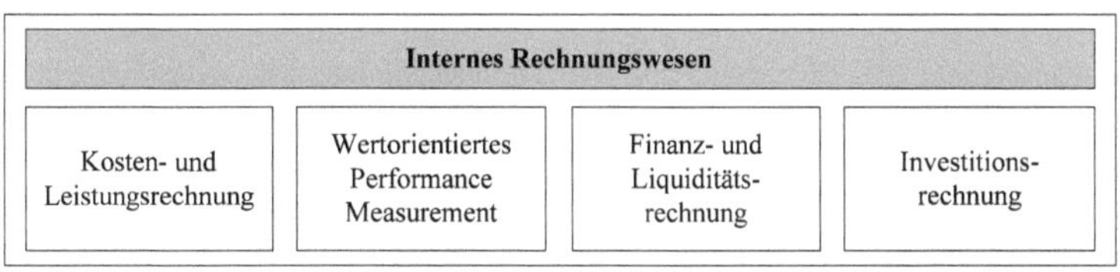

Abbildung 12: Teilbereiche des internen Rechnungswesens[182]

Die im dritten und vierten Abschnitt der vorliegenden Arbeit durchgeführte Analyse der Harmonisierbarkeit des internen und externen Rechnungswesens wird sich an diesem Gliederungsschema orientieren. Das heißt, dort wird die Harmonisierbarkeit auf Basis der im Folgenden erläuterten Teilbereiche des internen Rechnungswesens untersucht.

2.2.3.4.1 Kosten- und Leistungsrechnung

Die Kosten- und Leistungsrechnung ist zunächst auf die unternehmerische Selbstinformation ausgerichtet und hat die Aufgabe, die Unternehmensleitung mit ent-

---

181 Hier wird die objektive Analysefähigkeit als gegeben vorausgesetzt, wenn die erhobenen Daten als anreizverträglich eingestuft werden. Das heißt, die Ermittlung der Daten ist grundsätzlich logisch nachvollziehbar. Da die subjektive Analysefähigkeit von dem Adressaten und seinen (betriebswirtschaftlichen) Fähigkeiten abhängt, soll diese hier nicht als Maßstab angesetzt werden.

182 Ähnlich bei Hebeler (2003), S. 56.

scheidungsrelevanten Informationen zu versorgen.[183] Die geringe gesetzliche Reglementierung[184] ermöglicht eine unternehmensindividuelle Ausgestaltung, die die jeweiligen betrieblichen Besonderheiten, Erfordernisse und Ziele berücksichtigt.[185] Im Gegensatz zum externen Rechnungswesen werden im Rahmen der Kosten- und Leistungsrechnung neben retrospektiven auch prospektive Rechnungen durchgeführt.[186] Zu den entscheidungsrelevanten Informationen gehört in erster Linie das erzielte oder voraussichtliche Betriebsergebnis, welches sich aus der Differenz zwischen Kosten und Leistungen[187] ermittelt. Da im marktwirtschaftlichen Wettbewerb bei den meisten Produkten ein Marktpreis gegeben ist, bildet die Kostenrechnung im Vergleich zur Leistungsrechnung die größere Herausforderung. Sie besitzt einen Planungs- und einen Kontrollcharakter. In der Planung wird mithilfe der Kostenrechnung versucht, betriebliche Handlungsalternativen zu bewerten. Beispielsweise ist zu ermitteln, welches Produktionsverfahren das wirtschaftlichste ist. Außerdem dient die Kostenrechnung der Ermittlung von Preisuntergrenzen, welche eine Entscheidung über Auftragsannahme beziehungsweise -ablehnung und über Eigenerstellung oder Fremdbezug zulassen. In der Kontrolle obliegt es der Kostenrechnung, die Einhaltung des ökonomischen Prinzips in den betrieblichen Abläufen mithilfe von Soll-Ist-Vergleichen zu überwachen und zu gewährleisten.[188] Als Basis für die Planung und Kontrolle sowie für die oben erwähnte Bewertung von Halb- und Fertigfabrikaten übernimmt die Kosten- und Leistungsrechnung ferner eine Dokumentationsfunktion.[189]

---

183 Vgl. Eisele (2002), S. 635; Hax (1967), S. 752.

184 In gewissem Umfang schreibt das deutsche Handelsrecht den Unternehmen vor, wie sie ihr internes Rechnungswesen ausgestalten müssen beziehungsweise welche Daten es liefern muss. So hat das interne Rechnungswesen beispielsweise für selbst geschaffene immaterielle Vermögensgegenstände und deren Bewertung im Jahresabschluss den Wechsel von der Forschungs- in die Entwicklungsphase zu dokumentieren und zu belegen, um eine Aktivierung dieser Werte zu ermöglichen (§ 255 Abs. 2a Satz 4 HGB). Weiterhin sind z.B. die Herstellungskosten für die Aktivierung von Eigenleistungen beziehungsweise für die Bewertung von Beständen an Halb- und Fertigfabrikaten vom internen Rechnungswesen zu ermitteln (§ 255 Abs. 2 HGB).

185 Vgl. Franz (2004), S. 85; Coenenberg/Fischer/Günther (2009), S. 58.

186 Vgl. Wussow (2004), S. 49; Melcher (2002), S. 34.

187 Alternativ kann auch das Begriffspaar Kosten und Erlöse verwendet werden. Im Folgenden wird jedoch von Leistungen die Rede sein. Die Größen Kosten und Leistungen umfassen die bewerteten sachzielbezogenen Güterverbräuche und Gütererstellungen eines Unternehmens in einer Periode. Vgl. Ewert/Wagenhofer (2008), S. 5.

188 Zur Planung und Kontrolle im Rahmen des Internen Rechnungswesens vgl. u.a. Peemöller (2005), S. 39 ff.

189 Vgl. Chmielewicz (1993), S. 117; Wöhe/Döring (2010), S. 921. Wie die Bewertung von Halb- und Fertigfabrikaten wird in der Literatur zum Teil auch die Selbstkostenermittlung für öffentliche Aufträge als Nebenfunktion bezeichnet. Vgl. u.a. Franz (2004), S. 86.

Zentrale Unterscheidungsmerkmale zur GuV-Rechnung des externen Rechnungswesens, welche Erträge und Aufwendung einander gegenüberstellt, ist zum einen die Tatsache, dass in der Kosten- und Leistungsrechnung ausschließlich der sachzielbezogene bewertete Güterverbrauch (Kosten) beziehungsweise die sachzielbezogene bewertete Gütererstellung (Leistungen beziehungsweise Erlöse) erfasst wird. Zum anderen spielen dabei kalkulatorische Kosten eine entscheidende Rolle. Sie – insbesondere die Zusatzkosten, welche weiter unten noch näher erläutert werden – gewährleisten, dass auch jener betriebsbedingte Verzehr von Gütern und Dienstleistungen berücksichtigt wird, dem kein Aufwand in der GuV gegenüber steht. Dieses Vorgehen ist nötig, da die Kostenrechnung zur Lösung kurzfristiger Entscheidungsprobleme herangezogen wird und Wechselwirkungen mit der langfristigen Unternehmensplanung nur mittelbar berücksichtigt werden.[190] Diese Partialplanung sorgt dafür, dass die für eine Gesamtplanung fehlenden Bestandteile in Form von Opportunitätskosten Berücksichtigung finden müssen.[191] Der Ansatz von Opportunitätskosten sorgt also dafür, dass das in den Planungs- und Kontrollrechnungen berücksichtigte Entscheidungsfeld nicht an den Grenzen des Unternehmens stoppt, sondern auch den Bereich außerhalb des Unternehmens berücksichtigt.[192]

Neben der Ermittlung des tatsächlichen Wertverzehrs von Anlagegütern (kalkulatorische Abschreibungen) und der Glättung sporadisch anfallender Zufallsaufwendungen (kalkulatorische Wagnisse) wird mit ihrer Hilfe also dem Opportunitätskostengedanken Rechnung getragen (kalkulatorische Zinsen, kalkulatorische Miete und kalkulatorischer Unternehmerlohn).[193] Letztere dienen dazu, die Bereitstellung von Ressourcen aus dem privaten Bereich des Unternehmers in der Kalkulation zu berücksichtigen. Auf die kalkulatorischen Kosten wird später im Rahmen der Analyse der Harmonisierbarkeit des Rechnungswesens noch näher eingegangen.

---

190 Vgl. Schildbach (1995), S. 14 f.

191 Vgl. Schaier (2007), S. 136.

192 Vgl. hierzu beispielsweise Schweitzer/Ziolkowski (1999), S. 24.

193 Das Konstrukt der Opportunitätskosten sorgt dafür, dass nicht die absolute Höhe des Erfolgs einer Maßnahme oder einer Periode betrachtet wird, sondern die relative Höhe im Vergleich zur nächstbesseren Alternative. Selbst wenn auf den expliziten Vergleich mit alternativen Maßnahmen verzichtet wird, schaffen die Opportunitätskosten doch die Möglichkeit, Alternativhandlungen zu berücksichtigen. So gilt eine Maßnahme erst dann als vorteilhaft, wenn sie auch unter Berücksichtigung von Opportunitätskosten immer noch einen positiven Erfolgsbeitrag leistet. Vgl. Weißenberger (2003), S. 191 f.

Auf der anderen Seite ignoriert die Kosten- und Leistungsrechnung neutrale Aufwandsbestandteile, die in der GuV-Rechnung Berücksichtigung finden, obwohl sie betriebsfremd, periodenfremd oder nach Art oder Höhe außergewöhnlich sind. Hierzu zählen beispielsweise Spenden (betriebsfremd), Sturm- oder Brandschäden (außergewöhnlich) oder Gewerbesteuernachzahlungen (periodenfremd). Weiterhin kann es zu bewertungsbedingtem neutralen Aufwand kommen, wenn beispielsweise die bilanziellen die kalkulatorischen Abschreibungen in einer Periode übersteigen.[194] Analog zu den neutralen Aufwendungen kann es zu neutralen Erträgen kommen. Die Unterteilung wird den Aufwendungen entsprechend vorgenommen.

Die Abbildung 13 zeigt noch einmal grafisch den Zusammenhang zwischen Aufwand und Kosten.[195]

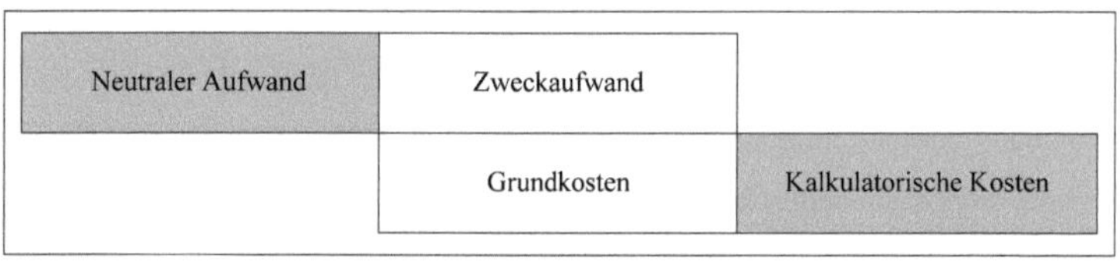

Abbildung 13: Aufwendungen und Kosten[196]

Zu Anderskosten, das heißt, zu Kosten, die von den in der GuV für den selben Sachverhalt angesetzten Aufwendungen abweichen, kommt es bei Bewertungsunterschieden. Diese Bewertungsunterschiede resultieren unter anderem daraus, dass sich das externe Rechnungswesen an den historischen Anschaffungs- oder Herstellungskosten orientiert, das interne Rechnungswesen dagegen leistungsorientierte Knappheitspreise ansetzt.[197] Diese Differenzen treten beispielsweise bei unterschiedlichen Abschreibungsplänen oder bei unterschiedlichen Wertansätzen für Halb- und Fertigfabrikate auf. Die Aufwendungen beziehungsweise Kosten sind zwar der Art nach, jedoch nicht der Höhe nach, identisch.[198]

194 Vgl. Melcher (2002), S. 93 f.; Krey/Lorson (2009), S. 202.

195 Die Unterscheidung von Aufwendungen und Kosten lässt sich entsprechend auf Erträge und Erlöse übertragen.

196 Ähnlich bei Wöhe/Döring (2010), S. 700.

197 Auf das Konstrukt der Opportunitätskosten wurde oben bereits eingegangen.

198 Vgl. u.a. Schweitzer/Küpper (2011), S. 19; Botta/Arnold (2002), S. 29.

Zusatzkosten entstehen, wenn den kalkulatorischen Kosten in der GuV keinerlei Aufwand gegenübersteht. Dies ist bei den kalkulatorischen Kosten der Fall, hinter denen ausschließlich der Opportunitätskostengedanke steht. Bei diesen wird ein für den Unternehmer an anderer Stelle entgangener Gewinn als Kosten in der Kalkulation berücksichtigt. Ziel des Unternehmers ist dabei, sicherzustellen, dass er sich nicht schlechter stellt, als hätte er die Ressourcen aus seinem privaten Bereich nicht in das unternehmerische Engagement einfließen lassen. Als Beispiel sei hier die kalkulatorische Miete genannt: Stellt ein Unternehmer eigene Räume in den Dienst seines Betriebs, so muss er über die betriebliche Leistungserstellung für die Räume mindestens jenen Betrag erwirtschaften, den er im Rahmen der Vermietung an Dritte hätte generieren können.

Ein weiterer Unterschied zum externen Rechnungswesen besteht darin, dass die Kosten- und Leistungsrechnung einen höheren Detaillierungsgrad in zeitlicher und sachlicher Hinsicht aufweist. In der Kosten- und Leistungsrechnung werden zum einen auch unterjährige Ergebnisrechnungen durchgeführt.[199] Zum anderen wird hier das Ergebnis mitunter bis auf Geschäftsbereichs- oder Produktebene heruntergebrochen.[200]

2.2.3.4.2 Wertorientiertes Performance Measurement

Das Wertorientierte Performance Measurement hat die Aufgabe, die Leistung eines Unternehmens, von Unternehmensteilbereichen und vor allem von Führungskräften im Hinblick auf die Wertentwicklung des Unternehmens zu beurteilen. Es dient damit vor allem der zielorientierten Steuerung von Teilbereichen und deren Führungskräften. Als zentrales Ziel wird eine langfristige und nachhaltige Steigerung des ökonomischen Wertes des Unternehmens verfolgt.[201] Seinen Ursprung hat das Wertorientierte Performance Measurement in der zunehmenden Ausrichtung der Unternehmen auf die Kapitalmärkte. Die Orientierung der (Eigen-)Kapitalgeber am Shareholder-Value – das heißt, an der Entwicklung und der Verzinsung des im Unternehmen gebundenen Eigenkapitals – hat dazu geführt, dass sich auch die Unternehmensleitungen mehr und mehr in die Denkwelt der wertorientierten Unternehmenssteuerung einfinden mussten, um sich möglichst

199 Auf die Tatsache, dass börsennotierte Unternehmen und Konzerne zur Zwischenberichterstattung verpflichtet sein können, wird an dieser Stelle nicht näher eingegangen.

200 Vgl. Schweitzer/Ziolkowski (1999), S. 51 f.

201 Vgl. Piontkowski (2009), S. 357.

viele Wege der Kapitalbeschaffung offen zu halten. Außerdem kann die Orientierung am Shareholder-Value dazu beitragen, dass das im Unternehmen gebundene Kapital ökonomisch effizient eingesetzt wird. Wertorientiertes Performance Measurement wird also definiert, als ein System, welches es der Unternehmensleitung ermöglicht, die Steigerung des Shareholder-Value – und damit die Ertragskraft aus Sicht der Eigenkapitalgeber – zu messen.[202]

Bei der Wertorientierten Unternehmenssteuerung beziehungsweise dem Wertorientierten Performance Measurement sind zwei Grundmodelle zu unterscheiden, die es der Unternehmensleitung ermöglichen, die Unternehmenswertsteigerung zu messen: Das Einperiodenmodell, das den in einer Periode geschaffenen Mehrwert misst, und das Mehrperiodenmodell des Zukunftserfolgswertes.[203] Das Einperiodenmodell ist in der Form des Economic Value Added (EVA) sehr verbreitet.[204] Das Mehrperiodenmodell findet in der Praxis in Form der Discounted Cash Flow-Methode (DCF-Methode) häufig Anwendung. Diese beiden Konzepte werden im Folgenden kurz vorgestellt. Dabei geht es jedoch nicht um die Analyse der Vorteilhaftigkeit der Herangehensweisen. Im weiteren Verlauf dieser Arbeit gilt es „lediglich" zu untersuchen, inwieweit diese Konzepte mit dem externen Rechnungswesen verknüpft werden können.

2.2.3.4.2.1 Economic Value Added (EVA)

Bei dem Economic Value Added[205] handelt es sich um den absoluten Mehrwert, den ein Unternehmen oder ein Unternehmensteil innerhalb einer Periode erwirtschaftet hat. Das Ergebnis der abgelaufenen Periode wird um die Kapitalkosten gemindert. Mithin handelt es sich bei dem EVA um eine Residualgewinngröße, die angibt, wie hoch der Mehrwert ist, den ein Unternehmen über die Kosten für Fremd- und Eigenkapital hinaus erwirtschaftet hat. Im Umkehrschluss bedeutet ein negativer EVA, dass ein Unternehmen ökonomisch Wert vernichtet hat, da nicht einmal die Kapitalkosten gedeckt werden konnten.[206]

---

202 Vgl. u.a. Weber et al. (2004), S. 19 ff.

203 Es gibt selbstverständlich weitere Konzepte zur Steuerung von Unternehmen und Unternehmensteilen. Im Rahmen dieser Arbeit sollen jedoch diese beiden wegen ihrer weiten Verbreitung in der Praxis näher betrachtet werden.

204 Vgl. Weber et al. (2004), S. 7.

205 Entwickelt wurde der Economic Value Added in den 1980er Jahren von der US-amerikanischen Unternehmensberatung Stern Steward & Co.

206 Vgl. Stern/Shiely/Ross (2002), S. 144.

Der Vorteil dieses Konzeptes liegt insbesondere darin, dass es sich nicht nur auf Gesamtunternehmensebene, sondern auch auf Bereichs- oder Produktebenen zur Steuerung einsetzen lässt.[207] Außerdem erleichtert der Einsatz des EVA die effiziente Ressourcenallokation im Unternehmen, weil es den in den Unternehmensteilbereichen erwirtschafteten Ergebnissen die zu deren Erreichung angefallenden Kapitalkosten gegenüberstellt. Der Einsatz der knappen Ressource Kapital kann auf diese Weise optimiert werden.[208]

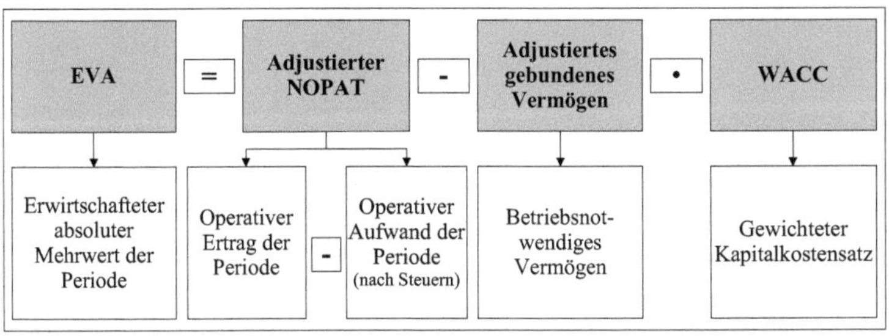

Abbildung 14: Berechnung des Economic Value Added (EVA)

Nach dem EVA setzt sich der **adjustierte Net Operating Profit After Tax (NOPAT)** aus den operativen Erträgen und den operativen Aufwendungen vor Fremdkapitalzinsen und nach Steuern zusammen. Der NOPAT stellt also das operative Geschäftsergebnis vor Zinsen und nach Steuern dar. Die Kapitalkosten werden in der Ergebnisgröße nicht berücksichtigt, weil sie ihren Niederschlag im gewichteten Kapitalkostensatz (WACC) finden und es ansonsten zu einer doppelten Berücksichtigung käme. Grundgedanke der Nichtberücksichtigung in der Erfolgsgröße ist die Gleichbehandlung sämtlicher Verzinsungsansprüche – sprich: Fremd- und Eigenkapitalzinsen.[209] Der NOPAT ist als adjustiert zu bezeichnen, weil die Bestandteile zwar zunächst aus der GuV-Rechnung übernommen werden, sie jedoch anschließend einigen Anpassungen beziehungsweise Conversions[210] unterliegen. Ziel ist dabei, das tatsächliche operative Ergebnis der betrachteten Periode zu ermitteln. So sind beispielsweise rechnungslegungspolitische Verzerrungen zu eliminieren. Außerdem gilt es, nicht betrieblich bedingte Ergebnisbe-

207 Vgl. Gebhardt/Mansch (2005), S. 83.

208 Vgl. Perlet/Müller (2004), S. 258; Coenenberg/Salfeld (2007a), S. 169.

209 Vgl. Fischer/Wenzel (2000), S. 10.

210 In der Literatur findet sich für diese Anpassungen auch immer wieder der Begriff „Conversions".

standteile zu beseitigen und nicht aktivierte Aufwendungen, welche für das Unternehmen Investitionscharakter besitzen (wie beispielsweise Forschungsaufwendungen), in das adjustierte Vermögen zu übernehmen und im Gegenzug im NOPAT „nur" die auf sie entfallenden Abschreibungen zu berücksichtigen. Die vorgenommenen Conversions sind schließlich auch im Rahmen der sich dann theoretisch ergebenen Steuerbelastung zu berücksichtigen.[211]

Das **adjustierte gebundene Vermögen** ist in ähnlicher Weise zu ermitteln. Die eben angesprochene „Nach"-Aktivierung von Aufwendungen mit Investitionscharakter ist selbstverständlich auch bei der Vermögensberechnung zu berücksichtigen. Ein weiteres Beispiel (neben den FuE-Aufwendungen) könnte eine Werbekampagne sein, die für eine Umsatzsteigerung in den Folgeperioden sorgt beziehungsweise sorgen soll und damit eher eine Investition als einen Aufwand in der aktuellen Periode darstellt. Im Gegenzug sind solche Vermögensgegenstände zu eliminieren, die (noch) nicht betrieblich gebundene Vermögensteile darstellen. Hierzu zählen beispielsweise Anlagen in Bau oder Ähnliches.[212] Alle aktivierten Vermögensgegenstände sind außerdem zum tatsächlichen und nicht zum bilanzierten Wert anzusetzen. Schließlich führen diese Conversions zu einem Vermögen beziehungsweise Kapital[213], welches zur Erzielung des adjustierten NOPAT benötigt wurde. Dieses eingesetzte Vermögen ist nun adäquat zu verzinsen.

Der von den Kapitalgebern erwartete Mindestzinssatz wird mithilfe des gewichteten durchschnittlichen Kapitalkostensatzes **Weighted Average Cost of Capital (WACC)** ermittelt. Er berücksichtigt die Verzinsungsansprüche der Eigen- und Fremdkapitalgeber. Diese Ansprüche können als auf das investierte Vermögen bezogene Opportunitätskosten interpretiert werden.[214]

---

211 Beispielsweise würde eine im Rahmen der NOPAT-Berechnung vorgenommene nachträgliche Aktivierung von FuE-Aufwendungen zu einem höheren Ergebnis und somit auch zu einer höheren Steuerlast führen. Diese ist in der adjustierten Steuerbelastung zu berücksichtigen. Vgl. u.a. Fischer (1999), S. 6 ff.

212 Vgl. Hostettler (1997), S. 112 ff.

213 Ob vom betriebsnotwenigen Vermögen oder vom betriebsnotwendigen Kapital gesprochen wird, ist irrelevant, weil sich beide betragsmäßig entsprechen. Ersteres bezieht sich lediglich auf die Aktivseite und Letzteres auf die Passivseite der Bilanz.

214 Vgl. Ehrbar/Mühlfenzl (1999), S. 26 und S. 145.

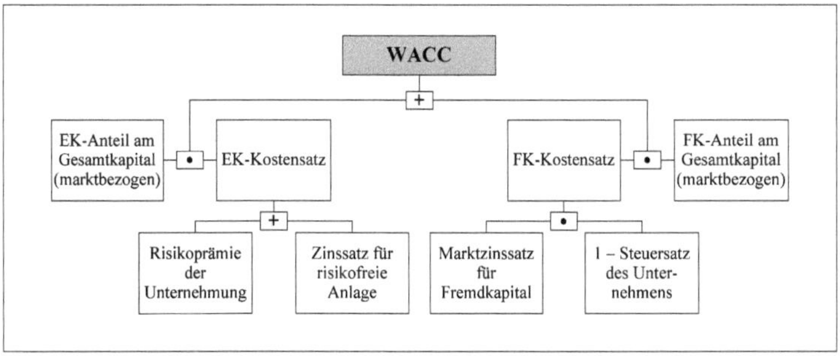

Abbildung 15: Berechnung des Weighted Average Cost of Capital (WACC)[215]

Der Kapitalkostensatz wird unter Berücksichtigung der Kapitalstruktur und des Geschäftsrisikos des Unternehmens ermittelt. Zur Bestimmung des auf das Fremdkapital entfallenden Bestandteils des Zinssatzes wird auf vergleichbare Marktpreise für Kredite unter Berücksichtigung der Bonität des Unternehmens zurückgegriffen.[216] Der so ermittelte Fremdkapitalkostensatz ist anschließend noch mit der Differenz aus „1 – Steuersatz des Unternehmens" zu multiplizieren, um zu berücksichtigen, dass die Zinsen für das Fremdkapital steuerlich abzugsfähig sind.[217] Schließlich führt die Multiplikation des so entstandenen Kapitalkostensatzes für das Fremdkapital mit dem Anteil des Marktwertes der Verbindlichkeiten am Gesamtkapital zu dem Anteil, den das Fremdkapital an dem gewichteten Kapitalkostensatz ausmacht.

Der Eigenkapitalkostensatz setzt sich aus dem Zinssatz für eine risikofreie Anlage und einem Aufschlag für das dem Unternehmen innewohnende systematische Risiko (Risikoprämie der Unternehmung) zusammen. Der risikofreie Zinssatz orientiert sich an der Verzinsung für langfristige Industrie- und Staatsanleihen. Der unternehmensspezifische Risikoaufschlag wird mithilfe des so genannten

215 Ähnlich bei Hahn/Hungenberg (2001), S. 160. Im Bereich der Risikoprämie der Unternehmung wäre auch eine weitergehende Analyse möglich. Sie ist jedoch für die vorliegende Untersuchung nicht notwendig und wird deshalb nicht vorgenommen.

216 Vgl. Langguth (2008), S. 76.

217 Vgl. Gebhardt/Mansch (2005), S. 79. Auf die Tatsache, dass die Fremdkapitalzinsen unter Umständen nicht voll abzugsfähig sind (Einschlägig ist hier der im Rahmen der Unternehmensteuerreform 2008 eingeführte § 4h EStG zur Zinsschranke), soll an dieser Stelle nicht eingegangen werden, weil dies nur für bestimmte Konstellationen der Finanzierung gilt. Für weiterführende Erläuterungen zur Zinsschrankenregelung vgl. u.a. Töben/Fischer (2007), S. 974 f.

Capital Asset Pricing Model (CAPM) ermittelt.[218] Um die Kapitalstruktur des Unternehmens zu berücksichtigen, wird nun auch der so ermittelte Eigenkapitalkostensatz mit dem Anteil, den der Marktwert des Eigenkapitals am Gesamtkapital des Unternehmens hat, multipliziert. Durch Addition der so ermittelten Kapitalkostensätze für Eigen- und Fremdkapital wird schließlich der gewichtete durchschnittliche Kapitalkostensatz WACC bestimmt.[219]

2.2.3.4.2.2 Discounted Cash Flow-Methode (DCF-Methode)

Die DCF-Methode kann sowohl für Unternehmensexterne als Instrument zur Unternehmensbewertung als auch für Unternehmensinterne als Instrument zur Unternehmenssteuerung herangezogen werden. Bei Letzterem kann der berechnete Unternehmens(teil)wert oder dessen Entwicklung im Zeitverlauf als Basis für ein variables Vergütungssystem von Führungskräften herangezogen werden.

Die DCF-Methode ist eine Weiterentwicklung des Zukunftserfolgswertkonzeptes.[220] Der Wert eines Unternehmens oder Unternehmensteils wird bei der DCF-Methode über die Diskontierung (geplanter) zukünftiger Einzahlungsüberschüsse errechnet.[221] Neben der Möglichkeit, die zukünftigen Einzahlungsüberschüsse direkt zu ermitteln, das heißt, die geplanten Auszahlungen von den geplanten Einzahlungen zu subtrahieren, können die zu diskontierenden Einzahlungsüberschüsse auch aus geplanten Aufwands- und Ertragsgrößen des externen Rechnungswesens abgeleitet werden. Außerdem steht nicht der Unternehmensgesamtwert, sondern vielmehr der Marktwert des Eigenkapitals im Mittelpunkt der Berechnung.[222] Im Rahmen dieser Arbeit wird der so genannte Free Cash Flow-Ansatz betrachtet.[223] Hierbei werden die Einzahlungsüberschüsse als Free Cash Flows (FCF)

---

218 Vgl. Horváth (2009), S. 452; Gebhardt/Mansch (2005), S. 63. Der unternehmensspezifische Risikoaufschlag lässt sich als Produkt aus Marktrisikoprämie (Prämie für das allgemeine Marktrisiko) und dem so genannten ß-Faktor (systematisches Risiko) des zu betrachtenden Untenehmens ermitteln. Dem CAPM folgend definiert der ß-Faktor dabei das dem Unternehmen innewohnende Risiko im Vergleich zum allgemeinen durchschnittlichen Marktrisiko. Vgl. u.a. Langguth (2008), S. 70; Günther (1997), S. 163 ff.

219 Vgl. hierzu (für viele andere) Peemöller (2005), S. 170 ff.

220 Der Begriff Zukunftserfolgswert wurde erstmals von Busse von Colbe eingeführt. Vgl. Busse von Colbe (1957).

221 Der aktuelle Wert eines Unternehmens ergibt sich also aus den ausschüttungsfähigen Beträgen, die es in der Zukunft erwirtschaften wird.

222 Der Marktwert des Eigenkapitals errechnet sich aus dem Unternehmensgesamtwert abzüglich des Marktwertes des Fremdkapitals.

223 Hierbei handelt es sich um einen Bruttoansatz (Entity-Ansatz), bei dem zunächst der Unternehmensgesamtwert berechnet wird. Neben dem FCF-Ansatz zählen auch der Total Cash

bezeichnet. Sie sind die Cash Flows aus dem operativen Geschäft nach pauschalierten Steuern[224] und nach Investitionen in das materielle Anlage- und Umlaufvermögen sowie in immaterielle Vermögengensgegenstände, jedoch vor Zahlungen an die Eigen- und Fremdkapitalgeber.[225] Mithin steht der FCF zur Befriedigung der Zahlungsansprüche sämtlicher Kapitalgeber zur Verfügung. Diese Ansprüche bestehen aus Zinsforderungen der Fremdkapitalgeber und Gewinnausschüttungsansprüchen der Eigenkapitalgeber.

	Ergebnis vor Zinsen und Steuern und außerord. Bestandteilen (EBIT)
-	pauschalierte Unternehmenssteuern
=	Ergebnis vor Zinsen
+/-	Abschreibungen/Zuschreibungen
+/-	Bildung/Auflösung langfr. Rückstellungen
=	Brutto Cash Flow
-/+	Investitionen/Desinvestitionen im Anlagevermögen
-/+	Erhöhung/Verminderung des Umlaufvermögens
=	Free Cash Flow

Abbildung 16: Berechnung des Free Cash Flow (FCF)[226]

Die nahe liegender erscheinende direkte Methode zur Ermittlung der FCF, die von den Einzahlungen einer Periode die Auszahlungen subtrahiert, kommt in der Regel wegen der nicht oder nur begrenzt vorhandenen Datenbasis in der Praxis selten zum Einsatz. Das liegt vor allem daran, dass die Plandaten meist in Form von zukünftigen Aufwendungen und Erträgen vorliegen.[227]

Der zunächst zu berechnende Gesamtwert eines Unternehmens oder eines Unternehmensteils lässt sich bei der hier vorgestellten Methode nun – vereinfacht gesagt – durch die Addition der auf den Bewertungszeitpunkt diskontierten FCFs der Zukunft errechnen. Da ein sinnvoller Planungshorizont für die FCFs in der Regel

Flow-Ansatz und der Adjusted Present Value-Ansatz zu den Bruttoansätzen. Daneben gibt es den so genannten Netto- oder Equity-Ansatz, der den Wert des Eigenkapitals direkt ermittelt. Auf diese Ansätze soll jedoch hier nicht näher eingegangen werden. Vgl. zu den verschiedenen Ansätzen beispielsweise Ballwieser (2011), S. 132 ff.

224 An dieser Stelle wird die Steuerlast angesetzt, die bei reiner Eigenfinanzierung des Unternehmens angefallen wäre. Die steuerliche Abzugsfähigkeit von Fremdkapitalzinsen wird erst später in der Berechnung über den gewichteten durchschnittlichen Kapitalkostensatz (WACC) berücksichtigt. Vgl. hierzu u.a. Ballwieser (2011), S. 136 ff.

225 Vgl. Heil et al. (2011), S. 1457; Wöhe/Döring (2010), S. 575 f.; Ewert/Wagenhofer (2008), S. 552; Hahn/Hungenberg (2001), S. 176.

226 Ähnlich bei Wöhe/Döring (2010), S. 576.

227 Vgl. Knorren/Weber (1997), S. 11.

aber nicht über fünf Jahre hinausgeht, wird ab diesem Zeitpunkt mit einer Ewigen Rente gerechnet.[228] Der sich daraus ergebende Terminal Value[229] oder auch Fortführungswert ist ebenfalls auf den Bewertungszeitpunkt abzuzinsen. Ziel der DCF-Methode ist, – dem Shareholder-Value-Gedanken entsprechend – den Marktwert des Eigenkapitals zu ermitteln. Dies geschieht durch die abschließende Subtraktion des Marktwertes des Fremdkapitals[230] vom Gesamtwert.

Als Diskontierungszinssatz wird auf den oben im Rahmen der Erläuterungen zum EVA-Konzept beschriebenen WACC zurückgegriffen.[231] Durch den Rückgriff auf den WACC als Diskontierungszinssatz kommt es in der DCF-Methode jedoch zu einem Zirkularitätsproblem, weil der zur Berechnung des WACC benötigte Anteil des Marktwertes des Eigenkapitals am Gesamtkapital erst mithilfe der DCF-Methode berechnet werden soll. Ein möglicher Lösungsansatz für dieses Problem ist die Verwendung einer Zielkapitalstruktur bei der Berechnung des WACC.[232] Eine Zielkapitalstruktur kommt in der Praxis häufig zum Einsatz, da die für den WACC ermittelte Kapitalstruktur für den gesamten Planungszeitraum, das heißt, unter Umständen für eine angenommene unendliche Lebensdauer des Unternehmens, als unveränderlich angenommen wird.[233] Diese Annahme ist jedoch fern jeder Realität.

Die Berechnung eines Unternehmenswertes oder eines Unternehmensteilwertes lässt sich am Besten anhand eines Beispiels erläutern:

Der angenommene Planungszeitraum umfasse fünf Perioden. Für diese Perioden rechnet das Unternehmen mit folgenden Free Cash Flows:

---

228 Vgl. Bühner/Weinberger (1991), S. 192; Copeland/Koller/Murrin (1998), S. 292 ff. Die Meinungen über den noch planbaren Zeithorizont gehen aber auseinander. SCHIERENBECK/WÖHLE (2008) halten beispielsweise einen Zeitraum von drei bis sechs Jahren für noch planbar. Vgl. Schierenbeck/Wöhle (2008), S. 482 m.w.N.

229 Für den Fortführungswert des Unternehmens wird in der Literatur häufig der Begriff „Terminal Value“ verwendet.

230 Der Marktwert des Fremdkapitals lässt sich berechnen, indem die in den zukünftigen Perioden zu zahlenden Fremdkapitalzinsen jeweils mit dem unternehmensspezifischen Fremdkapitalzinssatz auf den Bewertungszeitpunkt abgezinst werden.

231 Vgl. die Erläuterungen zum WAAC im Abschnitt 2.2.3.4.2.1.

232 Für weitere Erläuterungen und Lösungsvorschläge vgl. Hering (2006), S. 209 ff.

233 Vgl. hierzu beispielsweise Ballwieser (1994), S. 1395.

t_1 : - 60 GE
t_2 : + 80 GE
t_3 : + 100 GE
t_4 : + 90 GE
t_5 : + 80 GE

Als Grundlage zur Berechnung des Terminal Value wird ein ab der sechsten Periode nachhaltig erzielbarer FCF von + 80 GE angenommen. Die mithilfe des WACC-Ansatzes unter Berücksichtigung der Zielkapitalstruktur ermittelte Diskontierungszinssatz sei 10 %. Der Terminal Value wird, wie oben bereits beschrieben, als Ewige Rente ermittelt. Im Beispielfall ergibt sich somit ein Fortführungswert von + 800 GE.[234] Da dieser Fortführungswert bereits am Ende der fünften Periode existiert – es handelt sich ja um den erwarteten Unternehmenswert[235] am Ende der fünften Periode –, ist er „nur“ über fünf und nicht über sechs Perioden abzuzinsen. Wie sich der schließlich ermittelte Unternehmensgesamtwert von 695 GE zusammensetzt, zeigt die Abbildung 17.

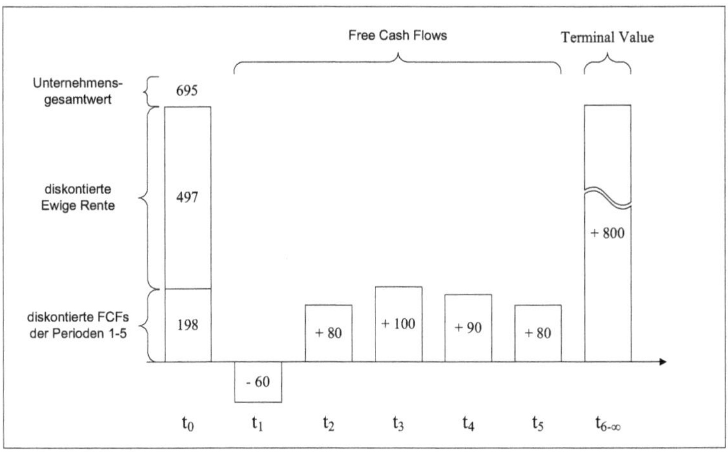

Abbildung 17: DCF-Methode[236]

Im Rahmen der wertorientierten Unternehmenssteuerung findet diese Methode insofern Anwendung, als sich mit ihr unterschiedliche Handlungsalternativen ex ante bewerten lassen und ex post ermittelt werden kann, wie sich der Marktwert

---

234 Der Fortführungswert ermittelt sich als Quotient aus dem nachhaltig erzielbaren FCF von + 80 GE und dem Diskontierungszinssatz von 10 %.

235 Errechnet als Ewige Rente.

236 Ähnlich bei Horváth/Herter/Michel (1994), S. 17.

des Eigenkapitals des Unternehmens oder eines Unternehmensteils innerhalb einer Periode verändert hat. Letzteres kann durch den Vergleich der entsprechenden Marktwerte am Periodenanfang und am Periodenende ermittelt werden und – wie oben bereits erwähnt – beispielsweise als Basis für ein variables Vergütungssystem für Führungskräfte dienen.

Außerdem ergeben sich bei der Ermittlung von Cash Flows deutlich weniger Spielräume als bei der Ermittlung von anderen Ergebnisgrößen, wie beispielsweise dem Jahresüberschuss beziehungsweise Jahresfehlbetrag oder dem EBIT. Der Cash Flow kann rechnungslegungspolitisch nur marginal manipuliert werden. Im Rahmen der Unternehmenssteuerung hat dies den Vorteil, dass die von untergeordneten Hierarchieebenen an die Unternehmensleitung berichteten Ergebnisse (Cash Flows) sehr objektiv und damit transparent sind.[237] Die aus derartigen Principal-Agency-Beziehungen resultierenden Probleme können über die Nutzung von Cash Flows oder mithilfe von Cash Flows berechneten Unternehmens(teil)werten als Steuerungsgröße also reduziert werden. Dabei ist jedoch zu beachten, dass mithilfe des Cash Flow häufig keine ökonomisch sinnvolle Periodenerfolgsabgrenzung erreicht werden kann, da der Verzehr von Produktionsfaktoren nicht unbedingt mit dem Abfluss von Zahlungsmitteln oder Zahlungsmitteläquivalenten in der gleichen Periode einhergehen muss. Auch die im Rahmen der periodengerechten Erfolgsermittlung ökonomisch durchaus sinnvolle Berücksichtigung von Opportunitätskosten – in Form von kalkulatorischen Kosten – ist bei der Steuerung mithilfe von Cash Flows nur sehr schwer möglich.[238]

2.2.3.4.3 Finanz- und Liquiditätsrechnung

Die betriebliche Leistungserstellung sowie die mit ihr verbundenen Beschaffungs- und Absatzvorgänge lösen eine Reihe von Zahlungsströmen aus. Den Zahlungsmittelabflüssen aufgrund von beispielsweise Gehaltszahlungen und Materialbeschaffungen stehen vor allem Zahlungsmittelzuflüsse aus Umsatzerlösen gegenüber.[239]

---

237 Vgl. Heil et al. (2011), S. 1457.

238 Zu den kalkulatorischen Kosten und ihrer Bedeutung in der Unternehmenssteuerung vgl. Abschnitt 2.2.3.4.1.

239 Vgl. Haunerdinger/Probst (2006), S. 21.

Im Rahmen der Finanz- und Liquiditätsrechnung werden mithilfe der Größen Ein- und Auszahlungen[240] periodisch Zahlungssaldos ermittelt. Die damit ermittelbare und steuerbare Liquidität dient in erster Linie der Erhaltung der Zahlungsfähigkeit und damit der Existenzsicherung des Unternehmens beziehungsweise der Insolvenzvermeidung.[241] Unter Zahlungsfähigkeit wird in diesem Zusammenhang verstanden, dass ein Unternehmen jederzeit in der Lage ist, seinen fälligen Zahlungsverpflichtungen in vollem Umfang nachkommen zu können.[242] Wäre dies einmal nicht der Fall, zöge dies mit hoher Wahrscheinlichkeit die Insolvenz des Unternehmens nach sich.[243] Die Liquiditätsrechnung besteht vor allem aus der Gegenüberstellung der Zahlungsmittel[244] und Sichteinlagen mit den kurzfristigen Verbindlichkeiten des Unternehmens.[245] Sie stellt den vergangenheits- beziehungsweise gegenwartsorientierten Teil der so genannten Finanzrechnung dar. Der Liquiditätsplan oder der Finanzplan bildet den zukunftsorientierten Teil der Finanzrechnung. Dieser übernimmt die eben beschriebene Aufgabe der Sicherstellung der Zahlungsfähigkeit in der nahen Zukunft.[246]

Als Sekundärziel kann die Erhaltung der Zahlungsfähigkeit unter Berücksichtigung des Ziels der Gewinnmaximierung gesehen werden. Es gilt also nicht, den Bestand an Liquidität im Unternehmen möglichst hoch zu halten, sondern ihn unter wirtschaftlichen Gesichtspunkten zu optimieren. Wie die Kosten- und Leistungsrechnung kann auch die Finanz- und Liquiditätsplanung einen Planungs- und einen Kontrollcharakter haben.[247]

Die Aufgaben der Finanz- und Liquiditätsrechnung bestehen also

- in der Aufrechterhaltung der ständigen Zahlungsfähigkeit des Unternehmens, um eine Insolvenz zu vermeiden, und
- der gleichzeitigen Beachtung des ökonomischen Prinzips.

---

240 Ein- und Auszahlungen verändern die liquiden Mittel eines Unternehmens. Zu diesen liquiden Mitteln zählen die Barreserven und die Sichteinlagen.

241 Vgl. Wöhe/Döring (2010), S. 29; Vieweg (1971), S. 29.

242 Vgl. Küting/Weber (2009), S. 114; Witte (1964), S. 763.

243 Vgl. Hutzschenreuter (2009), S. 343; Matschke/Hering/Klingelhöfer (2002), S. 144; Perridon/Steiner/Rathgeber (2009), S. 664 ff. Gemäß § 17 InsO ist die Zahlungsunfähigkeit ein möglicher Grund für die Eröffnung eines Insolvenzverfahrens.

244 Diese beinhalten auch nicht abgerufene, aber nutzbare Kreditlinien.

245 Vgl. u.a. Witte (1964), S. 764.

246 Vgl. Stute (2007), S. 95.

247 Vgl. Perridon/Steiner/Rathgeber (2009), S. 638.

Bei KMU fristet die Finanz- und Liquiditätsrechnung häufig noch ein stiefmütterliches Dasein. Viele KMU legen ihren Fokus hauptsächlich auf das Tagesgeschäft und überlassen die Beantwortung der Fragen im Bereich der Finanzierung und Liquidität häufig ihrer Hausbank.[248] Dass die Sicherung der Zahlungsfähigkeit jedoch ein existenzielles Thema ist, wurde bereits deutlich. Vor diesem Hintergrund gilt es, im Rahmen der Analysen im dritten und vierten Abschnitt dieser Arbeit zu untersuchen, inwieweit die im externen Rechnungswesen vorliegenden Daten einen Beitrag zur Finanz- und Liquiditätsrechnung leisten können und welcher Anpassungen sie dafür noch bedürften. Eine derartige Mehrfachnutzung der Daten würde den Aufwand im Rechnungswesen im Vergleich zu einer komplett eigenständigen internen Finanz- und Liquiditätsrechnung unter Umständen deutlich reduzieren.

2.2.3.4.4 Investitionsrechnung

Bei der Investitionsrechnung handelt es sich in erster Linie um eine prospektive Rechnung, die dazu dient, die absolute und/oder relative Vorteilhaftigkeit verschiedener Investitionsvorhaben oder -alternativen zu ermitteln.[249] Mithin sind Investitionsrechnungen Methoden, mit denen die erwarteten Konsequenzen von Investitionen in Bezug auf quantifizierbare Interessen beurteilt werden.[250] Es werden die für die zur Auswahl stehenden Alternativen prognostizierten Zahlungsströme auf den Tag der Entscheidung abgezinst oder die zu erwartenden Renditen der Investitionsalternativen ex ante berechnet. Es handelt sich demnach um zahlungsstromorientierte Planungsrechnungen, welche in der Regel – im Gegensatz zur Kosten- und Leistungsrechnung, die auch eine kontinuierliche Erfolgskontrolle ermöglicht – diskontinuierlich, das heißt, nur im Falle bestimmter Entscheidungssituationen, durchgeführt werden.[251]

Bei der klassischen Investitionsrechnung wird die Anfangsauszahlung für die Investition den diskontierten zukünftigen Einzahlungen beziehungsweise Einzahlungsüberschüssen, die sich aus einer Investition ergeben, gegenübergestellt. Ist der Kapitalwert der Investition positiv, so ist sie, sofern bei den Einzahlungsüber-

---

248 Vgl. Haunerdinger/Probst (2006), S. 18.

249 Selbstverständlich sind im Rahmen der Investitionsrechnung auch nachträgliche Kontrollrechnungen möglich.

250 Vgl. Kruschwitz (2009), S. 1.

251 Vgl. Perridon/Steiner/Rathgeber (2009), S. 29 ff.; Zimmermann (2003), S. 274 ff.

schüssen Auszahlungen für das in der Investition gebundene Kapital berücksichtigt wurden, grundsätzlich als lohnenswert anzusehen. Ist zwischen mehreren Investitionsalternativen zu entscheiden, ist die Alternative zu wählen, die den höchsten Kapitalwert verspricht.

Absolute Kennzahlen können im Rahmen der Investitionsrechnung bei der Entscheidung darüber, welche Investition die lohnenswertere ist, jedoch zu Fehlentscheidungen führen, wenn bei dem Vergleich die Unterschiede hinsichtlich des eingesetzten Kapitals nicht oder nicht ausreichend Berücksichtigung finden. Rentabilitätskennziffern haben diesen Nachteil nicht, da sie Ergebnisgrößen mit dem durchschnittlich eingesetzten Kapital ins Verhältnis setzen. Sie stellen ein klassisches Instrument der Investitionsrechnung dar. Allerdings können sie auch im Bereich der wertorientierten Unternehmensführung zur Anwendung kommen. Hier dienen sie unter anderem als Maßstab zur Ermittlung einer möglichen Über- oder Unterdeckung der unternehmensspezifischen Kapitalkosten. Als Beispiel einer solchen relativen Kennzahl sei hier der Return on Capital Employed (ROCE) genannt.[252]

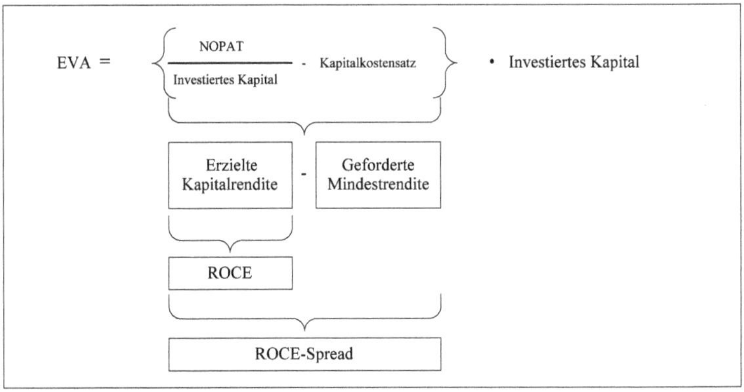

Abbildung 18: Return on Capital Employed[253]

Der in der Praxis noch häufig Verwendung findende Return on Investment (RoI) setzt den Periodenerfolg in Bezug zum *gesamten* eingesetzten Kapital. Aus Sicht der operativen Steuerung ist eine Einbeziehung der nicht betriebsnotwendigen

252 Vgl. u.a. Jung (2007), S. 120.

253 Aus der Abbildung 18 wird deutlich, wie der ROCE mit dem EVA zusammenhängt.

Kapitalbestandteile jedoch nicht sinnvoll, weil Letztere die errechneten Rentabilitätsgrößen deutlich verfälschen können.[254] Der ROCE verfolgt als relative Kennzahl das Ziel, die Rentabilität des eingesetzten Kapitals im Zeitverlauf zu prognostizieren und zu kontrollieren. Er setzt den Perioden- beziehungsweise Investitionserfolg nicht in Bezug zum gesamten Kapital, sondern zum in der betrachteten Periode beziehungsweise im Investitionsobjekt gebundenen betriebsnotwendigen Kapital. Damit handelt es sich bei dem ROCE um eine prozentuale Größe zur Feststellung der Zu- oder Abnahme des dem originären Geschäftszweck dienenden Kapitals durch die Realisierung von Erfolgen aus der Geschäftstätigkeit.

Die für das eingesetzte Kapital mindestens zu erwirtschaftenden Kapitalkosten lassen sich mit der Berechnung des so genannten ROCE-Spread berücksichtigen. Hierbei wird von dem ROCE die geforderte Mindestrendite subtrahiert.

ROCE – WAAC = ROCE-Spread

Die Abbildung 18 zeigt eine der in der Praxis zur Anwendung kommenden Berechnungsmethoden. Bei dieser Methode dient der NOPAT als Ergebnisgröße.[255] Eine andere Herangehensweise wählt beispielsweise LANGGUTH (2008), der die Earnings before Interest and Taxes (EBIT) als Ergebnisgröße wählt. Auf diese Weise soll eine ertragssteuerunabhängige Beurteilung des Ergebnisses eines Unternehmens oder – im Rahmen der Investitionsrechnung wahrscheinlicher – eines Unternehmensteils beziehungsweise einer einzelnen Investitionsalternative aus der eigentlichen Geschäftstätigkeit ohne Einflüsse aus der Finanzierungsstruktur ermöglicht werden.[256]

2.2.3.5 Internes Rechnungswesen und dessen Teilbereiche im Mittelstand

Obwohl sich viele kleine Unternehmen im Rahmen der Unternehmensführung nach wie vor – häufig aus Kostengründen – auf die Auswertung von Buchhaltungsdaten sowie die sporadische Konsultierung ihres Steuerberaters verlassen,[257] ist die Bedeutung des Controlling beziehungsweise des internen Rechnungswe-

[254] Vgl. Gebhardt/Mansch (2005), S. 38.

[255] So beispielsweise auch bei Gebhardt/Mansch (2005), S. 37.

[256] Vgl. Langguth (2008), S. 177.

[257] Vgl. Klett/Pivernetz (2004), S. 22; Krey/Lorson (2009), S. 190.

sens für KMU mittlerweile anerkannt.[258] So zeigt beispielsweise eine Befragung von Insolvenzverwaltern, dass ein fehlendes Controlling in 79 % der Fälle als Hauptursache für die Insolvenz von KMU identifiziert wurde.[259] Aber auch aus Sicht der KMU selbst hat die Bedeutung zugenommen. Die in Großunternehmen schon seit langem existierenden Funktionen *Informationsversorgung*, *Unterstützung der Planung* sowie die *Bereitstellung von Kennzahlen* werden zunehmend auch in KMU dem internen Rechnungswesen zugeschrieben und als unabdingbar zu erfüllende Funktionen angesehen.[260] Als typische vom internen Rechnungswesen wahrzunehmende Aufgaben werden von KMU neben der Durchführung der Planung und Kontrolle die Entwicklung und der Ausbau eines Planungs- und Kontrollsystems, dessen kontinuierliche Anpassung sowie die Identifikation innerbetrieblicher Schwachstellen genannt.[261]

Im Abschnitt 2.2.3.4 wurde eine Auswahl an Teilbereichen beziehungsweise Instrumenten des internen Rechnungswesens vorgestellt. An dieser Stelle soll nun kurz darauf eingegangen werden, welche Bedeutung die vorgestellten Systeme und Instrumente für mittelständische Unternehmen haben und welche Besonderheiten bei ihnen im Mittelstand zu beobachten sind.

Die Kosten- und Leistungsrechnung als Teil des internen Rechnungswesens bedarf in diesem Zusammenhang keiner näheren Betrachtung. Dass sie ein unverzichtbares Instrument für jeden Kaufmann darstellt, ist in Wissenschaft und Praxis gleichermaßen anerkannt. So kann jedes noch so kleine Gewerbe mithilfe einer – wenn auch sehr einfachen – Kostenrechnung dafür sorgen, dass die langfristige Existenz nicht gefährdet wird.[262] Mithin ist die Kosten- und Leistungsrechnung sowohl für Großunternehmen als auch für KMU gleichermaßen von Bedeutung.

---

258 WEBER ET AL. (2006) stellen beispielsweise fest, dass die Wahrnehmung und Gestaltung der Controllingfunktion in KMU in den letzten zehn Jahren deutlich zugenommen hat. Vgl. Weber et al. (2006), S. 20.

259 Vgl. Becker/Ulrich/Baltzer (2011), S. 310 m.w.N; Krey/Lorson (2009), S. 191 m.w.N.

260 Vgl. Becker/Staffel/Ulrich (2009), S. 21. Dabei nimmt der Bedarf an zu erfüllenden Controllingfunktionen mit der Unternehmensgröße der KMU zu. Vgl. Küpper (2008), S. 545.

261 Vgl. Ossadnik/Barklage/van Lengerich (2004), S. 621 ff.

262 Dies ist selbstverständlich auf potentielle unternehmerische Fehlentscheidungen bezogen. Externe Schocks (z.B. das Auftreten einer Tierseuche) können natürlich auch trotz einer vorhandenen Kostenrechnung die Existenz eines Unternehmens bedrohen.

Gleiches gilt für die Investitionsrechnung. Auch hier macht es keinen Unterschied, ob ein Großunternehmen oder ein Mittelständler betrachtet wird. Bei beiden stellt sich vor jeder Investition die Frage nach deren Vorteilhaftigkeit.

Hinsichtlich der Entscheidungsbeeinflussungsfunktion des internen Rechnungswesens ist zunächst eine Assoziation mit Großunternehmen nachvollziehbar, da vor allem bei diesen i.d.R. mehrere Hierarchieebenen vorhanden sind. Eine Principal-Agent-Problematik, wie sie im Abschnitt 2.2.3.2 beschrieben wurde, kann jedoch bereits bei der kleinsten Delegation von Entscheidungen – sprich auch in kleinen und mittelständischen Unternehmen – auftreten. Als Beispiel sei hier der Fall genannt, dass der geschäftsführende Eigentümer Teile der Unternehmensleitung an einen – mit seinem Privatvermögen nicht involvierten – zweiten Geschäftsführer überträgt. Um das Verhalten des zweiten Managers im Sinne des Eigentümers zu forcieren, empfiehlt sich ein an der wertorientierten Unternehmenssteuerung orientiertes Anreiz- und Entlohnungssystem.[263] In diesem Zusammenhang ist ferner die Tatsache, dass immer häufiger auch bei KMU Eigentum und Leitung auseinander fallen, von Relevanz. So haben EIERLE/HALLER/ BEIERSDORF (2011) in einer 2010 durchgeführten Befragung von KMU festgestellt, dass 32 % der befragten KMU rein durch Fremdmanager geführt und 35 % sowohl eigentümer- als auch fremdmanagergeführt sind. Damit bleiben nur 34 % der KMU, die rein eigentümergeführt sind.[264] Die Principal-Agent-Problematik zwischen Eigentümern und Managern tritt also auch bei KMU auf. Somit finden Instrumente, wie das EVA-Konzept oder die DCF-Methode, welche als Performance Measurement-Instrumente eingesetzt werden können, auch bei KMU eine sinnvolle Anwendung.

Die allgemeine Ausrichtung der Unternehmenssteuerung am Shareholder-Value ist ebenfalls nicht auf große Unternehmen, die am Kapitalmarkt aktiv sind, beschränkt. Auch mittelständische Unternehmen profitieren von einer solchen Ausrichtung. Außerdem handelt es sich bei der wertorientierten Unternehmenssteuerung nicht nur um ein Konzept, was die Steigerung des Unternehmenswertes zum

---

263 Vgl. Piontkowski (2009), S. 358.

264 Vgl. Eierle/Haller/Beiersdorf (2011), S. 1589 f. Bei der Befragung wurden im Frühsommer 2010 4.000 KMU (gemäß der Definition der IFRS for SME) schriftlich befragt. Die Rücklaufquote der Fragebögen lag bei gut 8 %, was 322 auswertbaren Fragebögen entspricht. Damit ist die Befragung hinsichtlich der Repräsentativität sicher angreifbar. Die Ergebnisse zeigen jedoch, dass ein nicht ausschließlich eigentümergeführtes mittelständisches Unternehmen keinesfalls eine Ausnahme in Deutschland darstellt.

Ziel hat, sondern um eine Managementeinstellung.[265] Seit Basel II sind die Kreditvergabe und die Kosten für Fremdkapital bei Banken abhängig vom Rating des Schuldners. Diese Ratings stellen erhöhte Anforderungen im Bereich der Kommunikation und Transparenz und damit im Bereich des internen Rechnungswesens an die Unternehmen.[266] Die Ziele und Merkmale einer wertorientierten Unternehmenssteuerung finden sich in den Faktoren und Informationen wieder, die bei der Erstellung von Ratings berücksichtigt werden.[267] Unabhängig davon wirkt sich auch schon das bloße Vorhandensein eines Controllings beziehungsweise eines internen Rechnungswesens positiv auf das Ratingurteil von kreditgebenden Banken aus.[268] Damit haben es Unternehmen mit einer solchen Unternehmenssteuerung und dem damit häufig auch einhergehenden vergleichsweise hohen Marktwert des Eigenkapitals[269] leichter, günstige Kredite zu erhalten.[270] Insbesondere die Finanz- und Wirtschaftskrise am Ende der ersten Dekade des 21. Jahrhunderts hat die Bedeutung dieser Ratings im Rahmen von Kreditvergaben weiter steigen lassen.[271]

Weiterhin ermöglicht diese Form der Unternehmenssteuerung Unternehmen jeder Größe, planvoll zu agieren, ihre entscheidenden Werttreiber zu identifizieren, sich mithilfe dieser Informationen auf profitable Tätigkeiten zu konzentrieren und frühzeitig Liquiditäts- beziehungsweise Finanzierungslücken zu erkennen.[272]

Im Folgenden wird zu zeigen sein, dass viele der oben genannten Controllinginstrumente für KMU nicht mit übermäßigen Kosten verbunden sein müssen. Vielmehr können die Daten, die für das externe Rechnungswesen ohnehin erhoben werden, für diese Instrumente „recycelt“ werden.[273]

---

265 Vgl. Piontkowski (2009), S. 357.

266 Vgl. Keuper/Brösel/Albrecht (2009), S. 57; Becker/Ulrich/Baltzer (2011), S. 310.

267 Vgl. Piontkowski (2009), S. 358.

268 Vgl. Harbrecht/Kick (2006), S. 227.

269 Die Höhe des Marktwerts des Eigenkapitals ist stets in Relation zum Fremdkapital zu sehen.

270 Vgl. u.a. Gebhardt/Mansch (2005), S. 1 ff.

271 Vgl. Becker/Ulrich/Baltzer (2011), S. 310.

272 Vgl. Middelmann (2001), S. 499 f.

273 Vgl. Krey/Lorson (2009), S. 191.

2.3 Gründe für die Trennung zwischen internem und externem Rechnungswesen

Bevor das Augenmerk auf die Möglichkeiten einer Harmonisierung des Rechnungswesens gelenkt wird, soll an dieser Stelle der Frage nachgegangen werden, wie das zweigeteilte Rechnungswesen im deutschsprachigen Raum entstanden ist und welche inhaltlichen Gründe zu dieser Zweiteilung geführt haben. Auf diese Weise lässt sich die spätere Argumentationsführung besser nachvollziehen.

2.3.1 Historische Entwicklung des betrieblichen Rechnungswesens

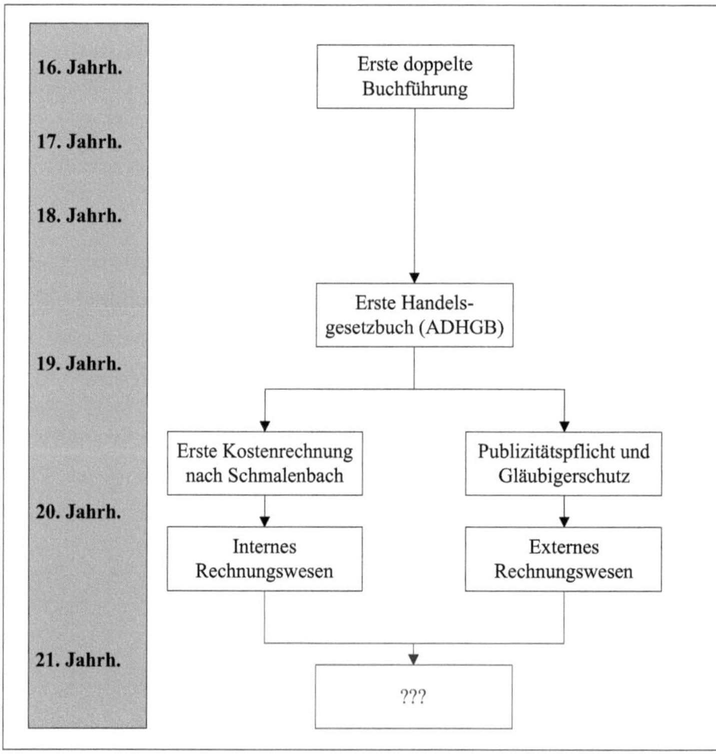

Abbildung 19: Historische Entwicklung des betrieblichen Rechnungswesens

Die Geschichte des betrieblichen Rechnungswesens in Deutschland – wie wir es heute kennen – lässt sich bis zur handels- und bankgeschäftlichen Blüte des schwäbischen Adelsgeschlechts der Fugger im 16. Jahrhundert zurückverfolgen.[274] Die Kaufleute der Fugger erstellten bereits zu jener Zeit eine Art Jahresabschluss auf Basis einer doppelten Buchführung. Dieser Abschluss diente allerdings eher der Selbst- als der Fremdinformation.[275] Die Hauptursache für die Einführung eines Rechnungswesens lag darin, dass zu dieser Zeit erstmals ein derart großes Unternehmen entstanden war, welches sich ohne ein solches Instrumentarium nicht mehr zielorientiert steuern ließ.[276] Unter anderem die Verankerung des Maßgeblichkeitsprinzips (1874 – Gesetze zur Einkommensbesteuerung), die Einführung der Rechenschafts- und Publizitätspflicht sowie die Durchsetzung des Gläubigerschutzprinzips (über das 1937 eingeführten Aktiengesetz[277]) sorgten dafür, dass sich das Rechnungswesen aufgrund gesetzlicher Vorgaben mehr und mehr von der ursprünglichen Funktion der Selbstinformation entfernte.[278] Dies kann als einer der Gründe angesehen werden, weswegen sich ab Anfang des 20. Jahrhunderts eine Kostenrechnung entwickelte – zunächst zur gelegentlichen Ermittlung von Kosten für die Preisermittlung und schließlich zu einer periodischen Rechnung zur Selbstinformation.[279] Zu dieser Zeit wurde auch das Verursachungsprinzip als Grundprinzip der Kostenrechnung weitgehend anerkannt und die heute noch gängige Unterteilung der Kostenrechnung in Kostenarten-, Kostenstellen und Kostenträgerrechnung wurde eingeführt.[280] Die Entwicklung des internen Rechnungswesens wurde aber auch zum Teil durch gesetzliche Vorschriften

---

274 Ursprünglich verdienten die Fugger ihr Geld mit einer kleinen Weberei. Neben dem Aufbau eines multinationalen Handels- und Bankgeschäfts waren die Fugger unter anderem auch im Bergbau aktiv. Vgl. Coenenberg (1995), S. 2077. Die allgemeinen Wurzeln des Rechnungswesens können allerdings deutlich früher datiert werden. So finden bereits in Aufzeichnungen der alten Griechen und Römer die Begriffe Inventar und Buchung Erwähnung. Jedoch haben die Fugger erstmals eine dem heutigen Rechnungswesen vergleichbare Rechnung durchgeführt. Vgl. Schweitzer/Wagener (1998), S. 438; Schneider (1993), Sp. 713.

275 Der Hauptbuchhalter der Fugger wurde in Italien ausgebildet, wo die doppelte Buchführung bereits Ende des 15. Jahrhunderts ihren Anfang nahm. Vgl. Penndorf (1913), S. 46 ff.

276 Vgl. Coenenberg (1995), S. 2077.

277 Als ein Resultat aus der Weltwirtschaftskrise trat das Aktiengesetz bereits 1931 über eine Notverordnung in Kraft. Es wurde jedoch erst 1937 offiziell verabschiedet. Die sehr starke Gläubigerschutzorientierung und die damit einhergehende Dominanz des Vorsichtsprinzips wurden 1965 im Rahmen einer Reform des Aktiengesetzes wieder etwas zugunsten der Interessen der Kleinaktionäre gelockert. Vgl. Coenenberg (1995), S. 2077 f.

278 Vgl. Wagenhofer (2010), S. 24. Das 1861 eingeführte HGB – damals noch Allgemeines Deutsches Handelsgesetzbuch (ADHGB) – beinhaltete zunächst nur eine Verpflichtung zur Führung von Büchern. Eine Publikationspflicht gab es zu dieser Zeit noch nicht. Diese folgte mit der Novellierung des HGB und der gleichzeitigen Entwicklung der Grundsätze ordnungsgemäßer Buchführung (GoB) sowie der Einführung des Aktiengesetzes zu Beginn des 20. Jahrhunderts. Vgl. Pleitgen (2005), S. 45 ff.

279 Vgl. u.a. Schmalenbach (1899), S. 3 ff. Schmalenbach nennt als Ziele der Kostenrechnung zu dieser Zeit erstmals neben der Kalkulation auch die Wirtschaftlichkeits- und Erfolgskontrolle. Vgl. Schweitzer/Wagener (1998), S. 443.

280 Vgl. Dorn (1993), Sp. 724; Schneider (1992a), S. 92.

vorangetrieben. Ein Beispiel hierfür ist in den Vorschriften über die Kalkulation öffentlicher Aufträge zu sehen, die während der NS-Zeit eingeführt wurden.[281] Nach dem zweiten Weltkrieg reifte die Kostenrechnung schließlich mehr und mehr zu einem ausdifferenzierten Instrument der Entscheidungsunterstützung und somit zu einem umfassenden internen Rechnungswesen.[282] Neben den sich ändernden Interessen und Informationsbedürfnissen der Adressaten, führte auch die ständig steigende Marktdynamik zu der zweigeteilten Entwicklung des Rechnungswesens in Deutschland.[283]

Eine etwas andere Sicht auf die historische Entwicklung des Rechnungswesens liefert beispielsweise SCHNEIDER (1992). Er argumentiert, dass die Entwicklung organisationsbezogenen zu begründen sei. So hätte die Trennung von Eigentum und Verfügungsmacht, welche mit Beginn der Industrialisierung deutlich zunahm, zu der Entwicklung des allgemeinen Rechnungswesens geführt, weil auf diesem Wege eine Rechenschaftslegung nötig wurde: Die Übertragung von Aufgaben auf Dritte – z.B. auf einen Geschäftsführer – hätte zur Folge gehabt, dass der Dritte Rechenschaft über die Erfüllung der ihm übertragenen Aufgaben ablegen musste.[284] Die Rechenschaftslegung wiederum hätte langfristig nach einheitlichen gesetzlichen Regelungen verlangt, welche schließlich im Laufe der Zeit dazu geführt hätten, dass die extern zu berichtenden Informationen nicht mehr uneingeschränkt zur internen Steuerung herangezogen werden konnten.

Im Kern führen beide Sichtweisen zum selben Ergebnis: Ein zweigeteiltes betriebliches Rechnungswesen, in welchem die Aufgaben der Information der externen Adressaten und der Zahlungsbemessungsfunktion vom externen und die Entscheidungsunterstützungs-, Kontroll- und Verhaltenssteuerungsfunktion vom internen Rechnungswesen wahrgenommen werden. Eine Dokumentationsfunktion wird von beiden Rechenkreisen übernommen – jedoch mit unterschiedlichem Hinter-

---

[281] Die „Leitsätze für die Preisermittlung aufgrund von Selbstkosten" (LSP) schreiben bei fehlendem Wettbewerb auf der Anbieterseite vor, wie über das interne Rechnungswesen eine Preisermittlung stattzufinden hat. Diese Vorschriften kommen vor allem bei der Vergabe von öffentlichen Aufträgen (z.B. bei Rüstungsaufträgen, bei denen es nur wenige oder nur einen Anbieter gibt) zum Einsatz. Vgl. Wöhe/Döring (2010), S. 922; Kloock et al. (2005), S. 17 f. Erstmals wurden derartige Leitsätze im Jahr 1938 verabschiedet. Sie waren Teil der bisweilen sehr starken Eingriffe der NS-Regierung in die unternehmerische Tätigkeit. Vgl. Hebeler (2003), S. 29 f.

[282] Vgl. Pfaff/Weber (1998), S. 153; Hoke (2001), S. 22; Koch (1997), S. 584 ff.

[283] Vgl. Hoke (2001), S. 23.

[284] Vgl. Schneider (1992), S. 4 und S. 19; Hartmann-Wendels (1991), S. 140 ff.

grund. Auf diese und weitere inhaltliche Gründe für die Zweiteilung des betrieblichen Rechnungswesens wird im folgenden Abschnitt näher eingegangen.

2.3.2 Inhaltliche Gründe für die Trennung in internes und externes Rechnungswesen

Wie die oben beschriebene historische Entwicklung des betrieblichen Rechnungswesens und die damit einhergehende Unterscheidung nach dem Adressatenkreis (interne und externe Adressaten) gezeigt hat, waren unterschiedliche Rechnungszwecke[285] die Ursache für die zweigleisige Entwicklung.[286] Die vom Rechnungswesen verwendeten Wertgrößen bilden zwar grundlegende Maßgrößen, sie lassen jedoch – auch bei gleicher Bezeichnung (z.B. Abschreibungen) – unterschiedliche Bewertungsformen zu.[287] Die unterschiedlichen Rechenzwecke sind der Grund dafür, dass dieser Spielraum genutzt wird beziehungsweise genutzt werden muss.[288] Während das externe Rechnungswesen in erster Linie die Marktbeziehungen eines Unternehmens abbildet und auf diese Weise auch der Pflicht zur Rechenschaftslegung und Publizität nachkommt, beschäftigt sich das interne Rechnungswesen hauptsächlich mit der innerbetrieblichen Leistungserstellung und deren Optimierung.[289] Die durch die voneinander abweichenden Rechnungszwecke verursachte unterschiedliche Bewertung gleicher Sachverhalte führte unter anderem zu der Entwicklung der von Aufwand und Ertrag (des externen Rechnungswesens) abweichenden Kosten- und Erlösbegriffe. Somit unterscheiden sich – neben den Rechnungszwecken – auch die Rechnungsinhalte der beiden Teilsysteme. Insbesondere die von *Schmalenbach* maßgeblich entwickelten kalkulatorischen Kosten stellten einen wesentlichen Schritt hin zu einem selbstständigen internen Rechnungswesen dar.[290]

---

285 Aus den unterschiedlichen Rechnungszwecken folgen wiederum unterschiedliche Rechnungsziele und Rechnungsinhalte. Vgl. Schneider (1997), S. 45.

286 Im Kern führen beide Argumentationsketten des Abschnitts 2.3.1 zu dem Ergebnis, dass die unterschiedlichen Rechenzwecke schließlich ausschlaggebend für die Entwicklung eines eigenständigen internen Rechnungswesens waren.

287 Vgl. Küpper (2000), S. 446.

288 In welchen Bereichen des Rechnungswesens auf eine derartig unterschiedliche Bewertung verzichtet werden kann, ist eine zentrale Fragestellung dieser Arbeit und wird im weiteren Verlauf untersucht.

289 Vgl. Schaier (2008), S. 123 f.

290 Die Entwicklung der kalkulatorischen Kosten bedeutete die gleichzeitige Entwicklung eines wertmäßigen Kostenbegriffs. Dieser unterscheidet sich von dem im externen Rechnungswesen verwendeten pagatorischen Aufwandsverständnis in der Hinsicht, dass die angesetzten

Die Notwendigkeit zur Entwicklung eines vom Aufwand abweichenden Kostenbegriffs ergab sich vor allem aus der oben beschriebene Reglementierung des externen Rechnungswesens und der damit zum Teil verbundenen Entfernung von der ökonomischen Realität. Das ursprünglich zentrale Ziel der Selbstinformation, welches mit dem Rechnungswesen zunächst verfolgt wurde[291], wurde durch die im deutschsprachigen Raum voranschreitende gesetzliche Reglementierung des (nunmehr externen) Rechnungswesens zu einem Nebenziel. Das sich in den Rechnungslegungsgrundsätzen Vorsichts-, Imparitäts- und Anschaffungskostenprinzip manifestierende Gläubigerschutzprinzip sorgt für eine schlechte Nutzbarkeit der Daten aus den extern berichteten Abschlüssen für interne Planungs-, Kontroll- und Steuerungszwecke. Das Gläubigerschutzprinzip findet seine Rechtfertigung in der in Deutschland üblichen Fremdkapitalfinanzierung.[292] Diese führt zu der Notwendigkeit, die Fremdkapitalgeber im Rahmen der Rechnungslegung besonders zu schützen. Dies wiederum hat eine nicht immer der ökonomischen Realität entsprechende Rechnungslegung zur Folge. In diesem Zusammenhang ist auch zu beachten, dass der handelsrechtliche Jahresabschluss zum einen eine Zahlungsbemessungsfunktion hinsichtlich der Gewinnausschüttung bei Kapitalgesellschaften hat und nach wie vor als Basis für die steuerliche Gewinnermittlung dient.[293] Es zeichnet sich zwar ein Trend weg von der Maßgeblichkeit der Handels- für die Steuerbilanz ab,[294] jedoch ist die Maßgeblichkeit noch immer gegeben. Zum anderen würde ein komplett harmonisiertes Rechnungswesen auch bedeuten, dass die Änderungen in den Vorschriften des externen Rechnungswesens auf den internen Bereich durchschlagen würden und somit Folgen für die interne Nutzung der Daten, zum Beispiel im Rahmen der Steuerung oder im Rahmen von

---

Kosten nicht zwangsläufig mit einer früher oder später anfallenden Auszahlung in Verbindung stehen müssen. Vgl. Heyd (2001), S. 202.

291 Vgl. Abschnitt 2.3.1.

292 Die kapitalmarktorientierte angelsächsische Rechnungslegung hat eine wesentlich schwächer ausgeprägte Gläubigerschutzorientierung, was die Informationsfunktion des Abschlusses klar in den Vordergrund rücken lässt. Eine derart große Schere zwischen dem internen und externen Rechnungswesen ist dort also nicht festzustellen.

293 Vgl. hierzu u.a. Coenenberg/Mattner/Schultze (2004), S. 38.

294 Durch das BilMoG wurde beispielsweise die Übernahme von steuerlichen Sonderabschreibungen in die Handelsbilanz durch den Wegfall der umgekehrten Maßgeblichkeit abgeschafft. Weitere Indizien für die Entfernung der Handels- von der Steuerbilanz sind die Streichung des Sonderpostens mit Rücklagenanteil (§§ 247 Abs. 3, 273 HGB a. F.), die Möglichkeit der Aktivierung von selbst geschaffenen Vermögenswerten des Anlagevermögens (§ 248 Abs. 2 HGB) und das Ansatzwahlrecht für aktive latente Steuern (§ 274 Abs. 1 HGB) in der Handelsbilanz.

Anreizsystemen für die Mitarbeiter, hätten.[295] Dies ist einer der Hauptgründe, warum eine vollständige Harmonisierung vermutlich – zumindest unter der handelsrechtlichen Rechnungslegung – nicht erreicht werden kann. Hierauf wird an anderer Stelle der Arbeit noch näher eingegangen.

Die Steuerungsfunktion des internen Rechnungswesens stellt hierbei ein besonderes Problemfeld dar. Nutzt ein Unternehmer das interne Rechnungswesen für Steuerungszwecke, eignen sich zum einen die für die Steuerung genutzten Daten unter Umständen nicht für die externe Berichterstattung, weil er zum Beispiel interne Verrechnungspreise nicht veröffentlichen möchte (beispielsweise über die Bewertung von Halbfabrikaten). Zum anderen ist es wahrscheinlich, dass er die extern berichteten Daten nicht ungefiltert als Grundlage für ein internes Steuerungssystem nutzen kann, weil sich unter anderem intern formulierte Ziele schlecht in die Sprache – sprich in die Rechengrößen – des externen Rechnungswesens übersetzen lassen. Als Beispiel sei hier genannt, dass eine Steigerung des bilanziellen Eigenkapitals keineswegs immer einen ökonomischen Gewinn für den Unternehmer bedeuten muss. Der hierfür „verantwortliche" Opportunitätskostengedanke wurde oben bereits erläutert. Somit kann ein Unternehmer interne Performanceziele schlecht über das bilanzielle Eigenkapital formulieren.

Allerdings ist auch der Bilanzierende selbst dafür verantwortlich, dass sich die im Rahmen des Jahresabschlusses veröffentlichten Informationen nicht oder nur zum Teil zur internen Nutzung eignen. Dies liegt vor allem an der in vielen Bereichen gestaltbaren Rechnungslegung.[296] Sieht ein Bilanzierender die Möglichkeit, über rechnungslegungspolitische Maßnahmen, das heißt über die bewusste Gestaltung des Jahresabschlusses im Rahmen der gesetzlich zulässigen Grenzen, einen oder mehrere externe Adressaten in seinem Sinne zu beeinflussen, wird er dies in der Regel tun. Beispielsweise kann ein Bilanzierender ein Interesse daran haben, seinen Jahresabschluss möglichst besser zu rechnen als er tatsächlich ist, um damit die Chancen auf ein positives Votum bei einer anstehenden Kreditvergabeentscheidung durch eine Bank zu steigern.[297] Ob die extern berichteten Informationen dann noch internen Planungs-, Kontroll- und Steuerungszwecken genügen, steht

---

295 Vgl. Ballwieser (2004), S. 16 und Stute (2007), S. 42 f. m.w.N.

296 Dem Bilanzierenden bieten sich beispielsweise die Möglichkeiten der Nutzung von Ermessensspielräumen und der Ausübung von Wahlrechten in seinem Sinne.

297 Vgl. Döring/Obermann (2008), S. 413 ff.

im Rahmen dieser Entscheidung nicht im Vordergrund. Es kann allerdings als wahrscheinlich angesehen werden, dass die auf diese Weise beeinflussten extern berichteten Daten nicht mehr die ökonomischen Tatsachen wiedergeben.

Ein weiterer inhaltlicher Grund für die Zweiteilung des Rechnungswesens kann in der Notwendigkeit eines höheren Detaillierungsgrades im internen Rechnungswesen gesehen werden. Um die Planungs- und Kontrollfunktion wirksam wahrnehmen zu können, bedarf es deutlich kürzerer Berichtsintervalle als die externe Rechnungslegung sie vorschreibt.[298] Beispielsweise wäre eine Entscheidung, ob eine neu eingeführte Sparte von Produkten aufgrund zu hoher Kosten in Punkto Aufbau- und Ablauforganisation noch optimiert werden muss, deutlich zu spät gefällt, wenn diese erst nach Ablauf von über einem Jahr getroffen würde. Ein entsprechendes Gegensteuern sollte bereits nach einem oder zumindest wenigen Monaten stattfinden, um das Unternehmensergebnis nicht dauerhaft zu belasten.

Aus Unternehmersicht macht ein separates internes Rechnungswesen auch Sinn, weil auf diese Weise die internen Rechnungen gegen Einblicke von außen – z.B. durch die Konkurrenz – geschützt bleiben. Es hat also durchaus Vorteile, ein jeweils auf die Adressaten zugeschnittenes Rechnungswesen bereitzustellen.[299]

Zusammenfassend lassen sich also folgende Gründe für die Divergenz des Rechnungswesens in Deutschland nennen:

- Unterschiedliche Rechenzwecke
    - Unterschiedliche Rechenzwecke resultieren aus den unterschiedlichen Funktionen der Rechenkreise
    - Unterschiedliche Rechengrößen (z.B. Aufwand ≠ Kosten)
    - Entfernung des externen Rechnungswesens von der ökonomischen Realität (vor allem durch Gläubigerschutz und Rechnungslegungspolitik)
- Notwendigkeit eines höheren Detaillierungsgrades im internen Rechnungswesen

---

298 Vgl. u.a. Geiger (1995), S. 48; Simons/Weißenberger (2008), S. 140; Wagenhofer (2010), S. 24.

299 Vgl. Küting/Lorson (1998), S. 471.

- Unterschiedliche Adressatenkreise verlangen unterschiedliche Informationen (z.B. Vermeidung der Preisgabe von Interna über das externe Rechnungswesen)

2.4 Harmonisierung im Rechnungswesen

2.4.1 Begriff der Harmonisierung

Der Begriff der Harmonisierung kann allgemein mit „in Übereinstimmung, in Einklang bringen, aufeinander abstimmen"[300] übersetzt werden. Im Zusammenhang mit der Harmonisierung des internen und externen Rechnungswesens werden in der Literatur insbesondere auch die Begriffe „(Re-)Integration" und „Konvergenz" synonym verwendet.[301] Während (Re-)Integration die (Wieder-) Herstellung eines homogenen Zustandes aus dem jetzigen zweigeteilten Gebilde beschreibt, bedeutet Konvergenz das Anstreben einer Übereinstimmung von Zielen.[302] Weitere, in der Literatur aber deutlich seltener für dieses Themengebiet verwendete, Begriffe sind „Vereinheitlichung", „Annäherung" und „Angleichung".[303]

Diese Arbeit verwendet den Begriff der Harmonisierung, da dieser die Abstimmung einiger gemeinsamer Schnittpunkte des internen und externen Rechnungswesens am treffendsten umschreibt. Auch HEBELER (2003) charakterisiert die Harmonisierung „als [...] rationale Bestrebung, eine zweckverträgliche gegenseitige Anpassung verschiedener Systeme"[304] durch die gemeinsame Nutzung einer einheitlichen Datenbasis und verschiedener Methoden zu erreichen. Die Harmonisierung zielt also nicht auf eine vollständige Vereinheitlichung des Rechnungswesens ab.[305] Der Hauptgrund hierfür liegt in der oben bereits beschriebenen unterschiedlichen Zwecksetzung der beiden Rechenkreise, welche eine differenzierte

300 Wahrig-Burfeind (2007), S. 375.

301 Vgl. Schaier (2007), S. 108.

302 Vgl. Wussow (2004), S. 7.

303 Vereinzelt werden auch die Begriffe „Anpassung", „Kongruenz" und „Konversion" verwendet. Der Begriff der Konversion ist der einzige, der inhaltlich von den anderen abweicht. Er beschreibt allgemein eine Meinungs- oder Einstellungsänderung. Vgl. Schaier (2007), S. 108. Eine genauere sprachgebräuchliche Analyse der Begriffe findet sich beispielsweise bei Melcher (2002), S. 15 ff.

304 Hebeler (2003), S. 13.

305 Das Ziel, ein Einheitsrechnungswesen zu erreichen, kann allenfalls ein langfristiges sein, weil es – zumindest bei Zugrundelegung des Handelsrechts – die Überwindung der Zweckpluralität der zwei Rechenkreise voraussetzt.

Nutzung von Methoden nötig macht.[306] Jedoch kann versucht werden, die Differenzen zwischen internem und externem Rechnungswesen zu verringern, um Doppelarbeiten und Abstimmungsprobleme zu verringern.[307] Mithin wird ein möglichst hoher Grad der Harmonisierung[308] angestrebt, um die Effizienz des Rechnungswesens als Ganzes zu maximieren.

2.4.2 Dimensionen der Harmonisierung

2.4.2.1 Vorbemerkungen

Die Harmonisierung lässt sich in die Dimensionen „Gegenstand“, „Grad“ und „Richtung“ zerlegen. Die in der Literatur immer wieder diskutierte Tiefe der Harmonisierung[309] spielt für den Mittelstand eine nur untergeordnete Rolle. Sie beschreibt, in welchen Hierarchieebenen eines Unternehmens eine Harmonisierung stattfindet. Bei einer flachen Harmonisierung findet diese ausschließlich im Bereich der obersten Managementebene statt. Eine tiefe Harmonisierung kann bis zur einzelnen Kostenstelle gehen. Da die Hierarchien bei Mittelständlern in der Regel recht flach sind, kann die Tiefe der Harmonisierung als Diskussionspunkt im Rahmen dieser Arbeit weitestgehend vernachlässigt werden und wird aus diesem Grund im Folgenden nicht näher betrachtet.

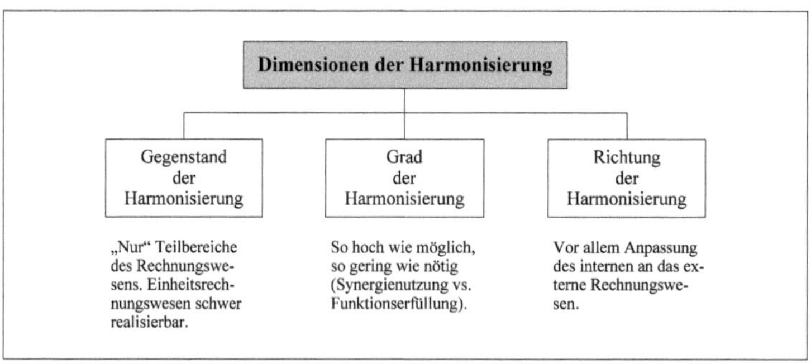

Abbildung 20: Dimensionen der Harmonisierung[310]

---

306 Vgl. Schaier (2007), S. 124.

307 Vgl. Wussow (2004), S. 8.

308 Der Begriff des Grades der Harmonisierung wird im Abschnitt 2.4.2.3 naher erläutert.

309 Vgl. u.a. Wussow (2004), S. 37 und 43 ff.; Stute (2007), S. 32. STUTE (2007) bezeichnet diese Dimension zwar als „Ebenen der Harmonisierung“. Inhaltlich beschreibt es jedoch dasselbe.

310 Eigene Darstellung. Inhaltlich ähnlich bei Wussow (2004), S. 41.

Die in der Abbildung 20 angeführten kurzen Erläuterungen zu den einzelnen Dimensionen werden in den folgenden Abschnitten noch näher ausgeführt.

Diese Erkenntnisse bilden die Grundlage für die spätere Analyse der Harmonisierbarkeit des Rechnungswesens auf Basis des deutschen Handelsrechts und der IFRS for SME.

2.4.2.2 Gegenstand der Harmonisierung

Die Dimension des Gegenstandes der Harmonisierung[311] fragt nach dem Umfang der in die Harmonisierung einbezogenen Teilbereiche des Rechnungswesens. Es wurde bereits angedeutet und wird in der Folge noch deutlicher werden, dass aufgrund der unterschiedlichen Rechenzwecke nicht das gesamte betriebliche Rechnungswesen in den Harmonisierungskreis mit einbezogen werden kann.[312] Jedoch bleibt zu prüfen, welche Bereiche sich für eine Harmonisierung eignen und welche Anpassungen hierfür nötig sind.

Der handelsrechtliche Einzelabschluss (Handelsbilanz I) wurde bisher vor allem aufgrund seiner Zahlungsbemessungsfunktion für eine Harmonisierung als nicht geeignet angesehen.[313] Die Harmonisierungsbemühungen beschränkten sich demnach auf die ausschließlich der Informationsfunktion dienenden Handelsbilanz II.[314] Im Rahmen der vorliegenden Untersuchung wird unter anderem untersucht, inwieweit sich der – im Zuge der Verabschiedung des BilMoG mehr der Informationsfunktion zugewandte – Einzelabschluss nun als Gegenstand der Harmonisierung eignet.

2.4.2.3 Grad der Harmonisierung

Nachdem ermittelt wurde, welche Teile des Rechnungswesens in den Harmonisierungsbereich fallen, gilt es, den möglichen Grad der Harmonisierung[315] zu ermit-

[311] In der Literatur finden sich u.a. auch die Bezeichnungen „Umfang der Harmonisierung" oder „Harmonisierungsbereich". Sie bezeichnen inhaltlich das Gleiche. Vgl. u.a. Müller (2006), S. 33 ff.; Wussow (2004), S. 42.

[312] Zur Begrenzung der in die Harmonisierung einbeziehbaren Bereiche vgl. Bruns (1999), S. 595; Küting/Lorson (1998a), S. 487.

[313] Während die Dokumentations- und Informationsfunktion einer Harmonisierung nicht im Wege stehen, stellt die Zahlungsbemessungsfunktion ein Hemmnis dar.

[314] Vgl. hierzu u.a. Coenenberg (1995), S. 2078; Klein (1999a), S. 69; Müller (2006), S. 34.

[315] In der Literatur findet auch der Begriff der „Intensität" Anwendung. Vgl. u.a. Müller (2006), S. 37.

teln. Dieser beschreibt, inwieweit eine Übereinstimmung des internen und externen Rechnungswesens in den zu harmonisierenden Teilbereichen erreicht werden kann. Hierbei stellt sich also nicht mehr die Frage danach, *was* harmonisiert werden soll (Gegenstand der Harmonisierung), sondern danach, *inwieweit* die Rechenkreise einander angeglichen werden können. Um die Vorteile der Harmonisierung[316] weitestgehend ausschöpfen zu können, ist grundsätzlich eine möglichst vollständige Harmonisierung anzustreben. Dies bedeutet jedoch, dass z.B. die Rechengrößen einander angeglichen werden müssten (z.B. Aufwand und Ertrag vs. Kosten und Erlöse). Ob dies unter allen Umständen erstrebenswert wäre, kann bezweifelt werden, weil auf diese Weise unter Umständen die Zweckerfüllung in einem oder beiden der Teilbereiche des Rechnungswesens gefährdet werden könnte. Die vollständige Harmonisierung stellt einen theoretischen Extremfall dar und wird in der Praxis häufig nicht realisierbar sein.[317] Ziel sollte jedoch sein, in den als harmonisierbar erachteten Bereichen einen möglichst hohen Grad der Harmonisierung unter Berücksichtigung der Gewährleistung der künftigen Funktionserfüllung beider Teilbereiche des Rechnungswesens zu erreichen.[318] Es ist also zu prüfen, inwieweit die Daten des externen Rechnungswesens für die interne Steuerung genutzt werden können, ohne dass Letztere zu großen Einschränkungen hinsichtlich der ihr zugedachten Funktionen unterliegt. Selbiges gilt für den umgekehrten Fall, in dem das interne Rechnungswesen Daten für die externe Berichterstattung zur Verfügung stellt.

2.4.2.4 Richtung der Harmonisierung

Hinsichtlich der Richtung der Harmonisierung sind drei Szenarien denkbar. Zum einen kann das externe Rechnungswesen den Anforderungen des internen Rechnungswesens angepasst werden. Zum anderen besteht die Möglichkeit, dass sich das interne Rechnungswesen den Gegebenheiten des externen anpasst. Und schließlich wäre auch eine gegenseitige Annäherung denkbar.[319]

Aufgrund der in der Regel langwierigen Umstellungsprozesse im externen Rechnungswesen – sei es im Rahmen eines Gesetzgebungsverfahrens im deutschen

---

316 Vgl. Abschnitt 2.5.

317 Vgl. Franz/Winkler (2006), S. 60.

318 Vgl. Klein (1999), S. 23.

319 Vgl. u.a. Burger/Buchhart (2001), S. 549.

Handelsrecht oder im Rahmen des Standard Setting Process der IFRS – und der fehlenden Normierung des internen Rechnungswesens, dürfte es üblicherweise deutlich einfacher sein, das interne an das externe Rechnungswesen anzupassen.[320] Im Rahmen der folgenden Untersuchung wird dementsprechend in den meisten Fällen das externe Rechnungswesen als Datum angesehen und analysiert, inwieweit dessen Daten den Anforderungen des internen Rechnungswesens genügen beziehungsweise wie Überleitungsrechnungen möglichst minimiert werden können, um – in harmonisierbaren Bereichen – ein weitgehend harmonisiertes Rechnungswesen zu erreichen. Es wird aber auch darauf hinzuweisen sein, an welchen Stellen eine sinnvolle Anpassung des externen Rechnungswesens zu einem besser harmonisierbaren Rechnungswesen beitragen könnte beziehungsweise, welche Änderungen in der Rechnungslegung zu einem Hemmnis im Bereich der Harmonisierung geführt haben. Durch die Übernahme von internen Daten in das externe Rechnungswesen bestehen zum Teil bereits harmonisierte Bereiche im Rechnungswesen. Beispielsweise sind die Herstellungskosten für selbst erstellte Vermögensgegenstände zu deren bilanzieller Bewertung mithilfe des internen Rechnungswesens zu ermitteln. Auch der Übergang von der Forschungs- in die Entwicklungsphase bei selbst geschaffenen immateriellen Vermögensgegenständen des Anlagevermögens ist mithilfe der Informationen des internen Rechnungswesens festzulegen.

2.5 Argumente für Harmonisierungsbestrebungen

2.5.1 Überblick

Die Gründe für die seit Mitte der 1990er Jahre andauernden Harmonisierungsbestrebungen im Rechnungswesen ergeben sich vor allem aus den Vorteilen, die Wissenschaft und Praxis in einem harmonisierten Rechnungswesen im Vergleich zur noch weit verbreiteten Zweiteilung sehen. Die in der Literatur[321] mitunter als Grund für die Harmonisierungsbestrebungen angeführte Einführung der Internationalen Rechnungslegung im europäischen Raum[322] stellt aufgrund ihrer aus-

[320] Vgl. Franz/Winkler (2006), S. 64; Melcher (2002), S. 67 f.; Schweitzer/Küpper (2011), S. 755.

[321] Vgl. beispielsweise Messner (2003), S. 252; Weiss (1999), S. 665; Lewicki (1998), S. 17.

[322] Bereits im Jahr 1993 erstellten erste DAX-Unternehmen neben dem verpflichtend aufzustellenden HGB-Konzernabschluss freiwillig einen zusätzlichen Konzernabschluss nach internationalen Vorschriften, um eine bessere Kommunikation gegenüber internationalen Kapital-

schließlichen Informationsfunktion sicherlich eine Art Katalysator für die seit den 1990er Jahren zu beobachtende Entwicklung dar. Sie kann jedoch nicht als Grund, sondern allenfalls als Anlass für verstärkte Harmonisierungsbemühungen gesehen werden.[323] Allein die Möglichkeit einer vermeintlich „leichteren" Harmonisierung kann als Grund nicht genügen.[324] Hierzu bedurfte und bedarf es weiterer Argumente.

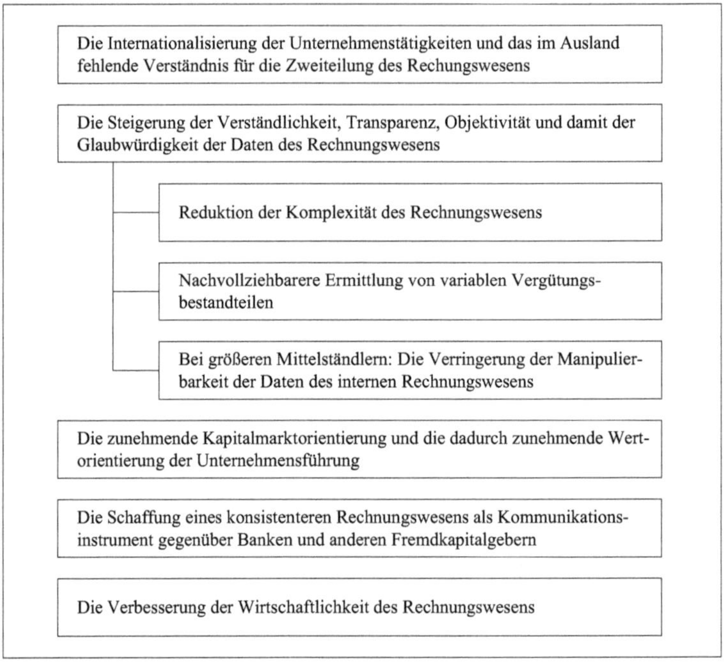

Abbildung 21: Gründe für Harmonisierungsbestrebungen

gebern, Kunden und Lieferanten zu ermöglichen. Das Kapitalaufnahmeerleichterungsgesetz aus dem Jahre 1998 erlaubte Konzernen, ihren Abschluss nach international anerkannten Rechnungslegungsstandards mit befreiender Wirkung für den HGB-Konzernabschluss zu erstellen. Im Jahr 2005 trat schließlich die IAS-Verordnung (VO 1606/2002/EG) in der gesamten EU in Kraft. Sie verpflichtet seither (aufgrund von Übergangsregelungen zum Teil auch erst seit 2007) kapitalmarktorientierte Unternehmen, einen Konzernabschluss nach den von der EU anerkannten IFRS aufzustellen. Der Einzelabschluss nach internationalen Vorschriften ist nach wie vor freiwillig. Vgl. u.a. Wala/Knoll/Messner (2007), S. 1834.

323 Vgl. auch Weißenberger (2003), S. 233.

324 Ob die IFRS for SME eine Harmonisierung begünstigen, bleibt noch zu prüfen. Dies wird im dritten Hauptteil dieser Arbeit untersucht.

Die Abbildung 21 stellt die Argumente für eine Harmonisierung des Rechnungswesens überblicksartig zusammen. Die einzelnen Argumente werden in den folgenden Abschnitten genauer erläutert.

Im Zuge der Harmonisierungsdiskussion wird in der Literatur mitunter weiterhin das Argument angeführt, dass Unternehmen sich nicht mehr – wie in der ersten Hälfte des zwanzigsten Jahrhunderts – auf Angebotsmärkten bewegen. Die Aufgabe der Kostenrechnung war zu dieser Zeit die Selbstkostenermittlung für die Preisfindung. In diesem Zusammenhang wird das Argument angeführt, dass auf den heutigen globalisierten (Käufer-)Märkten die Preise vom Markt vorgegeben sind und somit die Kostenrechnung als Instrument zur Preisfindung überflüssig geworden sei.[325] Bei derartigen Argumentationsführungen werden jedoch die Kontroll-, Steuerungs- und vor allem die Entscheidungsunterstützungsfunktion der Kostenrechnung außer Acht gelassen, welche es der Unternehmensleitung beispielsweise ermöglichen, ökonomisch fundierte Entscheidungen über Eigenerstellung oder Fremdbezug von Halbfabrikaten zu treffen oder die Einhaltung des ökonomischen Prinzips[326] zu überprüfen. Diese Funktionen bleiben natürlich auch und gerade auf Käufermärkten erhalten. Sie dienen dazu, die Wettbewerbsfähigkeit von Unternehmen zu gewährleisten. Des Weiteren gibt es bei Neuprodukten, für die es noch keinen Marktpreis gibt, durchaus noch die Notwendigkeit der Unterstützung der Preisfindung mit Hilfe der Kostenrechnung.[327] Aus den genannten Gründen wird diesem Argument im Weiteren nicht gefolgt.

Die bereits im Abschnitt 2.3.2 erläuterten Gründe für die Trennung in internes und externes Rechnungswesen werden durch die in den folgenden Abschnitten erläuterten Argumente für eine Harmonisierung nicht ausgehebelt und haben demnach weiterhin ihre Berechtigung. Die Auflistungen von Für- und Wider-Argumenten bilden vielmehr die Leitplanken für die im dritten und vierten Abschnitt vorzunehmende Analyse der Harmonisierbarkeit des Rechnungswesens.

325 Vgl. Kley (2006), S. 151; Ziegler (1994), S. 177; Schweitzer/Ziolkowski (1999), S. 4.

326 Zum ökonomischen Prinzip vgl. u.a. Wöhe/Döring (2010), S. 33 und S. 41.

327 Wobei die Kostenrechnung in einem solchen Fall nur eine sekundäre Rolle spielen dürfte. In der Regel dürften primär die am Markt durchsetzbaren Absatzpreise für die Festsetzung eines ersten Preises die Grundlage bilden.

2.5.2 Die Internationalisierung der Unternehmenstätigkeiten und das im Ausland fehlende Verständnis für die Zweiteilung des Rechnungswesens

Sehrwohl kann die voranschreitende Internationalisierung der Unternehmenstätigkeit – auch bei mittelständischen Unternehmen[328] – als Argument angeführt werden. Hat ein deutscher Mittelständler beispielsweise Betriebsstätten im europäischen Ausland, so wird er unter Umständen Probleme damit haben, die im deutschsprachigen Raum übliche Zweiteilung des Rechnungswesens den nichtdeutschen Mitarbeitern im Ausland verständlich zu machen.[329] Oft ist es für diese Mitarbeiter nicht nachvollziehbar, warum im internen Rechnungswesen beispielsweise mit kalkulatorischen Größen gearbeitet werden muss.[330] Durch eine Harmonisierung des Rechnungswesens könnten unterschiedliche Rechnungen vermieden und somit die Komplexität des Rechnungswesens reduziert werden.[331] Eine Harmonisierung erscheint häufig schon deshalb sinnvoll, weil durch eine zunehmende internationale Unternehmenstätigkeit die Komplexität des Rechnungswesens ansteigt und dieser Entwicklung durch eine Harmonisierung – in welchem Umfang auch immer – entgegengewirkt werden kann.[332]

2.5.3 Steigerung der Verständlichkeit, Transparenz, Objektivität und damit der Glaubwürdigkeit der Daten des Rechnungswesens

Das Argument der Verständlichkeit des Rechnungswesens greift indessen auch innerhalb Deutschlands. So treffen mitunter deutlich unterschiedliche Unternehmens- oder Bereichsergebnisse im internen und externen Rechnungswesen innerhalb desselben Zeitraums regelmäßig auf Unverständnis bei Managern und Kapitalgebern.[333] Auch das Führen von zwei Inventaren für denselben Anlagebestand

---

328 Auf die zunehmende Internationalisierung der Unternehmenstätigkeit von deutschen KMU wird im Abschnitt 4.4 noch näher eingegangen.

329 Zu den Problemen eines interkulturellen Managements vgl. u.a. Kahle (1999), S. 183.

330 Im Ausland findet sich nur sehr selten eine wie in Deutschland verbreitete Zweiteilung des Rechnungswesens. Dies führt dazu, dass die hiesige Unterteilung des Rechnungswesens für nichtdeutsche Mitarbeiter häufig nur sehr schwer oder gar nicht nachvollziehbar ist. Vgl. Kahle (2003), S. 784; Küpper (1995), S. 46; Hebeler (2003), S. 33 f.; Ziegler (1994), S. 177; Schweitzer/Ziolkowski (1999), S. 4 und 6.

331 Vgl. Siefke (1999), S. 146 f; Lewicki (1998), S. 15; Himmel (2004), S. 25; Sill (1995), S. 17; Janschek (1999), S. 125.

332 Vgl. Weißenberger (2004), S. 75 f.; Küpper (1998), S. 153.

333 Vgl. Havermann (2000), S. 123; Schweitzer/Ziolkowski (1999), S. 6; Hahn/Laßmann (1993), S. 69.

trifft oft auf wenig Verständnis.[334] Manager müssen sich häufig an den extern berichteten Ergebnisgrößen messen lassen. Sie steuern das Unternehmen oder ihre Abteilung hingegen regelmäßig auf Basis interner Rechnungen.[335] Durch eine – wenn auch nur teilweise – Harmonisierung des Rechnungswesens könnten komplizierte Überleitungsrechnungen vermieden oder zumindest vereinfacht und damit besser nachvollziehbar gemacht werden.[336] Gleichzeitig wird durch eine Angleichung der intern und extern gemessenen Ergebnisse auch mehr Transparenz und Glaubwürdigkeit bei der Ermittlung der Bemessungsgrundlage für die erfolgsorientierte Entlohnung geschaffen.[337] Ein Argument, das bei Großunternehmen und Konzernen in diesem Zusammenhang immer wieder angeführt wird, ist, dass die (zunächst) internen Daten durch die Harmonisierung auch einer objektiven Prüfung durch Wirtschaftsprüfer unterzogen werden und somit auch intern eher akzeptiert werden.[338] Dieses Argument greift indessen bei nicht prüfungspflichtigen Abschlüssen von KMU nicht. Dennoch erhalten die internen Ergebnisgrößen durch eine nachvollziehbare Verknüpfung mit denen des externen Rechnungswesens eine – zumindest bedingte – Objektivierung, weil sie durch diese Verknüpfung in gewissem Umfang unternehmensextern vorgegeben beziehungsweise normiert sind und damit verpflichtenden Vorgaben unterliegen.[339]

Ein weiteres Argument für die Harmonisierung, das häufig in der Diskussion um die Vereinheitlichung des Rechnungswesens bei Großunternehmen oder Konzernen auftaucht, ist in diesem Zusammenhang der Hinweis auf die Manipulierbar-

---

334 Das Führen von zwei Inventaren resultiert aus den unterschiedlichen Bewertungskonzeptionen und den unterschiedlichen Nutzungsdauern im internen und externen Rechnungswesen. Vgl. Funk/Rossmanith/Eha (2009), S. 177; Ziegler (1994), S. 175 f.

335 Vgl. Haaker (2008), S.14; Hax (2001), S. 93; Schweitzer/Ziolkowski (1999), S. 30. In diesem Zusammenhang konnte bereits empirisch nachgewiesen werden, dass Manager zufriedener sind, wenn sie mit einheitlichen Ergebnissen beziehungsweise Kennzahlen arbeiten können. Vgl. Sandt (2003), S. 75 ff.; Weißenberger (2006), S. 411.

336 Auch empirische Untersuchungen zu den Motiven einer Harmonisierung des Rechnungswesens haben ergeben, dass die Verbesserung der Verständlichkeit als einer der bedeutendsten Vorteile eines harmonisierten Rechnungswesens gesehen wird. Vgl. beispielsweise Hoke (2001), S. 155; Haring/Prantner (2005), S. 152.

337 Vgl. Jonen/Lingnau (2006), S. 7; Küting/Pfitzer/Weber (2011), S. 48 f. m.w.N.

338 Vgl. Hax (2002), S. 759; Küting/Lorson (1998b), S. 2305; Franz/Winkler (2006), S. 53; Kirsch/Steinhauer (2004), S. 188.

339 Auf die Tatsache, dass die Ergebnisgröße des externen Rechnungswesens dennoch – auch nachträglich – in gewissem Umfang beeinflussbar ist, wird später noch eingegangen. Vgl. hierzu auch Fn. 345.

keit des internen Rechnungswesens.[340] Dadurch, dass hier weitestgehend mit kalkulatorischen Größen gearbeitet wird, wird eine gewisse Willkür im Rahmen von Schätzungen ermöglicht.[341] Dieses Problem tritt allerdings in der Regel nur auf, wenn ein Unternehmen eine gewisse Größe erreicht und es dadurch zwischen den verschiedenen Hierarchieebenen zu Principal-Agent-Problemen kommen kann. Jede Hierarchieebene wird in einem solchen Fall unter Umständen versuchen, die Zahlen, die an die nächst höhere Ebene berichtet werden müssen, in einem für sie positiven Licht darzustellen.[342] Mithin wäre hier ein Anreiz für die Manipulation der Daten des internen Rechnungswesens gegeben, um die Informationsasymmetrie zwischen der eigenen und der nächst höheren Hierarchieebene zu nutzen.[343] Eine Folge dieses Verhaltens könnte eine ökonomisch ineffiziente Ressourcenallokation innerhalb des Unternehmens sein.[344] Bei KMU sollte dieses Problem indessen deutlich seltener auftreten, weil die Hierarchien zum einen meist deutlich flacher als bei Großunternehmen sind und zum anderen die Abteilungen häufig nicht derart unabhängig voneinander agieren, wie es nicht selten bei Großunternehmen zu beobachten ist. Nichtsdestotrotz kann es auch bei wenigen Hierarchieebenen zu derartigen Manipulationen kommen, nämlich sobald der oder die Unternehmer Steuerungskompetenzen an Dritte delegiert beziehungsweise delegieren.[345] Eine Harmonisierung der Daten des internen mit dem externen Rechnungswesen könnte auch hier über die oben beschriebene Objektivierung der Daten zu weniger Manipulationen führen.

---

340 Im Gegensatz zum weitestgehend objektivierten externen Rechnungswesen ist das interne Rechnungswesen deutlich anfälliger für Manipulationen. Hierauf wurde bereits weiter oben eingegangen.

341 Vgl. Haring/Partner (2005), S. 152; Küpper (1995), S. 46; Wurl/Kuhnert/Hebeler (2001), S. 1370.

342 Auf die Principal-Agent-Problematik zwischen den Hierarchieebenen eines Unternehmens wurde bereits im Abschnitt 2.2.3.2 eingegangen.

343 Gründe für dieses Verhalten können beispielsweise darin gesehen werden, dass Bereichsmanager auf diese Weise versuchen, ihre variablen Vergütungsbestandteile positiv zu beeinflussen oder schlicht ihren Bereich besonders erfolgreich erscheinen zu lassen. Vgl. Schweitzer/Küpper (2011), S. 752; Müller (2006), S. 104 ff m.w.N.

344 Vgl. Pfaff/Pfeiffer (2001), S. 370.

345 Es ist unmittelbar einsichtig, dass der Unternehmer selbst kein Interesse daran haben kann, die für die Steuerung seines Unternehmens erhobenen Daten (z.B. der Kostenrechnung) zu manipulieren. Auf diese Weise würde er die Kostenrechnung ad absurdum führen.

2.5.4 Die zunehmende Kapitalmarktorientierung und die dadurch zunehmende Wertorientierung der Unternehmensführung

Ein weiterer Aspekt, der zu den verstärkten Harmonisierungsbestrebungen geführt hat, ist die Tatsache, dass neben dem angelsächsischen auch im deutschsprachigen Raum die Kapitalmarktorientierung deutlich zugenommen hat.[346] Diese Entwicklung musste früher oder später ihren Niederschlag in wertorientierten Unternehmensführungskonzepten finden, da auf Dauer nur mit deren Hilfe eine wertorientierte Steuerung der Unternehmen möglich ist.[347] In diesem Zusammenhang hat die Einführung der internationalen Rechnungslegung die oben beschriebene Katalysatorwirkung entfaltet. Durch ihre ausschließliche Funktion der Information der externen Adressaten des Unternehmens kann das über die Rechnungslegung vermittelte Bild des Unternehmens als Abbild der tatsächlichen Wertentwicklung gesehen werden.[348] Auf diese Weise scheint es möglich, die nach außen kommunizierten Ziele des Unternehmens leichter auf interne Steuerungseinheiten herunter zu brechen und sie somit als Basis für die interne Steuerung zu nutzen.[349] Mithin war ein Anlass für den Versuch einer Harmonisierung des Rechnungswesens gegeben. Wenn auch die Kapitalmarktorientierung bei Mittelständlern deutlich schwächer ausgeprägt ist als bei Großunternehmen und Konzernen, hat ihre Bedeutung für Mittelständler in jüngster Vergangenheit doch zugenommen.[350] Als Beispiel sei hier die Möglichkeit der Kapitalbeschaffung mithilfe des so genannten Private Equity genannt. Für die Kapitalgeber steht bei einer solchen Finanzierung die Wertorientierung des Unternehmens im Vordergrund.[351] Dieser Performancedruck schlägt sich schließlich auch in der internen Steuerung nieder.

---

346 Vgl. Schweitzer/Küpper (2011), S. 755; Schweitzer/Ziolkowski (1999), S. 4.

347 Zur Verbindung zwischen der Unternehmensfinanzierung und der Harmonisierung des Rechnungswesens vgl. Reichmann (2001), S. 718 ff.

348 Aufgrund des dominierenden Vorsichtsprinzips und der damit einhergehenden Möglichkeit der Bildung von stillen Reserven, bietet das deutsche Handelsrecht im Vergleich zu den internationalen Vorschriften den berichtenden Unternehmen deutlich mehr Möglichkeiten, sich in guten Zeiten schlechter und in schlechten Zeiten besser zu rechnen. Deshalb ist allgemein anerkannt, dass das von § 264 Abs. 2 Satz 1 HGB geforderte den tatsächlichen Verhältnissen entsprechende Bild der Vermögens-, Finanz- und Ertragslage in der Realität nur sehr selten wirklich über den Jahresabschluss vermittelt wird. Vgl. Wöhe/Döring (2010), S. 891 ff., insbesondere S. 901 ff. Jedoch ist auch die Behauptung, dass die internationale Rechnungslegung ein den tatsächlichen Verhältnissen entsprechendes Bild liefert, nicht unumstritten. Hierauf wird im weiteren Verlauf der Arbeit noch näher eingegangen.

349 Vgl. Kaupe (2003), S. 224; Heyd (2001), S. 204; Graßhoff/Melcher (2001), S. 107.

350 Dass die Kapitalmarktorientierung und die Orientierung am Shareholder Value auch für mittelständische Unternehmen von Relevanz ist, wurde bereits im Abschnitt 2.2.3.5 erläutert.

351 Vgl. beispielsweise Wöhe/Döring (2010), S. 627 ff.

2.5.5 Die Schaffung eines konsistenteren Rechnungswesens als Kommunikationsinstrument gegenüber Banken und anderen Fremdkapitalgebern

Den Fremdkapitalgebern gegenüber, die bei KMU eine besonders wichtige Rolle einnehmen,[352] könnte durch ein weitestgehend harmonisiertes Rechnungswesen auch ein deutlich konsistenteres Bild des Unternehmens vermittelt werden, als es über das klassische zweigeteilte Rechnungswesen zu erwarten ist. Da Banken häufig vor Kreditvergaben auch Einblick in das interne Rechnungswesen verlangen – zum Beispiel über Businesspläne – liegen ihnen sowohl Erkenntnisse aus dem externen als auch aus dem internen Rechnungswesen vor. Deutliche Abweichungen zwischen den beiden Systemen können für ein Unternehmen die Argumentation gegenüber der Bank erschweren und auf diese Weise die Kapitalbeschaffung beeinträchtigen oder verteuern.[353]

2.5.6 Die Verbesserung der Wirtschaftlichkeit des Rechnungswesens

Das Hauptargument, welches auch uneingeschränkt für KMU Geltung beanspruchen kann, ist die Tatsache, dass von einem harmonisierten Rechnungswesen eine bessere Wirtschaftlichkeit als von einem zweigeteilten Rechnungswesen erwartet werden kann.[354] Dies liegt vor allem daran, dass durch die Nutzung einer gemeinsamen Datenbasis Doppelarbeiten für die Datenpflege sowie Schulungen für zwei verschiedene Ergebniswelten entfallen und damit eine Komplexitätsreduktion erreicht werden kann.[355] Da die Daten für das externe Rechnungswesen gemäß gesetzlicher Vorschriften in jedem Fall zu erheben sind,[356] ist es nahe liegend zu versuchen, diese Daten auch für interne Zwecke zu verwerten, um den Nutzen aus ihrer Erhebung zu erhöhen.[357] Das interne Rechnungswesen sollte infolgedessen optimalerweise nur insoweit vorhanden sein, wie es für die Erfüllung der vom

---

352 Auf die vergleichsweise stark ausgeprägte Fremdkapital- und insbesondere Bankkreditfinanzierung von KMU wurde oben bereits eingegangen.

353 Vgl. Haring/Prantner (2005), S. 152; Klein (1999), S. 69 m.w.N. Eine Verteuerung des zu beschaffenden Fremdkapitals könnte zustande kommen, weil Banken aufgrund der im Rechnungswesen auftretenden vermeintlichen Inkonsistenzen einen Sicherheitsaufschlag auf die Risikokomponente des zu bestimmenden Kreditzinses veranschlagen. Nähere Ausführungen zur Kreditzinsbestimmung und zu in diesem Zusammenhang angesetzten Sicherheitsaufschlägen vgl. Zülch/Löw/Burghardt (2008), S. 8 ff.; Obermann (2011), S. 107 ff.

354 Vgl. u.a. Seicht (1999), S. 262; Schweitzer/Ziolkowski (1999), S. 6; Müller (2006), S. 57; Günther/Zurwehme (2008), S. 112.

355 Vgl. Troßmann/Baumeister (2005), S. 636.

356 Eine Ausnahme bilden die Kleinstunternehmen (Einzelkaufleute), die gemäß § 241a HGB nicht zur Aufstellung eines Jahresabschlusses verpflichtet sind. Vgl. Abschnitt 2.2.2.3.

357 Vgl. Schaier (2007), S. 119.

externen Rechnungswesen erforderten Datengenerierung (z.B. Herstellungskosten) und die darüber hinausgehende interne Zweckerfüllung tatsächlich notwendig ist.[358] Weiterhin können durch die Angleichung von internem und externem Rechnungswesen unter Umständen Zielkonflikte zwischen Controlling und Rechnungslegung verringert werden, weil beispielsweise die Unterschiede zwischen den beiden Ergebnissen abgebaut werden können. Dies wiederum führt auch zu einer Ressourcenschonung, weil Abstimmarbeiten und die Frage nach dem „richtigen" Ergebnis vermieden oder zumindest vermindert werden.[359]

In diesem Zusammenhang sind auch die für die deutschen KMU mit dem BilMoG verbundenen Änderungen im Handelsrecht zu beachten.[360] Diese sollen zwar unter anderem grundsätzlich für Erleichterungen im externen Rechnungswesen sorgen, sie haben in einigen Bereichen jedoch auch einen Mehraufwand zur Folge. Die dafür ursächliche gesetzlich erzwungene höhere Komplexität des externen Rechnungswesens sollte soweit möglich auch im Bereich des internen Rechnungswesens genutzt werden, um den Nutzen aus den mit dem BilMoG verbundenen Mehraufwendungen zu maximieren und die Gesamtkomplexität des Rechnungswesens wieder zu reduzieren.[361]

2.6 Anforderungen an ein harmonisiertes Rechnungswesen

2.6.1 Vorbemerkungen

Die Anforderungen an ein harmonisiertes Rechnungswesen ergeben sich – dadurch, dass zwei Rechenkreise zusammengelegt werden – aus den Anforderungen beider Kreise. Im Abschnitt 2.2.3.3 wurde bereits auf die Anforderungen eingegangen, die das interne Rechnungswesen erfüllen sollte, um einen Mehrwert für den Unternehmer zu schaffen. Die **Effizienz** beziehungsweise die **Wirtschaftlichkeit** steht hier an oberster Stelle. Sie ergibt sich aus den **Kosten** und den An-

358 Vgl. Weißenberger (2004), S. 76. Es sollten keine Bestandteile des internen Rechnungswesens um ihrer selbst Willen bestehen, weil den dafür anfallenden Kosten ein Nutzen, der gegen Null geht, gegenüber stünde. Vgl. auch Maskell/Baggaley (2000), S. 25.

359 Vgl. Wussow (2004), S. 35; Bruns (1999), S. 593.

360 Auf die für den Einzelabschluss relevanten Änderungen des deutschen Handelsrechts durch das BilMoG wird im Abschnitt 3.2.4 noch näher eingegangen.

361 Vgl. Krey/Lorson (2009), S. 212 f.

forderungen, die den Nutzen des internen Rechnungswesens für den Unternehmer bestimmen: **Verlässlichkeit**, **Relevanz** und **Anreizverträglichkeit**.[362]

Ein harmonisiertes Rechnungswesen sollte diese Anforderungen selbstverständlich auch erfüllen, da die Ziele, die ein Unternehmer mit der Nutzung eines internen Rechnungswesens verfolgt, auch bei der Nutzung eines harmonisierten Rechnungswesens bestehen bleiben. Hinzu kommen die Anforderungen, die sich aus den Auf- und Vorgaben des externen Rechnungswesens ergeben.

Im Gegensatz zum weitestgehend frei gestaltbaren internen Rechnungswesen,[363] ist das externe Rechnungswesen durch Gesetze oder Standards reglementiert. Ein vollständig oder partiell harmonisiertes Rechnungswesen kann als solches nur voll funktionsfähig sein, wenn es neben den internen Aufgaben auch die externen Vorgaben des HGB beziehungsweise der IFRS for SME erfüllt. Zum einen sind die einzelnen Paragraphen beziehungsweise Standards einzuhalten. Zum anderen sind die Übergeordneten Grundsätze ordnungsmäßiger Buchführung und Bilanzierung (GoB)[364] beziehungsweise die Grundsätze der IFRS for SME-Bilanzierung[365] einzuhalten.

An dieser Stelle soll darauf verzichtet werden, auf sämtliche Details der eben genannten Grundsätze einzugehen. Das Augenmerk soll im Folgenden auf die für die Fragestellungen relevanten Aspekte gelegt werden.

2.6.2 Ableitung von Anforderungen aus den GoB des HGB

Gemäß der HGB-Rechnungslegung zählt zu den GoB im engeren Sinne (den Grundsätzen ordnungsmäßiger Buchführung[366]) die Forderung nach Klarheit und Übersichtlichkeit der Bücher. Dies kann unter dem Begriff der **Verständlichkeit**

---

362 Vgl. Abschnitt 2.2.3.3.

363 Auf die Tatsache, dass auch das interne Rechnungswesen zum Teil durch Gesetze beziehungsweise Standards extern vorgegebene Bestandteile haben kann, wurde oben bereits eingegangen (vgl. Abschnitt 2.2.3.2).

364 Diese haben die Aufgabe, gesetzliche Regelungslücken auszufüllen. Damit stehen sie zum Teil über – zum Teil aber auch neben – den kodifizierten Vorschriften. Vgl. hierzu Wöhe/Döring (2010), S. 733 ff.

365 Die Grundsätze ergeben sich vor allem aus dem zweiten Abschnitt der IFRS for SME. Sie entsprechen weitestgehend den Grundsätzen des Rahmenkonzepts der Full IFRS. Auf die Inhalte wird in der Folge noch näher eingegangen.

366 Die Grundsätze ordnungsmäßiger Buchführung dienen dazu, die Dokumentation des Geschäftsablaufs zu sichern und die Buchführung vor Verzerrungen und Verfälschungen zu bewahren. Vgl. Wöhe/Döring (2010), S. 734.

zusammengefasst werden.[367] Außerdem fordern die GoB im engeren Sinne, dass der Abschluss vollständig und **richtig** sein muss.[368] Zu den GoB im weiteren Sinne (den Grundsätzen ordnungsmäßiger Bilanzierung GoBil[369]) gehört beispielsweise, dass der Bilanzierende das **Anschaffungskostenprinzip**, nach welchem nicht über die Anschaffungskosten hinaus bilanziert werden darf,[370] das **Vorsichtsprinzip**[371] und das Prinzip der **Wesentlichkeit**[372] zu beachten hat. Neben der Tatsache, dass im Jahresabschluss Aufwendungen und Erträge unabhängig vom Zeitpunkt der ihnen zugehörigen Zahlungen zu berücksichtigen sind (**Periodenabgrenzung**)[373], hat er ein den tatsächlichen Verhältnissen entsprechendes Bild der Vermögens-, Finanz- und Ertragslage des bilanzierenden Unternehmens zu vermitteln.[374] Im Rahmen der vorliegenden Arbeit wird diese Anforderung auch unter der **Richtigkeit/Verlässlichkeit** subsumiert. So kann davon ausgegangen werden, dass ein Abschluss, der vollständig und richtig ist, ein den tatsächlichen Verhältnissen entsprechendes Bild wiedergibt. Dieser Zusammenhang wurde auch bereits im Abschnitt 2.2.3.3 thematisiert.

Nicht explizit kodifiziert ist der Grundsatz der **Wirtschaftlichkeit**. Er besagt, dass der Aufwand zur Generierung von Informationen in einem sinnvollen Verhältnis

---

367 Vgl. hierzu auch Hayn/Waldersee (2008), S. 64. Die Klarheit und Übersichtlichkeit werden in der Literatur z.T. auch als formelle GoB im engeren Sinne bezeichnet. Vgl. Wöhe/Döring (2010), S. 734.

368 Vgl. Wöhe/Döring (2010), S. 734. Letztere können auch unter dem Begriff Verlässlichkeit zusammengefasst werden.

369 Die Grundsätze ordnungsmäßiger Bilanzierung dienen dazu, den Informationswert des Jahresabschlusses für die Adressaten zu erhöhen. Vgl. Wöhe/Döring (2010), S. 735.

370 Nach § 253 HGB. Auf diese Weise soll eine Überbewertung des Vermögens vermieden werden.

371 Unter das Vorsichtsprinzip lassen sich das Realisationsprinzip, das Imparitätsprinzip, das Niederst- und das Höchstwertprinzip subsumieren. Vgl. §§ 252 Abs. 1 Nr. 4 und 253 Abs. 3 und 4 HGB. Sie führen dazu, dass das Vermögen eines Unternehmens eher zu niedrig und die Schulden eher zu hoch ausgewiesen werden. Auf diese Weise wird dem Gläubigerschutzgedanken Rechnung getragen.

372 Das Prinzip der Wesentlichkeit ist im HGB nicht explizit kodifiziert. Es ergibt sich jedoch beispielsweise aus den Bewertungsvereinfachungen der §§ 240 Abs. 3, 4 und 256 HGB. Eine Information ist nach herrschender Meinung dann als wesentlich einzustufen, wenn sie die Entscheidungen eines Adressaten beeinflusst. Vgl. Ruhnke (2008), S. 199.

373 Gemäß § 252 Abs. 1 Nr. 5 HGB.

374 Dieser Grundsatz ergibt sich aus der Generalnorm für Kapitalgesellschaften des § 264 Abs. 2 HGB. Er hat jedoch nach allgemeiner Auffassung auch Gültigkeit für alle bilanzierenden Nicht-Kapitalgesellschaften. Die Vorgabe, dass der Jahresabschluss ein den tatsächlichen Verhältnissen entsprechendes Bild zeigen soll, wird jedoch bereits durch einige der zuvor genannten GoBil eingeschränkt. So stehen beispielsweise das Anschaffungskosten- und das Vorsichtsprinzip einer solchen realistischen Bilanzierung im Wege. Nichtsdestotrotz fordern die GoBil, unter Berücksichtigung der anderen Grundsätze, einen derartigen Jahresabschluss.

zu deren Nutzen stehen muss. So darf der Bilanzierende beispielsweise bei der Bewertung von Vorräten auf so genannte Bewertungsvereinfachungsverfahren nach § 256 HGB zurückgreifen, da der Aufwand für die exakte Bewertung den Nutzen aus der Korrektheit der „letzten Nachkommastelle" deutlich übersteigen würde.[375]

2.6.3 Ableitung von Anforderungen aus den IFRS for SME

Sehr ähnliche Anforderungen finden sich auch im zweiten Abschnitt der IFRS for SME. Sie entsprechen im Wesentlichen den Anforderungen, die sich auch aus dem Rahmenkonzept der Full IFRS ergeben. Zu diesen Anforderungen zählen **Verständlichkeit, Relevanz, Wesentlichkeit,**[376] **Verlässlichkeit, Vorsicht, Periodenabgrenzung** und die **Wirtschaftlichkeit**. „Vorsicht" ist jedoch nicht mit dem Vorsichtsprinzip der handelsrechtlichen Rechnungslegung vergleichbar. In der Sprache der IFRS ist Vorsicht eher mit kluger Umsicht zu übersetzten. Es bedeutet, dass der Bilanzierende im Hinblick auf seine Erwartungen Vorsicht walten lassen und weder zu optimistisch noch zu pessimistisch bilanzieren soll. Der Wertansatz ist entsprechend der höchsten Eintrittswahrscheinlichkeit – also realistisch – zu wählen.

Im Gegensatz zur HGB-Rechnungslegung ist die Anforderung der Wirtschaftlichkeit in den IFRS for SME explizit geregelt. IFRS for SME 2.13 f. besagen – dem Verständnis des HGB entsprechend –, dass der sich aus einer Information ergebende Nutzen höher sein muss als die Kosten für die Bereitstellung dieser Information.[377]

Zusätzlich zu den Anforderungen aus dem zweiten Abschnitt der IFRS for SME wird im dritten Abschnitt[378] festgestellt, dass eine Befolgung der Vorgaben der IFRS for SME zur Vermittlung eines den tatsächlichen Verhältnissen entsprechenden Bildes der Vermögens-, Finanz- und Ertragslage führt. Hier kann also –

---

375 Weitere Anhaltspunkte für den Grundsatz der Wirtschaftlichkeit finden sich beispielsweise in den §§ 296 Abs. 1 Nr. 2 und 304 Abs. 2 HGB.

376 Die IFRS for SME und die Full IFRS unterscheiden zwischen Relevanz und Wesentlichkeit in der Hinsicht, dass unter Relevanz die inhaltliche Bedeutung und unter Wesentlichkeit die quantitative Bedeutung für die Entscheidungen eines Jahresabschlussadressaten zu verstehen sind. Im Rahmen der GoB ist beides unter dem Begriff der Wesentlichkeit vereint.

377 Hier ist in erster Linie natürlich der Nutzen für die externen Bilanzadressaten, d.h. die Anteilseigner und Gläubiger, gemeint.

378 Vgl. IFRS for SME 3.2.

entsprechend der Sichtweise bei der handelsrechtlichen Rechnungslegung – auch davon ausgegangen werden, dass ein Abschluss, dessen Inhalte **verlässlich** sind, ein den tatsächlichen Verhältnissen entsprechendes Bild liefert.[379]

Auf die hier nur kurz genannten Anforderungen der IFRS for SME wird noch ausführlich im Abschnitt 4.3.5 eingegangen.

2.6.4 Gegenüberstellung der Anforderungen aus dem HGB und den IFRS for SME

Die Anforderungen des Externen Rechnungswesens bestehen also aus denen der HGB-Rechnungslegung und denen der IFRS for SME-Rechnungslegung. Die folgende Abbildung stellt sie einander gegenüber. Dabei wird deutlich, dass sich der Großteil der Anforderungen beziehungsweise Grundsätze in beiden Rechnungslegungssystemen wieder findet.

HGB		IFRS for SME
Verständlichkeit	≙	Verständlichkeit
Richtigkeit	≙	Verlässlichkeit, Vorsicht
Wesentlichkeit	≙	Relevanz, Wesentlichkeit
Periodenabgrenzung	≙	Periodenabgrenzung
Wirtschaftlichkeit	≙	Wirtschaftlichkeit
Vorsichtsprinzip		
Anschaffungskostenprinzip		

Abbildung 22: Anforderungen des externen Rechnungswesens

Bei der HGB-Rechnungslegung sind im Vergleich zur IFRS for SME-Rechnungslegung zusätzlich noch das Vorsichtsprinzip und das Anschaffungskostenprinzip einzuhalten. Diese Grundsätze verfolgt die IFRS-Rechnungslegung nicht.[380] Sie finden sich aber nach wie vor im HGB, weil es – auch nach der Ver-

379 Demnach wird auch bei den IFRS SME die Präsentation eines den tatsächlichen Verhältnissen entsprechenden Bildes im Abschluss nicht als eigenständige Anforderung gesehen. Sie ist Bestandteil der Anforderung der Verlässlichkeit.

380 Die IFRS-Rechnungslegung stellt die Information eines breiten Adressatenkreises (z.B. Anteilseigner, Gläubiger, Arbeitnehmer usw.) mit entscheidungsnützlichen Daten in den Vor-

abschiedung des BilMoG – den Gläubigerschutz als eines der obersten Maxime verfolgt.[381] Im Abschnitt 2.4.2.4 wurde bereits darauf hingewiesen, dass das externe Rechnungswesen in der Regel als Datum zu verstehen ist und sich in erster Linie das interne im Rahmen von Harmonisierungsbemühungen an das externe Rechnungswesen anzunähern hat. Daraus folgt, dass die gesetzlichen Vorgaben des deutschen Handelsrechts bereits in dem als Basis für die Harmonisierung dienenden externen Rechnungswesen eingehalten werden. Damit sind auch das Vorsichts- und Anschaffungskostenprinzip im harmonisierten Rechnungswesen eingehalten. Hierauf wird auch im Abschnitt 3.3.2.2 noch einmal eingegangen.

2.6.5 Zusammenfassung der Anforderungen in Abhängigkeit vom verwendeten Rechnungslegungssystem

Genau wie für die Adressaten des internen Rechnungswesens, sind also die Anforderungen der **Verlässlichkeit** und der **Wesentlichkeit/Relevanz** auch aus Sicht der externen Adressaten nach HGB und IFRS SME zu erfüllen. Mit der Besonderheit, dass der Blickwinkel im Rahmen der Wesentlichkeit/Relevanz jeweils ein anderer ist. Soll heißen, dass beispielsweise Informationen, die für einen internen Adressaten von Relevanz sind, für einen externen Adressaten von untergeordneter Bedeutung sein können. Auch die Betrachtung der **Wirtschaftlichkeit** spielt in beiden Sphären eine Rolle. Jedoch kann auch hier der Blickwinkel zu einem anderen Ergebnis führen. Die Kosten zur Bereitstellung bestimmter Informationen sind, sofern es sich um Informationen für einen harmonisierten Bereich des Rechnungswesens handelt, für das interne und externe Rechnungswesen zwar identisch. Allerdings ist es möglich, dass der Nutzen aus diesen Informationen differiert. So kann beispielsweise die exakte Ermittlung der Herstellungskosten für einen externen Adressaten von untergeordneter Bedeutung sein, weil bei Abwei-

dergrund. Eine Vorrangstellung des Gläubigerschutzes wie im HGB gibt es in der IFRS-Rechnungslegung nicht. Hier wird davon ausgegangen, dass Informationen, die die Anforderung der Entscheidungsnützlichkeit erfüllen, auch für Gläubiger von Nutzen sind. Eine bewusste oder auch geduldete Unterbewertung des Vermögens ist nicht vorgesehen.

381 Zum Stellenwert des Gläubigerschutzes im deutschen Handelsrecht vgl. Wöhe/Döring (2010), S. 723 ff. und S. 751. Im Regierungsentwurf zum BilMoG war noch die Rede davon, dass die Gläubigerschutzfunktion mit der Informationsfunktion des Jahresabschlusses auf eine Stufe gestellt werden sollte. Vgl. Regierungsentwurf (RegE) BilMoG, S. 130. Das letztendlich verabschiedete BilMoG enthielt dann nur noch eine maßvolle Begrenzung des Vorsichtsprinzips (beispielsweise wurde die Aktivierung von selbst geschaffenen immateriellen Vermögensgegenständen zugelassen), welche nicht zu einer Gleichstellung von Informations- und Gläubigerschutzfunktion geführt hat. Für Letzteres ist im genannten Beispiel die Einführung einer Ausschüttungsbegrenzung verantwortlich. Sie sorgt dafür, dass der Gläubigerschutz an anderer Stelle wieder gestärkt wird. Vgl. Melcher/Schaier (2009), S. 8; Stibi/Fuchs (2009), S. 13.

chungen nur marginale Veränderungen des Gesamtvermögens und des Gesamterfolgs des Unternehmens zu erwarten sind. Für das Management können kleine Abweichungen bei der Ermittlung jedoch zu weit reichenden Folgen bei Produktions- und Absatzentscheidungen führen.[382]

Es gibt also eine gewisse Übereinstimmung zwischen den Anforderungen aus dem internen und externen Rechnungswesen. Lediglich die vom internen Rechnungswesen geforderte **Anreizverträglichkeit** findet sich in keiner Weise im externen Rechnungswesen. Aufgrund der Unterschiede zwischen der HGB- und IFRS for SME-Rechnungslegung ist schließlich auch das Anforderungsprofil eines harmonisierten Rechnungswesens abhängig von dem als Basis verwendeten Rechnungslegungssystem.

Harmonisierung auf Basis des HGB	
Anforderungen aus dem externen Rechnungswesen	Verständlichkeit
	Peridodenabgrenzung
	Vorsichtsprinzip
	Anschaffungskostenprinzip
Anforderung aus dem internen Rechnungswesen	Anreizverträglichkeit
Anforderungen aus beiden Rechenkreisen	Verlässlichkeit / Richtigkeit
	Relevanz / Wesentlichkeit
	Kosten / Wirtschaftlichkeit

Harmonisierung auf Basis der IFRS for SME	
Anforderungen aus dem externen Rechnungswesen	Verständlichkeit
	Periodenabgrenzung
Anforderung aus dem internen Rechnungswesen	Anreizverträglichkeit
Anforderungen aus beiden Rechenkreisen	Verlässlichkeit / Vorsicht
	Relevanz / Wesentlichkeit
	Kosten / Wirtschaftlichkeit

Abbildung 23: Anforderungen an ein harmonisiertes Rechnungswesen in Abhängigkeit vom verwendeten Rechnungslegungssystem

382 Im Rahmen der Planungsaufgabe des internen Rechnungswesens spielt die Ermittlung der Preisuntergrenzen von Produkten und Dienstleistungen eine entscheidende Rolle. Hier können kleinste Fehler in der Berechnung zu folgenschweren Fehlentscheidungen in den Bereichen Produktion und Absatz führen. Selbstverständlich entsprechen die Herstellungskosten des externen Rechnungswesens nicht den intern ermittelten Selbstkosten (nur letztere kennen beispielsweise kalkulatorische Kosten). Die Datenbasis beziehungsweise der Weg der Ermittlung ist aber in weiten Teilen identisch.

Im Abschnitt 2.4.2.4 wurde bereits erläutert, dass aufgrund der aus Unternehmenssicht unveränderbaren Vorgaben des externen Rechnungswesens eine Harmonisierung in der Regel nur durch eine Anpassung des internen an das externe Rechnungswesen möglich sein wird. Die Abbildung 23 bestätigt in diesem Zusammenhang, dass durch die Nutzung der Daten des externen Rechnungswesens bereits der Großteil der Anforderungen, die an ein harmonisiertes Rechnungswesen zu stellen sind, erfüllt wird beziehungsweise erfüllt werden muss (sofern bei der Rechnungslegung die gesetzlichen Vorgaben eingehalten werden). Mithin ist dies ein weiteres Argument dafür, dass im Folgenden hauptsächlich zu prüfen ist, inwieweit die für das externe Rechnungswesen erhobenen Daten auch die Aufgaben und Anforderungen des internen Rechnungswesens erfüllen können. Im Rahmen der Analyse wird deshalb vor allem auf die Anforderungen der Anreizverträglichkeit, Verlässlichkeit, Relevanz und Wirtschaftlichkeit eingegangen.

2.7 Zwischenfazit

Dieser Abschnitt hat aufgezeigt, wie das betriebliche Rechnungswesen eines deutschen Mittelständlers heute in der Regel ausgestaltet ist. So findet sich nach wie vor häufig die über lange Zeit gewachsene klassische Trennung in internes und externes Rechnungswesen.

Es konnte gezeigt werden, dass vielfältige Gründe auch für eine zukünftige Trennung im Rechnungswesen sprechen. Dazu zählen die unterschiedlichen Rechenzwecke der Rechenkreise, jedoch auch der im deutschen Handelsrecht tief verwurzelte Gläubigerschutzgedanke, der mitunter dafür sorgt, dass die Daten des externen Rechnungswesens nicht immer die ökonomische Realität wiedergeben. Weiterhin sorgt der hohe Aggregationsgrad des externen Rechnungswesens dafür, dass zusätzliche interne Rechnungen durchgeführt werden müssen, da nur auf diese Weise fundierte wirtschaftliche Entscheidungen – zum Beispiel auf Produktebene – getroffen werden können.

Dem steht eine Reihe von Argumenten *für* eine Harmonisierung des Rechnungswesens gegenüber. Neben der Steigerung der Verständlichkeit und Transparenz der Daten für interne und externe Adressaten und der Reduktion der Komplexität spielt vor allem die Möglichkeit der Kostensenkung im Rechnungswesen eine entscheidende Rolle.

Es wurde jedoch deutlich, dass das Ziel einer *vollständigen* Harmonisierung des Rechnungswesens voraussichtlich vorerst nicht zu erreichen ist. Es gilt daher in der Folge zu untersuchen, in welchen Bereichen eine Harmonisierung unter Berücksichtigung der im Abschnitt 2.6 erarbeiteten Anforderungen möglich ist. Da die Harmonisierbarkeit des Rechnungswesens vom verwendeten Rechnungslegungssystem abhängig ist, wird in den Abschnitten drei und vier jeweils getrennt untersucht, inwieweit eine Harmonisierung auf Basis der Einzelabschlüsse nach dem deutschen Handelsrechts beziehungsweise nach den IFRS for SME möglich ist.

3 Das deutsche Handelsrecht als Basis einer Harmonisierung

3.1 Vorbemerkungen

In diesem Abschnitt wird untersucht, inwieweit das deutsche Handelsrecht als Basis für ein harmonisiertes Rechnungswesen dienen kann. Dazu werden zunächst das Handelsrecht und seine grundlegende Konzeption sowie die mit ihm verbundenen Harmonisierungshemmnisse erläutert. Weiterhin werden die für die vorliegende Untersuchung wesentlichen Änderungen durch das BilMoG erläutert.

Anschließend erfolgt die Analyse der Harmonisierbarkeit anhand der in Abschnitt 2.2.3.4 vorgestellten Teilbereiche des internen Rechnungswesens.

3.2 Deutsches Handelsrecht

3.2.1 Pflicht zur Führung von Büchern und Erstellung eines Inventars

Grundsätzlich ist nach dem HGB jeder Kaufmann zur Führung von Büchern verpflichtet.[383] Außerdem hat er zu Beginn seines Handelsgewerbes und mit Abschluss eines jeden Geschäftsjahres eine Inventur des Vermögens und der Schulden vorzunehmen.[384] Weiterhin hat er am Ende eines jeden Geschäftsjahres einen Jahresabschluss mit Bilanz und GuV-Rechnung aufzustellen.[385] Eine Ausnahme gilt seit dem Inkrafttreten des BilMoG für Kleinstkaufleute in der Rechtsform von Einzelunternehmen. Diese sind von den oben genannten Pflichten befreit und müssen nur eine Einnahmenüberschussrechnung erstellen.[386]

Kleinstkaufleute gehören jedoch nicht zur Gruppe der in dieser Arbeit betrachteten Unternehmen. Alle für die vorliegende Arbeit relevanten KMU sind zur Aufstellung eines Einzelabschlusses gemäß §§ 238 bis 242 HGB verpflichtet. Demnach stellt sich nicht die Frage, ob die Aufstellung vor dem Hintergrund einer Op-

---

383 Gemäß § 238 HGB.

384 Gemäß § 240 HGB.

385 Gemäß § 242 HGB. Kleine Kapitalgesellschaften haben zusätzlich einen Anhang, mittelgroße und große Kapitalgesellschaften ferner einen Lagebericht zu erstellen (gemäß §§ 284 bis 289 HGB).

386 Gemäß § 241a HGB. Die Pflicht zur Erstellung einer Einnahmenüberschussrechnung ergibt sich aus § 4 Abs. 3 EStG. Zu Kleinstkaufleuten gehören solche, die in der Rechtsform eines Einzelunternehmens einen Jahresumsatz von € 500.000,- und einen Jahreserfolg von € 50.000,- nicht überschreiten. Vgl. hierzu auch die Ausführungen im Abschnitt 2.2.2.3.

timierung des betrieblichen Rechnungswesens Sinn macht. Das externe Rechnungswesen nach HGB ist in jedem Fall vorzuhalten und es ist ‚lediglich' zu prüfen, ob Daten, die für das externe Rechnungswesen generiert werden, auch für das interne Rechnungswesen nutzbar sind oder nutzbar gemacht werden können.

3.2.2 Konzeption des HGB

Das HGB sieht die Gläubiger als besonders schützenswert an. Begründen lässt sich dies mit der Tatsache, dass die Gläubiger als Kapitalgeber asymmetrisch am Erfolg des Unternehmens beteiligt sind.[387] In der Grundkonzeption folgt das HGB demnach dem **Gläubigerschutzgedanken** und damit dem **Vorsichtsprinzip**. Durch das Verhindern zu hoher Ausschüttungen soll die Haftungsmasse von Unternehmen möglichst groß gehalten werden.[388] Erreicht wird dieses Ziel durch eine tendenzielle Unterbewertung der Aktiva und eine tendenzielle Überbewertung der Schulden. Diese Unter- und Überbewertungen resultieren wiederum aus den Realisations-, Niederstwert-, Höchstwert- und Imparitätsprinzipien.[389] Die ökonomisch korrekte Bewertung wird auf diese Weise jedoch nicht dauerhaft verhindert, sondern lediglich zeitlich nach hinten verlagert. Denn beispielsweise wird die Unterbewertung eines Vermögensgegenstandes spätestens bei seiner Veräußerung korrigiert. Dies wiederum hat ein erhöhtes Ausschüttungspotential in der Korrektur- beziehungsweise Veräußerungsperiode zur Folge. Das HGB sieht diese, durch die Verlagerung von Ausschüttungspotential in die Zukunft bewirkte, Benachteiligung der Eigentümer als vertretbar an.[390]

Mit dem BilMoG wurde einem weiteren Prinzip eine dem Vorsichtsprinzip fast ebenbürtige Priorität im deutschen Handelsrecht eingeräumt – dem Prinzip **periodengerechter Gewinnermittlung**.[391] Dieses Prinzip führte vor dem BilMoG ein eher stiefmütterliches Dasein. Es wurde zwar als Prinzip verfolgt, allerdings gleichzeitig durch das Vorsichtsprinzip und dessen Unterprinzipien in seinem Wirksamwerden sehr behindert. Mit Inkrafttreten des BilMoG wurden nun die

---

[387] Vgl. Wagenhofer/Ewert (2007), S. 149.

[388] Ausgeschüttete Beträge gehen der Haftungsmasse endgültig verloren. Vorschriften zur direkten oder indirekten Ausschüttungsbegrenzung sollen verhindern, dass die für die Gläubiger so wichtige Haftungsmasse zu klein wird.

[389] Nähere Erläuterungen zu diesen Prinzipien finden sich beispielsweise bei Wöhe/Döring (2010), S. 737 ff.

[390] Vgl. Wagenhofer/Ewert (2007), S. 191 ff.

[391] Gemäß § 252 Abs. 1 Nr. 5 HGB.

Möglichkeiten zur Bildung stiller Reserven stark eingeschränkt, was der periodengerechten Gewinnermittlung einen höheren Stellenwert im HGB einräumt. Dennoch bleibt die asymmetrische Erfassung von Gewinnen und Verlusten im deutschen Handelsrecht vor dem Hintergrund des Ziels der periodengerechten Gewinnermittlung ein Problem. Die oben genannten Unterprinzipien des Vorsichtsprinzips (vor allem das Realisationsprinzip und das Imparitätsprinzip[392]) führen dazu, dass Gewinn mindernde Ereignisse meist sofort, Gewinn erhöhende Ereignisse jedoch erst später erfasst werden.

Weiterhin wird mit dem im deutschen Handelsrecht weitgehend vorliegenden Vergangenheitsbezug versucht, eine **Objektivität** in der Rechnungslegung zu schaffen. Beispielsweise wird dies durch das Anschaffungskostenprinzip deutlich. Hierbei wird auf den Ansatz der tatsächlichen aktuellen, zwar höher liegenden, aber nicht immer objektiv bestimmbaren,[393] Werte zugunsten der unzweifelhaft bestimmbaren historischen Anschaffungskosten verzichtet.

Auch der Grundsatz der Pagatorik[394] zielt auf eine Objektivierung der Rechnungslegung. Ihm zufolge sind Vermögensgegenstände, Schulden und sonstige Bilanzposten mit den Rechengrößen zu bewerten, die auf tatsächliche Zahlungsvorgänge – für Vermögenswerte auf tatsächlich gezahlte oder zu zahlende Beträge und für Verbindlichkeiten auf Erfüllungsbeträge – zurückzuführen sind.[395] Dementsprechend finden kalkulatorische Kostenbestandteile keinen Eingang in den handelsrechtlichen Jahresabschluss.[396]

Diese Grundprinzipien des HGB wurden mit dem BilMoG jedoch zum Teil durchbrochen beziehungsweise aufgeweicht. So wurde durch die Einführung des Wahlrechts zum Ansatz von selbst geschaffenen immateriellen Vermögensgegenständen das Vorsichtsprinzip zugunsten der Stärkung der Informationsfunktion des

392 Explizit sind diese Prinzipien in § 252 Abs. 1 Nr. 4 HGB geregelt.

393 So könnte man beispielsweise bei der Bewertung eines Grundstücks den aktuellen Wert, der regelmäßig über den historischen Anschaffungskosten liegen dürfte, nur mithilfe von geschätzten Zeitwerten bestimmen.

394 Zum Grundsatz der Pagatorik vgl. Baetge/Kirsch/Thiele (2009), S. 124 f. sowie Fn. 457.

395 Der Begriff des Erfüllungsbetrags wurde mit dem BilMoG eingeführt. Er hat nach der Gesetzesbegründung jedoch nur klarstellende Bedeutung. Vgl. Begründung zum Regierungsentwurf (Begr. RegE) BilMoG, S. 114.

396 Vgl. Lühr (2010), S. 92.

Jahresabschlusses zurückgedrängt.[397] Hierauf und auf weitere Änderungen durch das BilMoG wird in Abschnitt 3.2.4 noch näher eingegangen.

3.2.3 Harmonisierungshemmnisse des HGB vor der Verabschiedung des Bilanzrechtsmodernisierungsgesetzes

In der Literatur wurde in der Vergangenheit wiederholt darauf hingewiesen, dass der handelsrechtliche Einzelabschluss den Anforderungen, die an das interne Rechnungswesen gestellt werden, kaum gerecht wird und deshalb als Basis für eine Harmonisierung nicht oder nur sehr bedingt in Frage kommt.[398] Insbesondere die Zahlungsbemessungsfunktion und deren Auswirkungen auf die Gewinnermittlung stünden demnach der für die interne Steuerung wichtigen Informationsfunktion im Wege.[399] Aber auch der bei der HGB-Bilanzierung im Fokus stehende Gläubigerschutz, das sich daraus ableitende Vorsichtsprinzip und die damit einhergehende Möglichkeit der Bildung stiller Reserven haben die Vermittlung eines den tatsächlichen wirtschaftlichen Verhältnissen entsprechenden Bildes der Unternehmenslage regelmäßig verhindert.[400] Darüber hinaus verfälschte das Prinzip der umgekehrten Maßgeblichkeit[401] das vermittelte Bild von den ökonomischen Gegebenheiten der Unternehmen.

Weiterhin hat das HGB a.F. den bilanzierenden Unternehmen eine Vielzahl von Bilanzierungs- und Bewertungsspielräumen geboten. Wurden diese mit dem Ziel der bewussten Beeinflussung bestimmter externer Adressaten ausgenutzt, waren die dann extern berichteten Informationen nur sehr bedingt als Basis für innerbetriebliche Entscheidungen geeignet. Hierauf wurde im Abschnitt 2.3.2 bereits näher eingegangen.

---

397 Vgl. Küting/Ellmann (2009), S. 287.

398 Vgl. z.B. Wussow (2004), S. 52; Schneider (1988), S. 1185.

399 Vgl. Laßmann (1995), S. 1050; Küting/Lorson (1998b), S. 2256; Hommel/Schmidt/Wüstemann (2004), S. 93; Troßmann/Baumeister (2005), S. 637; Haller (1997), S.115. Trotz der Einschränkungen, denen die Informationsfunktion durch die Zahlungsbemessungsfunktion im handelsrechtlichen Jahresabschluss ausgesetzt ist, sahen einige Autoren bereits vor dem BilMoG die Informationsfunktion als übergeordnet an. Vgl. u.a. von Wysocki (1993), Sp. 992; Wöhe (1997), S. 42.

400 Hierfür ist insbesondere die im HGB geduldete und mitunter sogar erzwungene Bildung stiller Reserven verantwortlich. Auf diesen Sachverhalt wurde oben bereits eingegangen.

401 Das Prinzip der umgekehrten Maßgeblichkeit besagte, dass steuerrechtliche Wahlrechte bei der Gewinnermittlung in Übereinstimmung mit dem handelsrechtlichen Jahresabschluss auszuüben waren, um eine steuerliche Anerkennung zu erlangen (vgl. § 5 I Satz 2 EStG a.F.). Bei Inanspruchnahme eines steuerlichen Vorteils, war es somit erforderlich, in der Handelsbilanz den gleichen Wert anzusetzen, damit er steuerlich anerkannt wurde. Hierauf wird auch im folgenden Abschnitt noch einmal eingegangen.

3.2.4 Das Bilanzrechtsmodernisierungsgesetz

Mit dem Gesetz zur Modernisierung des Bilanzrechts (Bilanzrechtsmodernisierungsgesetz – BilMoG) wurde im Jahre 2009[402] die bedeutendste Reform des deutschen Handelsrechts seit Einführung des Bilanzrichtliniengesetzes[403] im Jahre 1985 vollzogen. Mit dem BilMoG verfolgte der Gesetzgeber das Ziel, „das bewährte HGB-Bilanzrecht zu einer dauerhaften und im Verhältnis zu den internationalen Rechnungslegungsstandards vollwertigen, aber kostengünstigeren und einfacheren Alternative weiterzuentwickeln"[404]. Die Funktionen des HGB-Abschlusses als Grundlage der Ausschüttungsbemessung und Basis der steuerlichen Gewinnermittlung (Maßgeblichkeit) sollten dabei grundsätzlich unangetastet bleiben. Mit dem Ziel der Annäherung an die internationale Rechnungslegung hat das BilMoG klar den Fokus auf die Stärkung der Informationsfunktion des Jahresabschlusses gelegt.[405] Dies hat dazu geführt, dass eine (Teil-) Harmonisierbarkeit des externen Rechnungswesens nach HGB mit dem internen Rechnungswesen nun in den Bereich des Möglichen gerückt ist.[406] Im Folgenden werden die wichtigsten Änderungen im Einzelabschluss[407] erläutert.

In der alten Fassung des HGB hatten Unternehmen die Wahl, ob sie einen Geschäfts- oder Firmenwert[408] ganz oder teilweise aktivieren oder ihn aufwandswirksam erfassen.[409] Auf diese Weise wurde den Unternehmen in der Vergangenheit ein erheblicher bilanzpolitischer Spielraum eingeräumt. Nunmehr ist durch

---

402 Das BilMoG trat am 29.05.2009 in Kraft. Die Regelungen sind ab dem 01.01.2010 verpflichtend anzuwenden.

403 Gesetz zur Durchführung der vierten, siebten und achten Richtlinie des Rates der Europäischen Gemeinschaft zur Koordinierung des Gesellschaftsrechts vom 19.12.1985.

404 RegE BilMoG, S. 1. Teilweise wird in der Literatur sogar die Meinung vertreten, dass das BilMoG die Anwendung der IFRS im deutschen Mittelstand verhindern helfen soll. Vgl. hierzu z.B. Krey/Lorson (2009), S. 206 m.w.N.

405 Mit dem BilMoG sollte die Informationsfunktion auf die gleiche Ebene wie die Gläubigerschutzfunktion gestellt werden. Vgl. RegE BilMoG, S. 130; Ernst (2008), S. 114; Fülbier/Gassen (2007), S. 2612. Die Frage, ob dies gelungen ist, soll nicht Gegenstand der vorliegenden Arbeit sein.

406 Inwieweit das Festhalten am Vorsichtsprinzip einer möglichen Harmonisierung im Wege steht, gilt es im weiteren Verlauf der Arbeit zu analysieren.

407 Eine ausführlichere Auflistung und Erläuterung der Änderungen im Einzelabschluss findet sich bei Kadner (2010), S. 292 ff.

408 Gemäß § 246 Abs. 1 HGB ist der Geschäfts- oder Firmenwert definiert als Unterschiedsbetrag, um den die für die Übernahme eines Unternehmens bewirkte Gegenleistung den Wert der einzelnen Vermögensgegenstände des Unternehmens abzüglich der Schulden im Zeitpunkt der Übernahme übersteigt.

409 Siehe § 255 Abs. 4 HGB a.F.

die Streichung des § 255 Abs. 4 HGB a.F. und die Novellierung des § 246 Abs. 1 HGB die Aktivierung eines Geschäfts- oder Firmenwerts zur Pflicht geworden. Der bilanzpolitische Spielraum in diesem Bereich ist damit entfallen. Eine Folge davon ist die bessere Vergleichbarkeit von Jahresabschlüssen verschiedener Unternehmen und – was für die Fragestellung dieser Arbeit von besonderem Interesse ist –, dass die Darstellung der tatsächlichen Vermögens-, Finanz- und Ertragslage im Jahresabschluss verbessert wurde.[410]

§§	**Die wichtigsten Änderungen durch das BilMoG im Einzelabschluss**
§ 246 Abs. 1	Aktivierungspflicht des entgeltlich erworbenen Geschäfts- oder Firmenwerts
§ 248 Abs. 2	Aufhebung des Aktivierungsverbots für selbst geschaffene immaterielle Vermögensgegenstände des Anlagevermögens
§ 249	Verbot fakultativer Aufwandsrückstellungen
§ 253 Abs. 1,2	Bewertung von Rückstellungen zum Erfüllungsbetrag
§ 253 Abs. 3	Beschränkung des gemilderten Niederstwertprinzips auf Finanzanlagen
§ 253 Abs. 3	Streichung des Wahlrechts zur Abschreibung auf den nahen Zukunftswert
§ 253 Abs. 4	Streichung des Wahlrechts zur Vornahme von Ermessensabschreibungen
§ 253 Abs. 5	Beibehaltungsverbot eines niedrigen Wertansatzes
§ 254	Streichung des Wahlrechts zur Übernahme steuerlicher Mehrabschreibungen
§ 255 Abs. 2	Zwingende Einbeziehung eines angemessenen Teils der Gemeinkosten in die Herstellungskosten
§ 255 Abs. 2a	Herstellungskosten selbst geschaffener immaterieller Vermögensgegenstände

Abbildung 24: Die wichtigsten Änderungen durch das BilMoG im Einzelabschluss[411]

Vor dem BilMoG manifestierte sich das Vorsichtsprinzip im HGB unter anderem dadurch, dass nicht entgeltlich erworbene – also selbst geschaffene – immaterielle Vermögensgegenstände[412] des Anlagevermögens nicht aktiviert werden durften. Dieses in § 248 Abs. 2 HGB a.F. fixierte Verbot wurde mit dem BilMoG für alle Kaufleute teilweise aufgehoben. Lediglich eine abschließende Liste von bestimmten, in § 248 Abs. 2 Satz 2 HGB genannten, nicht entgeltlich erworbenen immateriellen Vermögensgegenständen darf weiterhin nicht aktiviert werden. Es handelt sich hierbei um Marken, Drucktitel, Verlagsrechte, Kundenlisten oder vergleichbare immaterielle Vermögensgegenstände.[413] Für alle anderen nicht entgeltlich

[410] Vgl. van Hall (2008), S. 65 f.

[411] Ähnlich bei Kessler (2008), S. 35 ff.; Kadner (2010), S. 292 ff.

[412] Zur Erläuterung des Begriffs des Vermögensgegenstandes im Lichte des BilMoG (RegE) vgl. Kahle/Günter (2008), S. 69 ff.

[413] Das Aktivierungsverbot dieser selbst geschaffenen immateriellen Vermögensgegenstände des Anlagevermögens ist nach der Gesetzesbegründung in der fehlenden selbstständigen Bewert-

erworbenen immateriellen Vermögensgegenstände gilt nach dem BilMoG gemäß § 248 Abs. 2 Satz 1 HGB ein Aktivierungswahlrecht. Aktivierbar sind die auf die Entwicklungsphase entfallenden Herstellungskosten selbst geschaffener immaterieller Vermögensgegenstände.

§ 255 Abs. 2a Satz 2 definiert die Entwicklung als die Anwendung von Forschungsergebnissen oder anderen Wissens für die Neuentwicklung von Gütern oder Verfahren oder die Weiterentwicklung von Gütern oder Verfahren mittels wesentlicher Änderungen. Im Gegensatz dazu wird die Forschung als die eigenständige und planmäßige Suche nach neuen wissenschaftlichen oder technischen Erkenntnissen oder Erfahrungen allgemeiner Art, über deren technische Verwertbarkeit und wirtschaftliche Erfolgsaussichten grundsätzlich keine Aussage gemacht werden kann, definiert.[414] Sofern vom Aktivierungswahlrecht Gebrauch gemacht wird, ist mit dieser Änderung eine Stärkung der Informationsfunktion des handelsrechtlichen Jahresabschlusses verbunden, denn auch diese handelsrechtliche Änderung kann helfen, ein eher den tatsächlichen Verhältnissen der Vermögens-, Finanz- und Ertragslage entsprechendes Bild der Unternehmenslage zu zeigen.[415]

Um dem bisher im HGB im Vordergrund stehenden Vorsichtsprinzip und dem damit verbundenen Gläubigerschutzgedanken aber nach wie vor Rechnung zu tragen, ist die Aktivierung mit einer entsprechenden Ausschüttungssperre gekoppelt.[416]

Des Weiteren war es bis 2009 in Jahresabschlüssen nach HGB möglich, neben der verpflichtenden Passivierung von der Höhe und dem Fälligkeitstermin nach un-

---

barkeit (den Vermögensgegenständen können Aufwendungen nicht zweifelsfrei und unmittelbar zugeordnet werden) und der dadurch nicht zweifelsfrei vorzunehmenden Abgrenzung vom originären Geschäfts- oder Firmenwert begründet. Vgl. Begr. RegE BilMoG, S. 109; van Hall/Kessler (2010), S. 179.

414 Vgl. § 255 Abs. 2a S. 3 HGB. Auf die Forschungsphase entfallende Aufwendungen sind von der Aktivierung ausgeschlossen. Vgl. van Hall (2008), S. 83.

415 Außerdem wird auf diese Weise dem in Deutschland schon weit vorangeschrittenen Wandel von der produktions- zur wissensbasierten Gesellschaft Rechnung getragen. Vgl. Begr. RegE BilMoG, S. 108 f.

416 Vgl. § 268 Abs. 8 HGB und Begr. RegE BilMoG, S. 109. Zum Geltungsbereich der Ausschüttungssperre nach § 268 Abs. 8 HGB vgl. auch Wehrheim/Rupp (2009), S. 356 ff. Die Ausschüttungssperre betrifft jedoch ausschließlich Kapitalgesellschaften und diesen gleichgestellten Personenhandelsgesellschaften (z.B. GmbH und Co. KG), weil bei Einzelkaufleuten und Gesellschaftern von Personengesellschaften aufgrund der unbeschränkten Haftung keine Notwendigkeit für den Erhalt der Haftungsmasse im Unternehmen besteht. Vgl. Begr. RegE BilMoG, S. 141; Budde (2008), S. 256.

gewissen externen Verpflichtungen (Rückstellungen für Verpflichtungen gegenüber Unternehmensexternen), Aufwandsrückstellungen zu bilden. Da diesen bei wirtschaftlicher Betrachtungsweise jedoch eher der Charakter von Rücklagen beizumessen ist beziehungsweise war und sie damit den Einblick in die tatsächliche Vermögens- und Ertragslage getrübt haben, wurden sie im Zuge des BilMoG abgeschafft.[417] Weggefallen ist zum einen die Möglichkeit, Rückstellungen für unterlassene Aufwendungen für Instandhaltung zu bilden, die nicht innerhalb der ersten drei Monate, aber noch innerhalb des Folgejahres nachgeholt werden.[418] Zum anderen existierte vor dem BilMoG ein Wahlrecht zur Bildung von Rückstellungen für ihrer Eigenart nach genau umschriebene, dem Geschäftsjahr oder einem früheren Geschäftsjahr zuzuordnende Aufwendungen.[419] Diese Vorschrift barg für die Bilanzierenden besonders große Spielräume. Derartige fakultativen Aufwandsrückstellungen konnten zur Verbesserung der Information der Adressaten oder zur Verschleierung der tatsächlichen Unternehmenslage genutzt werden. Jedoch ist auch diese Möglichkeit zur Bildung von Aufwandsrückstellungen mit dem BilMoG entfallen.

Im Rahmen der Folgebewertung von Vermögensgegenständen hat es im Bereich der planmäßigen Abschreibungen keine Änderungen gegeben.[420] So genügt es weiterhin eine Abschreibungsmethode zu wählen, die nicht in offensichtlichem Widerspruch zur Realität des Entwertungsverlaufs und dem Gebot der periodengerechten Aufwandsverrechnung steht.[421] Bei außerplanmäßigen Abschreibungen im Anlagevermögen wird im § 253 Abs. 3 HGB nach wie vor zwischen voraussichtlich dauernder und voraussichtlich nicht dauernder Wertminderungen unterschieden.[422] Im Unterschied zur früheren Regelung ist nun bei voraussichtlich vorübergehender Wertminderung eine außerplanmäßige Abschreibung für alle

417 Auch bei dieser Änderung stand die Stärkung der Informationsfunktion des Jahresabschlusses im Vordergrund. Vgl. Begr. RegE BilMoG, S. 110.

418 Vgl. § 249 Abs. 1 Satz 3 HGB a.F.

419 Vgl. § 249 Abs. 2 HGB a.F. Insbesondere diese Vorschrift ermöglichte es den Bilanzierenden, Aufwandsrückstellungen aus rechnungslegungspolitischen Gründen oder mit dem Ziel, das interne und externe Rechnungswesen zu harmonisieren, anzusetzen. Auf Letzteres wird im Abschnitt 3.3.2.4 noch näher eingegangen.

420 Eine redaktionelle Änderung ist in diesem Zusammenhang jedoch zu nennen: Die Inhalte des bisherigen § 253 Abs. 2 HGB a.F. finden sich nun im § 253 Abs. 3 HGB.

421 Vgl. Kozikowski/Roscher/Schramm (2010), § 253 HGB, Rz. 239.

422 Vor dem BilMoG geregelt in § 253 Abs. 2 Satz 3 HGB a.F.

Kaufleute nur noch im Finanzanlagevermögen zulässig.[423] Damit wurde die zuvor ausschließlich für Kapitalgesellschaften und diesen gleichgestellten Personenhandelsgesellschaften geltende Regelung auf alle Unternehmen ausgedehnt.

Hinzu kommt, dass auch das vor dem BilMoG nur für Kapitalgesellschaften geltende Verbot von Ermessensabschreibungen „im Rahmen vernünftiger kaufmännischer Beurteilung“[424] mit dem BilMoG auf Nicht-Kapitalgesellschaften ausgedehnt wurde. Somit sind Ermessensabschreibungen im HGB in keiner Form mehr vorgesehen. Abschreibungen auf den nahen Zukunftswert im Umlaufvermögen nach § 253 Abs. 3 Satz 3 HGB a.F., die bisher für alle Unternehmen möglich waren, sind nach Verabschiedung des BilMoG ebenfalls nicht mehr zulässig. Der Regierungsbegründung zufolge war die bisherige Regelung mit dem Ziel, ein den tatsächlichen – und damit den aktuellen – wirtschaftlichen Verhältnissen entsprechendes Bild der Vermögens-, Finanz- und Ertragslage zu zeigen, nicht vereinbar.[425]

Schließlich ist im HGB nach BilMoG ein umfassendes und nunmehr für alle Rechtsformen[426] geltendes Wertaufholungsgebot bezüglich aller Formen von außerplanmäßigen Abschreibungen verankert worden.[427] Ausgenommen von dieser Zuschreibungspflicht ist lediglich der entgeltlich erworbene Geschäfts- oder Firmenwert. Das hierfür geltende Zuschreibungsverbot begründet die Regierung mit der ansonsten bestehenden Gefahr der Aktivierung eines selbst geschaffenen beziehungsweise originären Geschäfts- oder Firmenwerts.[428] Die Abbildung 25 fasst die Wahlrechte zusammen, die im Rahmen der Folgebewertung von Vermögensgegenständen den Unternehmen mit dem Inkrafttreten des BilMoG nicht mehr zur Verfügung stehen.

---

423 Vgl. § 253 Abs. 3 Satz 4 HGB; Beyhs/Melcher (2009), S. 25 f. Vor dem BilMoG galt für Nicht-Kapitalgesellschaften bei voraussichtlich vorübergehender Wertminderung im gesamten Anlagevermögen das gemilderte Niederstwertprinzip, welches den Unternehmen ein Abschreibungswahlrecht einräumte. Vgl. §§ 253 Abs. 2 Satz 3 i.V.m. 279 Abs. 1 HGB a.F.

424 §§ 253 Abs. 4 HGB a.F. i.V.m. 279 Abs. 1 Satz 1 HGB a.F.

425 Vgl. Begr. RegE BilMoG, S. 124.

426 Vor dem BilMoG galt das Wertaufholungsgebot nur für Kapitalgesellschaften. Vgl. § 280 Abs. 1 HGB a.F.

427 Vgl. § 253 Abs. 5 HGB und Begr. RegE BilMoG, S. 125.

428 Ein Wertanstieg der geschäftswerttragenden Einheit sei regelmäßig nicht auf den Wegfall der Gründe für die zuvor durchgeführte außerplanmäßige Abschreibung zurückzuführen, sondern sei vielmehr das Ergebnis der wertsteigernden Tätigkeit des Unternehmens als Ganzes und damit ein geschaffener originärer Geschäfts- oder Firmenwert, der nicht aktiviert werden darf. Vgl. Begr. RegE BilMoG, S. 126.

	Wahlrechte im Rahmen der Folgebewertung nach HGB a.F			
Wahlrechte nach HGB a.F.	Außerordentliche AfA im AV bei nur vorübergehender Wertminderung	AfA im Umlaufvermögen auf den nahen Zukunftswert	Ermessens-AfA im Rahmen vernünftiger kaufmännischer Beurteilung	Beibehaltungswahlrecht bei wiederansteigendem Wert
Geltungsbereich	Nicht-Kapitalgesellschaften	alle Unternehmen	Nicht-Kapitalgesellschaften	Nicht-Kapitalgesellschaften
bisherige gesetzliche Grundlage	§ 253 Abs. 2 S. 3 i.V.m. § 279 Abs. 1 HGB	§ 253 Abs. 3 S. 3	§ 253 Abs. 4 i.V.m. § 279 Abs. 1 HGB	§ 253 Abs. 5 i.V.m. § 280 Abs. 1 HGB
nach BilMoG	entfallen	entfallen	entfallen	entfallen

Abbildung 25: Wahlrechte im Rahmen der Folgebewertung nach HGB a.F

Weiterhin sah der § 253 Abs. 1 Satz 2 HGB a.F. vor, dass Rückstellungen in Höhe des Betrags anzusetzen sind, der nach vernünftiger kaufmännischer Beurteilung notwendig ist. Der bisher fehlende konkrete Bewertungsmaßstab für Rückstellungen wurde nun durch den neuen § 253 Abs. 1 Satz 2 HGB geschaffen. Dieser schreibt vor, dass Rückstellungen mit ihrem Erfüllungsbetrag anzusetzen sind. Als Bezugspunkt für die Rückstellungsbewertung legt er nunmehr eindeutig den Erfüllungszeitpunkt fest. Das bedeutet, dass zukünftige Preis- und Kostensteigerungen[429] bei der Rückstellungsbewertung zu berücksichtigen sind.[430] Gleichwohl beschränkt der § 253 Abs. 1 Satz 2 HGB durch die Beibehaltung der Formulierung „nach vernünftiger kaufmännischer Beurteilung" den Spielraum des Bilanzierenden, denn die in der Berechnung berücksichtigten künftigen Preis- und Kostensteigerungen müssen anhand objektiver Hinweise nachvollziehbar sein.[431] Des Weiteren hat der Gesetzgeber ein generelles Abzinsungsgebot für Rückstellungen mit einer Laufzeit von mehr als einem Jahr[432] eingeführt.[433] Begründet wird auch

[429] Die Formulierung der Gesetzesbegründung beschränkt sich zwar auf die Preis- und Kostensteigerung, jedoch sind auch eventuelle rückläufige Entwicklungen bei der Verpflichtungsbewertung zu antizipieren. Vgl. Kessler (2008a), S. 143.

[430] Zu der Problematik der Ermittlung zukünftiger Preis- und Kostensteigerungen vgl. u.a. Oser et al. (2008), S. 681.

[431] Vgl. Begr. RegE BilMoG, S. 114.

[432] Eine Abzinsung von Rückstellungen mit einer Laufzeit von unter einem Jahr wurde aus Gründen der Wesentlichkeit nicht verpflichtend, sondern als Wahlrecht eingeführt. Es wurde argumentiert, dass der Ansatz dieser sehr kurzfristigen Rückstellungen zum Nominalbetrag nicht die angestrebte realistische Darstellung der Vermögens-, Finanz- und Ertragslage tangiere. Vgl. Kessler (2008a), S. 145 f.

dieser Schritt von der Bundesregierung mit dem Hinweis auf den sich dadurch verbessernden Einblick in die tatsächlichen wirtschaftlichen Verhältnisse der Unternehmen.[434] Die Abzinsung soll mithilfe eines durchschnittlichen Marktzinses[435] erfolgen. Hierbei hat die Bundesregierung bewusst die Berücksichtigung der jeweiligen Unternehmensbonität im Zinssatz ausgeschlossen, um auf diese Weise zu verhindern, dass allein aufgrund der sinkenden Bonität eines Unternehmens der zur Abzinsung herangezogene Zinssatz steigt und folglich die Rückstellungen niedriger zu bewerten wären.[436] Somit wird bei der Rückstellungsbewertung auch in Zukunft dem Vorsichtsprinzip beziehungsweise dem Gläubigerschutz Rechnung getragen.[437]

Eine weitere entscheidende Änderung gab es im Rahmen der Bewertung von Vermögensgegenständen. Diese Änderung resultiert aus der Novellierung des § 255 HGB. Zunächst wurde die bisherige Paragraphenbezeichnung von „Anschaffungs- und Herstellungskosten“ in „Bewertungsmaßstäbe“ geändert. Während der Bewertungsmaßstab für die Anschaffungskosten in der alten Form beibehalten wurde,[438] wurde der Herstellungskostenbegriff angepasst. Hier wurde die Wertuntergrenze an die des Steuerrechts beziehungsweise an den Vollkostenansatz der IFRS angeglichen.[439] So wurde das bisherige Wahlrecht zur Aktivierung der Material- und Fertigungsgemeinkosten sowie des Wertverzehrs des Anlagevermögens, so-

---

433 Vgl. § 253 Abs. 2 HGB. Vor dem BilMoG galt nach § 253 Abs. 1 Satz 2 HGB a.F. ein ausschließliches Abzinsungswahlrecht für solche Rückstellungen, die einen Zinsanteil enthielten (beispielsweise Pensionsverpflichtungen).

434 So wird nach der Regierungsbegründung über die Abzinsung berücksichtigt, dass die in den Rückstellungen gebundenen Finanzmittel investiert und daraus Erträge erwirtschaftet werden. Vgl. Begr. RegE BilMoG, S. 118.

435 Wegen der fehlenden Relevanz für die Fragestellungen dieser Arbeit soll an dieser Stelle auf die Erläuterung der Ermittlung der zur Abzinsung heranzuziehenden Zinssätze verzichtet werden. Für weitere Erläuterungen vgl. Begr. RegE BilMoG, S. 118 ff.; Kessler (2008a), S. 146 f.; Oser et al. (2008), S. 682.

436 Was wiederum Erträge aus der Auflösung von Rückstellungen, also eine Stärkung der Ertragslage, und damit eine (unbegründete) Verbesserung der Bonität zur Folge hätte.

437 Vgl. Begr. RegE BilMoG, S. 120.

438 Vgl. § 255 Abs. 1 HGB.

439 Vgl. hierzu u.a. Karrenbrock (2008), S. 141 ff. Jedoch wurde durch BMF-Schreiben der Finanzverwaltung vom 12.03.2010 und 22.06.2010 festgelegt, dass unabhängig vom handelsrechtlichen Wertansatz im Rahmen der steuerlichen Gewinnermittlung gemäß § 6 Abs. 1 Nr. 2 Satz 1 EStG als Herstellungskosten alle Aufwendungen anzusetzen sind, die ihrer Art nach Herstellungskosten sind. Dazu zählen auch die in § 255 Abs. 2 Satz 3 HGB enthaltenen Wahlbestandteile – unabhängig davon, ob das Wahlrecht im handelsrechtlichen Abschluss ausgeübt wird oder nicht. Da das Steuerrecht nunmehr keine Wahlbestandteile bei den Herstellungskosten mehr vorsieht, ist die Angleichung des Handels- an das Steuerrecht bereits ein Jahr nach Verabschiedung des BilMoG nicht mehr gegeben. Vgl. hierzu ausführlich Zwirner/Boecker/Froschhammer (2012), S. 96.

weit dieser durch die Fertigung veranlasst ist, in eine Aktivierungspflicht umgewandelt.[440] Das bisherige Wahlrecht zur Aktivierung von allgemeinen Verwaltungskosten[441] und von Aufwendungen für soziale Einrichtungen des Betriebs[442] sowie von Fremdkapitalzinsen[443] bleibt unverändert bestehen. Auch an der bisherigen Wertobergrenze der Herstellungskosten[444] wurde nichts verändert.[445]

<table>
<tr><th>Kosten</th><th>HGB vor BilMoG</th><th>HGB nach BilMoG</th></tr>
<tr><td>Materialeinzelkosten</td><td rowspan="3">Pflicht</td><td rowspan="6">Pflicht</td></tr>
<tr><td>Fertigungseinzelkosten</td></tr>
<tr><td>Sondereinzelkosten der Fertigung</td></tr>
<tr><td>Materialgemeinkosten</td><td rowspan="6">Wahlrecht</td></tr>
<tr><td>Fertigungsgemeinkosten</td></tr>
<tr><td>Wertverzehr des Anlagevermögens</td></tr>
<tr><td>Kosten der allgemeinen Verwaltung</td><td rowspan="3">Wahlrecht</td></tr>
<tr><td>Sozialaufwendungen</td></tr>
<tr><td>Fremdkapitalzinsen</td></tr>
<tr><td>Vertriebskosten</td><td rowspan="2">Verbot</td><td rowspan="2">Verbot</td></tr>
<tr><td>Forschungskosten</td></tr>
</table>

Abbildung 26: Bestandteile der Herstellungskosten nach HGB vor und nach dem BilMoG

440 Vgl. § 255 Abs. 2 Satz 3 HGB a.F. und § 255 Abs. 2 Satz 2 HGB.

441 Sind bestimmte Kosten der Verwaltung dem Material- und/oder dem Fertigungsbereich direkt zurechenbar (beispielsweise Materialverwaltung oder Lohnbüro), so gehören diese seit Verabschiedung des BilMoG ebenfalls zu den aktivierungspflichtigen Bestandteilen. Vgl. Küting (2008), S. 425 f.; Karrenbrock (2008), S. 133 f.

442 Hier wurde lediglich die Formulierung von „brauchen nicht" in „dürfen einbezogen werden" geändert. Materiell hat sich dadurch keine Änderung gegenüber der bisherigen Regelung ergeben. Die Einbeziehung der Kosten für die allgemeine Verwaltung, sofern diese durch den Herstellungsprozess veranlasst sind, und die sozialen Einrichtungen bleiben auch wie bisher auf einen angemessenen Anteil beschränkt. Für Leerkosten und außergewöhnlich hohe Aufwendungen besteht auch weiterhin ein Einbeziehungsverbot. Vgl. Karrenbrock (2008), S. 133 f. Was als angemessen verstanden werden kann, bleibt in der Regierungsbegründung zum RegE BilMoG jedoch offen. Vgl. Begr. RegE BilMoG, S. 131.

443 Das HGB erlaubt die Einbeziehung von Fremdkapitalzinsen in die Herstellungskosten unter den Voraussetzungen, dass das Fremdkapital, für das die Zinsen anfallen, zur Finanzierung der Herstellung verwendet wird (sachlicher Bezug) und die Fremdkapitalzinsen auf den Zeitraum der Herstellung entfallen (zeitlicher Bezug). Vgl. § 255 Abs. 3 Satz 2 HGB; van Hall/Kessler (2010), S. 213.

444 Diese Wertobergrenze schloss auch bisher schon die Aktivierung von Forschungs- und Vertriebskosten aus.

445 Vgl. § 255 Abs. 2 Satz 4 HGB a.F. und § 255 Abs. 2 Satz 3 HGB sowie Küting (2008), S. 419 ff.

Auch hier wird das von der Bundesregierung verfolgte Ziel einer Verbesserung der Vergleichbarkeit der handelsrechtlichen Jahresabschlüsse durch die Reduzierung von Wahlrechten erreicht.[446] Der nunmehr einbeziehungspflichtige Teil der Herstellungskosten wird, was den monetären Umfang angeht, in vielen Fällen deutlich größer sein als nach den Regelungen vor dem BilMoG. Dies liegt daran, dass der Gemeinkostenanteil häufig den Großteil der Herstellungskosten ausmacht.[447] Mithin führt diese Änderung des HGB bei den Unternehmen zu einer Gewinnvorverlagerung, da der große Kostenblock der Material- und Fertigungsgemeinkosten nun nicht mehr sofort als Aufwand verrechnet werden kann, sondern aktiviert werden muss. Allerdings bleibt diesbezüglich zu konstatieren, dass dies nicht für jene Unternehmen gilt, die bisher schon aus Vereinfachungsgründen einen höheren handelsrechtlichen Ansatz der Herstellungskosten gewählt haben, um Unterschiede zur Steuerbilanz zu vermeiden. Dies dürfte vor allem auf KMU zutreffen, die bereits vor dem BilMoG aus Kostengründen im Bereich der Herstellungskosten eine Einheitsbilanz[448] angestrebt haben.[449] Nichtsdestotrotz folgt auch aus der Novellierung des § 255 HGB eine Einschränkung der rechnungslegungspolitischen Manövriermasse, da der Umfang der Wahlrechte im Bereich der Herstellungskosten deutlich reduziert wurde.

Schließlich ist die umgekehrte Maßgeblichkeit weggefallen. Gemäß § 5 Abs. 1 Satz 2 EStG a.F. mussten Wahlrechte, die in der Steuerbilanz in einer bestimmten Weise ausgeübt wurden, auch in die Handelsbilanz übernommen werden, damit sie in der Steuerbilanz anerkannt wurden. Das Handelsrecht bot ein Wahlrecht zur Übernahme steuerlicher Wertansätze.[450] Da die Ausübung der Wahlrechte in der Steuerbilanz aber nur anerkannt wurde, wenn diese auch in der Handelsbilanz in gleicher Weise ausgeübt wurden, war das Wahlrecht im Handelsrecht faktisch eine Pflicht. Auf diese Weise entfaltete die Steuerbilanz eine gewisse Maßgeblichkeit für die Handelsbilanz – die so genannte umgekehrte Maßgeblichkeit. Ihre

---

446 Vgl. Begr. RegE BilMoG, S. 131.

447 Der heute hohe Anteil der Gemeinkosten ist vor allem auf die in den letzten Jahrzehnten weit vorangeschrittene Mechanisierung beziehungsweise Automatisierung und die gestiegenen Energie- sowie Verwaltungskosten zurückzuführen.

448 Dass trotz der Annäherung im Bereich der Herstellungskosten mit der Verabschiedung des BilMoG eine weitere Entfernung von der Einheitsbilanz verbunden ist, zeigt beispielsweise Breithecker (2008), S. 1 ff.

449 Vgl. Küting (2008), S. 420.

450 In erster Linie aus § 254 HGB a.F.

Anknüpfungspunkte im Handelsrecht[451] fanden sich in den §§ 247 Abs. 3 (Sonderposten mit Rücklageanteil), 254 und 279 Abs. 2 (Wahlrecht zur Übernahme steuerlicher Mehrabschreibungen), 270 Abs. 1 Satz 2 und 273 HGB a.F. (ebenfalls Sonderposten mit Rücklageanteil) und weiteren Vorschriften.[452] Die Übernahme von steuerlichen Wertansätzen führte dazu, dass in der Handelsbilanz nicht die ökonomisch korrekten, sondern die steuerlich motivierten Werte ihren Ansatz fanden. Durch die komplette Abschaffung der umgekehrten Maßgeblichkeit wurde somit der Einblick in die tatsächlichen wirtschaftlichen Verhältnisse weiter verbessert.

Zusammenfassend lässt sich festhalten, dass das BilMoG dazu beigetragen hat, den Einblick in die Vermögens-, Finanz- und Ertragslage von Unternehmen zu verbessern. Dadurch wurde die Informationsfunktion des HGB-Abschlusses gestärkt, was – da die Informationsfunktion auch im Fokus des internen Rechnungswesens steht – zu einer besseren Harmonisierbarkeit des Rechnungswesens führen kann. In der Folge gilt es nun zu untersuchen, ob und inwieweit eine Harmonierung des externen mit dem internen Rechnungswesens möglich ist.

3.3 Angleichung von Aufwendungen und Kosten

3.3.1 Möglichkeiten der Verringerung neutraler Aufwendungen

Die Erfolgsrechnung basiert im externen Rechnungswesen auf der Gegenüberstellung von Aufwendungen und Erträgen. Im internen Rechnungswesen werden die Kosten den Erlösen gegenübergestellt. In Wissenschaft und Praxis werden aus Vereinfachungsgründen regelmäßig die handelsrechtlichen Aufwendungen und Erträge als Basis zur Ermittlung der im internen Rechnungswesen anzusetzenden Kosten und Erlöse herangezogen. Bei dem Übergang von Aufwendungen zu Kosten sind dabei zunächst die neutralen Aufwendungen, das heißt solche Aufwendungen, die aufgrund ihres nicht vorhandenen Bezugs zur eigentlichen betrieblichen Tätigkeit keinen Eingang in die Kostenrechnung finden sollen, zu eliminieren.

---

451 Diese Anknüpfungspunkte wurden auch als „Öffnungsklauseln der Umsetzung der umgekehrten Maßgeblichkeit" bezeichnet. Vgl. u.a. van Hall (2008), S. 77.

452 Zu den weiteren Vorschriften gehören die §§ 280 Abs. 1 (Wertaufholungsgebot für Kapitalgesellschaften für entfallene steuerliche Mehrabschreibungen), 281 (Sonderposten mit Rücklageanteil – Bildung und Auflösung sowie Anhangsangaben), 285 Satz 1 Nr. 5 HGB a.F. (Anhangsangaben).

Die neutralen Aufwendungen lassen sich folgendermaßen systematisieren:

<table>
<tr><td colspan="3">Neutraler Aufwand</td><td rowspan="2">Zweckaufwand</td><td rowspan="2"></td></tr>
<tr><td>betriebsfremd</td><td>außergewöhnlich</td><td>periodenfremd</td></tr>
<tr><td colspan="3"></td><td>Grundkosten</td><td>Kalkulatorische Kosten</td></tr>
</table>

Abbildung 27: Untergliederung des neutralen Aufwands[453]

Betriebsfremd sind solche Aufwendungen, die mit dem eigentlichen Betriebszweck in keinem Zusammenhang stehen. Beispielsweise können Ausgaben für Spenden bei einem Elektrofachmarkt zu derartigen neutralen Aufwendungen führen. Für diesen Fachmarkt stellen unvorhergesehene Reparaturaufwendungen für das Ladenlokal außergewöhnliche Aufwendungen dar, mit denen zwar über die Jahre zu rechnen ist, die jedoch innerhalb einer Periode außergewöhnlich hoch sind. Der Verkauf von Einrichtungsgegenständen unter deren Buchwert führt schließlich zu periodenfremden Aufwendungen, weil der nun angefallene Aufwand im Rückblick eigentlich den vorangegangenen Perioden in Form von Abschreibungen hätte zugeordnet werden müssen. Periodenfremder Aufwand entsteht dementsprechend auch, wenn die Abschreibungen des externen Rechnungswesens die des internen Rechnungswesens in der laufenden Periode übersteigen.

Im Bereich der neutralen Aufwendungen hat das BilMoG zu einer Annäherung des internen und externen Rechnungswesens beigetragen. Die periodenfremden neutralen Aufwendungen konnten durch das BilMoG deutlich reduziert werden. So sind Abschreibungen auf den nahen Zukunftswert (§ 253 Abs. 3 HGB a.F.) und Ermessensabschreibungen (§ 253 Abs. 4 HGB a.F.) nicht mehr zulässig. Außerdem wurde das Wahlrechts zur Übernahme steuerlicher Mehrabschreibungen (§ 254 HGB a.F.) gestrichen. All diese Abschreibungen wurden in der Vergangenheit häufig aus rechnungslegungspolitischen Erwägungen oder aus steuerlichen Motiven eingesetzt.[454] Sie durften demnach regelmäßig, weil ihre Ursache nicht in dem tatsächlichen Wertverzehr der laufenden Periode zu suchen war, kei-

453 Ähnlich bei Schweitzer/Küpper (2011), S. 18. Inhaltlich auch bei Wöhe/Döring (2010), S. 699 ff.

454 Aufgrund der umgekehrten Maßgeblichkeit war das handelsrechtliche Wahlrecht zur Übernahme von steuerlichen Mehrabschreibungen faktisch eine Pflicht, da die Mehrabschreibungen ansonsten auch steuerlich nicht anerkannt worden wären. Siehe § 5 Abs. 1 Satz 2 EStG a.F.

nen Eingang in die Kostenrechnung finden und mussten als periodenfremder neutraler Aufwand herausgerechnet werden. Lediglich Ermessensabschreibungen konnten dazu dienen, die handelsrechtlichen Abschreibungen denen der Kostenrechnung anzugleichen. Aber dies dürfte selten ein Anlass zur Durchführung von Ermessensabschreibungen gewesen sein. Die Streichung dieser Abschreibungsmöglichkeiten durch das BilMoG hat folglich dazu geführt, dass sie nicht mehr im Rahmen von Überleitungsrechnungen eliminiert werden müssen. Der periodenfremde neutrale Aufwand konnte durch das BilMoG also reduziert werden.

Auf die Tatsache, dass auch im Bereich der laufenden Abschreibungen neutrale Aufwendungen, die durch im externen Rechnungswesen angewendete kürzere Nutzungsdauern hervorgerufen werden, im Rahmen einer Harmonisierung reduziert werden können, wird im Abschnitt 3.3.2.2 im Rahmen der Erläuterungen zu den Harmonisierungsmöglichkeiten bei kalkulatorischen Abschreibungen noch näher erläutert.

Gleiches wie für die Ermessensabschreibungen gilt für die Bildung fakultativer Aufwandsrückstellungen (§ 249 HGB a.F.). Auch diese sind seit dem BilMoG nicht mehr zulässig[455] und – sofern sie vor dem BilMoG als Instrument der Rechnungslegungspolitik eingesetzt wurden und nicht die tatsächlichen Gegebenheiten wiedergaben – waren auch sie periodenfremder neutraler Aufwand. Diese Aufwandsrückstellungen haben demnach in der Vergangenheit regelmäßig zu einer Verzerrung der periodischen Performance von Unternehmen und Unternehmenseinheiten geführt, da ihnen unter Zugrundelegung einer wirtschaftlichen Betrachtungsweise eher der Charakter von Rücklagen beizumessen war.[456] Dies liegt daran, dass hier Innenverpflichtungen als Leistungsverpflichtungen gegenüber Dritten (Rückstellungen) deklariert wurden. Dies hat zu einer verfälschten Darstellung der Vermögens- und Ertragslage geführt.[457] Durch die Streichung der Möglichkeit der Bildung dieser häufig aus rechnungslegungspolitischen Gründen eingesetzten

---

455 Mit dem BilMoG wurden die §§ 249 Abs. 1 Satz 3 und 249 Abs. 2 HGB a.F. gestrichen. Damit sind die Wahlrechte zur Bildung von Aufwandsrückstellungen komplett entfallen. Lediglich für im Geschäftsjahr unterlassene Aufwendungen für Instandhaltung, die im folgenden Geschäftsjahr innerhalb von drei Monaten, oder für Abraumbeseitigung, die im folgenden Geschäftsjahr nachgeholt werden, und für Gewährleistungen, die ohne rechtliche Verpflichtung erbracht werden, gibt es nach wie vor eine Pflicht zur Bildung von Rückstellungen. Vgl. § 249 Abs. 1 Satz 2 HGB.

456 Vgl. u.a. van Hall (2008), S. 97.

457 Vgl. Begr. RegE BilMoG, S. 75 und 110 f.

Rückstellungen wurden die periodenfremden neutralen Aufwendungen im handelsrechtlichen Jahresabschluss in den meisten Fällen reduziert.

Die Unterschiede zwischen der internen und externen Erfolgsrechnung sind demzufolge durch das BilMoG offensichtlich verringert worden. Auf die Tatsache, dass die Abschaffung dieser Abschreibungswahlrechte und Rückstellungsbildungsmöglichkeiten unter bestimmten Bedingungen auch zu einer stärkeren Diskrepanz zwischen dem internen und externen Rechnungswesen führen kann, wird in der Folge noch näher eingegangen.

Obwohl die neutralen Aufwendungen durch das BilMoG reduziert wurden, bleibt es bei der Notwendigkeit, im Rahmen einer Überleitungsrechnung neutrale Aufwendungen zu streichen, um intern nur solche Aufwendungen mit in die Entscheidungsgrundlagen einfließen zu lassen, die auch durch den Betriebszweck verursacht worden sind. Zu eliminieren bleiben vor allem die betriebsfremden und außergewöhnlichen neutralen Aufwendungen.[458] Eine komplette Harmonisierung erscheint demnach im Bereich der neutralen Aufwendungen nicht möglich, da die vollständige Vermeidung neutraler Aufwendungen im externen Rechnungswesen nahezu unmöglich ist und demnach eine komplette Harmonisierung nur durch die Berücksichtigung der nach wie vor vorhandenen neutralen Aufwendungen in der internen Erfolgsrechnung zu erreichen wäre. Eine auf diese Weise vorgenommene Harmonisierung wäre jedoch nicht zielführend, weil sie unter Umständen gravierende Fehlentscheidungen aufgrund fehlerhafter Kalkulationen und Preisuntergrenzen zur Folge hätte.

3.3.2 Möglichkeiten des Verzichts auf kalkulatorische Kosten im internen Rechnungswesen

3.3.2.1 Vorbemerkungen

Weiterhin sind neben den Zweckaufwendungen beziehungsweise Grundkosten in der internen Erfolgsrechnung noch kalkulatorische Kosten in Form von Anders- und Zusatzkosten zu berücksichtigen.[459] Während das externe Rechnungswesen

---

458 Auf Letztere wird im Rahmen der Erläuterungen zu den kalkulatorischen Wagnissen in der Folge noch näher eingegangen.

459 Vgl. Vanini (2006), S. 1390.

auf dem pagatorischen Kostenbegriff[460] fußt und die Wertansätze demnach auf den historischen Anschaffungskosten beruhen, orientiert sich das interne Rechnungswesen am wertmäßigen Kostenbegriff – und damit neben den Grundkosten auch an den Opportunitätskosten – und an den Wiederbeschaffungskosten.[461] Hinsichtlich einer möglichen Harmonisierung des Rechnungswesens im Rahmen der Erfolgsrechnung und der Kalkulation ist also insbesondere zu prüfen, inwieweit die Aufgaben des internen Rechnungswesens trotz des Verzichts auf Anders- und Zusatzkosten erfüllt werden könnten.[462]

<table>
<tr><td>Neutraler Aufwand</td><td>Zweckaufwand</td><td colspan="5"></td></tr>
<tr><td rowspan="2"></td><td rowspan="2">Grundkosten</td><td colspan="5">Kalkulatorische Kosten</td></tr>
<tr><td>kalk. Abschreibungen</td><td>kalk. Zinsen</td><td>kalk. Wagnisse</td><td>kalk. Miete u. Unt.lohn</td><td>kalk. Materialkosten</td></tr>
</table>

Abbildung 28: Untergliederung der kalkulatorischen Kosten

Auf die verschiedenen Arten von kalkulatorischen Kosten und den Unterschied zwischen Anders- und Zusatzkosten wurde zwar in Ansätzen bereits im Abschnitt 2.2.3.4.1 eingegangen, sie sollen aber im Rahmen dieser Analyse noch einmal genauer betrachtet werden.

3.3.2.2 Kalkulatorische Abschreibungen

Die Höhe der in der Erfolgsrechnung zu berücksichtigenden Abschreibungsbeträge wird durch drei Determinanten bestimmt: Die Abschreibungsbasis, die Nutzungsdauer beziehungsweise den Abschreibungszeitraum und die Abschreibungsmethode.[463] In allen drei Determinanten kann die kalkulatorische von der handelsrechtlichen Abschreibung abweichen.

460 Nach dem pagatorischen Verständnis gehören nur jene Entgelte zu den Kosten, die für den Verbrauch von Produktionsfaktoren in der Vergangenheit gezahlt wurden oder in Zukunft noch gezahlt werden müssen. Vgl. Melcher (2002), S. 97.

461 Auf die Gründe für die Verwendung von Wiederbeschaffungskosten als Abschreibungsbasis im internen Rechnungswesen wird im Folgenden noch näher eingegangen.

462 Denn eine Übernahme der kalkulatorischen Kosten in das externe Rechnungswesen erscheint wegen deren schlechten Objektivierbarkeit schwierig. Außerdem würden damit Grundprinzipien der HGB-Rechnungslegung – wie das Anschaffungskostenprinzip – verletzt.

463 Vgl. Wöhe/Döring (2010), S. 948 ff.; Reiners (2000), S. 102 ff.; Währisch (1998), S. 101.

Abschreibungsbasis:

Im Handelsrecht wird dem Prinzip der nominellen Kapitalerhaltung gefolgt. Die Abschreibungsbasis bilden gemäß § 253 Abs. 1 Satz 1 HGB die Anschaffungs- oder Herstellungskosten eines Vermögensgegenstandes. Im internen Rechnungswesen wird hingegen regelmäßig berücksichtigt, dass die Vermögensgegenstände nach ihrer vollständigen Abschreibung wieder neu angeschafft werden müssen – und zwar zu dem zum Wiederbeschaffungszeitpunkt geltenden Marktpreis. Dementsprechend bilden die Wiederbeschaffungskosten der Vermögensgegenstände die Abschreibungsbasis.[464] Dieses Vorgehen wird als Prinzip der Substanzerhaltung bezeichnet, weil es dafür sorgt, dass dem Unternehmen über die Abschreibungsgegenwerte genügend liquide Mittel zufließen, um am Ende der Nutzungsdauer eine Ersatzinvestition zu Wiederbeschaffungskosten finanzieren zu können und somit die Substanz (in Form von Vermögensgegenständen) im Unternehmen zu erhalten.[465] Wird ein Vermögensgegenstand zu Herstellungskosten aktiviert, ist zu beachten, dass das neue Handelsrecht zwar die Wahlrechte bei deren Ermittlung eingeschränkt hat,[466] es bleibt jedoch ein gewisser rechnungslegungspolitischer Spielraum bei der Bewertung.

Nutzungsdauer:

Hinsichtlich der Nutzungsdauer schreibt das deutsche Handelsrecht lediglich vor, dass die Anschaffungs- oder Herstellungskosten auf die Geschäftsjahre verteilt werden müssen, in denen der Vermögensgegenstand voraussichtlich genutzt wer-

---

464 Wegen des Problems der Prognose der korrekten Wiederbeschaffungskosten wird in der Praxis bei der Festlegung der kalkulatorischen Abschreibungen zum Teil auch auf Tageswerte zurückgegriffen. Vgl. u.a. Barth/Barth (2004), S. 76.

465 Im Rahmen der Planungsaufgabe des internen Rechnungswesens wird also dafür gesorgt, dass nur solche Produkte produziert und verkauft werden, bei denen die Abschreibungsbeträge – die in Summe die Wiederbeschaffungskosten im Ersatzzeitpunkt ergeben – über die Marktpreise beziehungsweise Erlöse rückvergütet werden. Auf diese Weise wird dafür gesorgt, dass die über die Erlöse dem Unternehmen wieder zufließenden Abschreibungsgegenwerte im Wiederbeschaffungszeitpunkt für eine Ersatzinvestition ausreichen. Vgl. hierzu Barth/Barth (2004), S. 76. Alternativ zum Ansatz von Wiederbeschaffungskosten zum Ersatzzeitpunkt wird in Wissenschaft und Praxis auch eine taggenaue Bewertung zum Zeitpunkt des Faktoreinsatzes beziehungsweise – bei Anlagegütern – zum jeweiligen Bilanzstichtag diskutiert. Dieser Vorgehensweise liegt die Zielsetzung eines aktuellen Erfolgsausweises im Sinne einer zeitmaßstabsgleichen Bewertung von Einsatzgütern und Absatzleistungen zu Grunde. Vgl. Schweitzer/Ziolkowski (1999), S. 20. Beide Vorgehensweisen führen jedoch in der Regel zu höheren Wertansätzen als bei dem Ansatz von historischen Anschaffungs- oder Herstellungskosten.

466 Zum Umfang der Herstellungskosten und den verbliebenen Wahlrechten nach dem BilMoG vgl. Abschnitt 3.2.4.

den kann.[467] Der Einfachheit halber wird – gerade im Mittelstand – häufig auf die Vorgaben des Steuerrechts zurückgegriffen.[468] Der Hauptgrund für dieses Vorgehen ist, dass die Unternehmen regelmäßig versuchen, möglichst geringe Unterschiede zwischen der Handels- und der Steuerbilanz zu erreichen. Sie streben also eine Einheitsbilanz an, die unter anderem voraussetzt, dass die im Steuerrecht vorgegebenen Nutzungsdauern von abnutzbarem Anlagevermögen auch im Handelsrecht Anwendung finden.[469] Diese Nutzungsdauern müssen aber nicht den tatsächlichen Lebensdauern der Vermögensgegenstände entsprechen.

Abschreibungsmethode:

Hinsichtlich der Abschreibungsmethode versucht das interne Rechnungswesen auf der einen Seite den tatsächlichen Werteverzehr möglichst genau abzubilden. Auf der anderen Seite sollen zu starke Schwankungen zwischen den Perioden vermieden werden, um langfristig sinnvolle Entscheidungen aufgrund gleichmäßiger Preisuntergrenzen treffen zu können.[470] Dies führt dazu, dass im internen Rechnungswesen so weit wie möglich versucht wird, eine Leistungsabschreibung vorzunehmen. Fehlen dafür die Informationen, weil beispielsweise die Totalkapazität einer Maschine (wie viele Stunden kann eine Maschine während ihrer gesamten Nutzungsdauer genutzt werden?) nicht bekannt ist, wird in der Regel auf die lineare Abschreibung zurückgegriffen, weil diese den tatsächlichen Wertverzehr meist zutreffender abbildet als die degressive Abschreibung.[471] Im handelsrechtlichen Abschluss ist wieder auf den § 253 Abs. 3 Satz 2 HGB abzustellen. Wie oben bereits erläutert, schreibt dieser vor, die Anschaffungs- oder Herstellkosten entsprechend der tatsächlichen Abnutzung auf die Jahre der Nutzung zu verteilen. Das heißt, dass jenes Abschreibungsverfahren Anwendung finden sollte, welches den Verlauf der Abnutzung am Besten widerspiegelt. Aus bilanzpolitischen und steu-

---

467 Vgl. § 253 Abs. 3 Satz 2 HGB.

468 Vgl. Wöhe/Mock (2010), S. 134 f. Das Steuerrecht gibt für verschiedene Arten von abnutzbaren Anlagegütern anzusetzende Nutzungsdauern vor (über allgemeine und branchenbezogene AfA-Tabellen des Bundesfinanzministeriums).

469 Im Rahmen einer 2007 veröffentlichten Studie gaben 79 % der befragten mittelständischen Unternehmen an, nach Möglichkeit eine Einheitsbilanz erstellen zu wollen. Vgl. Eierle/Haller/Beiersdorf (2007), S. 9 f.

470 Dies ist auch der Hauptgrund für den Ansatz von kalkulatorischen Wagnissen. Bei diesen wird der tatsächlich anfallende Werteverzehr einer Periode auf viele Perioden verteilt, um auf diese Weise für eine gleichmäßige Preisuntergrenze zu sorgen und gleichzeitig den Werteverzehr nicht unberücksichtigt zu lassen. Auf die kalkulatorischen Wagnisse wird in der Folge noch näher eingegangen.

471 Vgl. Wöhe/Döring (2010), S. 949; Schweitzer/Ziolkowski (1999), S. 49.

erlichen[472] Gründen findet im externen Rechnungswesen jedoch – neben der linearen Abschreibung – auch häufig das Verfahren der degressiven Abschreibung Anwendung.[473]

„Unter-Null-Abschreibung":

Ein weiterer Unterschied zwischen der handelsrechtlichen und der kalkulatorischen Abschreibung kann sich über die so genannte „Unter-Null-Abschreibung"[474] ergeben.[475] Da das interne Rechnungswesen primär die Ermittlung des korrekten Periodenergebnisses und weniger die Ermittlung des auszuweisenden Vermögens als Ziel verfolgt, kann es bei ihr bei zunächst zu kurz kalkulierter Nutzungsdauer und Korrektur der Abschreibungsbeträge auf die ursprünglich richtige Höhe in den Folgeperioden zu einer kumulierten Abschreibung kommen, die höher ist als die ursprüngliche Abschreibungsbasis.[476] Im Handelsrecht ist hingegen eine kumulierte Abschreibung über die Abschreibungsbasis hinaus unmöglich. Das folgende Beispiel soll einen möglichen Unter-Null-Abschreibungsfall veranschaulichen:

Eine Maschine wird zu Anschaffungskosten von 100 angeschafft und nach Steuer- und Handelsrecht sowie zunächst auch nach dem internen Rechnungswesen über vier Jahre abgeschrieben. Im Laufe des dritten Nutzungsjahres stellt das Unter-

---

472 Das steuerlich motivierte Ausüben von Wahlrechten schlägt – wie oben bereits erwähnt – häufig auch auf den handelsrechtlichen Abschluss durch. Dies liegt an dem Versuch vieler Mittelständler eine Einheitsbilanz zu erreichen, um den Aufwand im Rechnungswesens möglichst gering zu halten. Vgl. Eierle/Haller/Beiersdorf (2007), S. 9 f.; Mandler (2004), S. 37 f.; Volk (1987), S. 725 m.w.N. Im Fall degressiver Abschreibungen wäre das Motiv, durch höhere Abschreibungen in den ersten Jahren der Nutzung eine Gewinnschmälerung und damit schließlich eine Steuerstundung zu erreichen. Die degressive Abschreibung wurde im Steuerrecht (für neu angeschaffte Güter) zwar zum 01.01.2008 abgeschafft. Das Gesetz zur Umsetzung steuerrechtlicher Regelungen des Maßnahmenpakets „Beschäftigungssicherung durch Wachstumsstärkung" vom 21.12.2008 ermöglicht jedoch wieder in gewissem Umfang degressive Abschreibungen (für bewegliche Wirtschaftsgüter des Anlagevermögens, die nach dem 31.12.2008 und vor dem 01.01.2011 angeschafft oder hergestellt worden sind). Vgl. Coenenberg/Haller/Schultze (2009), S. 158 und § 7 Abs. 2 und 3 EStG.

473 Vgl. Coenenberg/Haller/Schultze (2009), S. 155 f.

474 Vgl. u.a. Währisch (2000), S. 681; Coenenberg/Fischer/Günther (2009), S. 85 f. In der Literatur findet sich zum Teil auch die Bezeichnung „Über-Null-Abschreibung". Sie bezeichnet aber den gleichen Sachverhalt. Vgl. bspw. Weißenberger (2003), S. 192.

475 Vgl. Eisele (2002), S. 4.

476 Zu begründen ist dies mit der in der oder den ersten Periode(n) fälschlicherweise zu hoch angesetzten kalkulatorischen Abschreibungen. In den Perioden nach Entdeckung dieses Fehlers wird der Fehler dann nicht durch jetzt zu niedrige Abschreibungsbeträge „korrigiert". Dies würde erneut zu falschen kalkulatorischen Abschreibungsbeträgen in der Korrekturperiode führen. Es wird von da an vielmehr der Betrag als kalkulatorische Abschreibung angesetzt, der ursprünglich richtig gewesen wäre. Vgl. Coenenberg/Fischer/Günther (2009), S. 85 f.

nehmen jedoch fest, dass es die Maschine – entgegen der bisher angenommenen und nach Steuerrecht auch vorgegebenen Nutzungsdauer – fünf Jahre nutzen kann. Die kalkulatorische Abschreibung des internen Rechnungswesens wird für die noch verbleibenden Perioden dementsprechend angepasst – und zwar in der Form, dass von nun an eine Abschreibung angesetzt wird, wie sie errechnet worden wäre, wenn man von Beginn an über fünf Jahre abgeschrieben hätte. Auf diese Weise errechnet sich die korrekte kalkulatorische Abschreibung für die Perioden drei bis fünf.

Periode	Ursprüngliche AfA (ND: 4 Jahre) (= AfA nach HGB)	Neue AfA (ND: 5 Jahre)
1	25	25
2	25	25
3	25	**20**
4	25	**20**
5	-	**20**
Summe	100	110

Abbildung 29: Unter-Null-Abschreibung[477]

Möglichkeiten der Harmonisierung:

Eine Harmonisierung des Rechnungswesens im Bereich der kalkulatorischen Abschreibungen wäre zunächst nur möglich, wenn intern auf die Wiederbeschaffungskosten als Abschreibungsbasis verzichtet würde. Ein Argument für die externe wie interne Verwendung der Anschaffungs- oder Herstellungskosten als Abschreibungsbasis wäre, dass auf diese Weise die bisher im internen Rechnungswesen als Kostenbestandteile definierten über die Anschaffungs- oder Herstellungskosten hinaus abgeschriebenen Beträge nunmehr (wie auch im externen Rechnungswesen) als Gewinnbestandteile zu betrachten wären. Dies könnte auch unter Beachtung der mit dem internen Rechnungswesen verfolgten Zielen Sinn machen, da die über die Erlöse des Unternehmens zurück vergüteten Abschreibungsbeträge als Innenfinanzierung intern oder extern Ertrag bringend angelegt werden können und somit die damit erwirtschafteten Zinserträge zur Finanzierung des Unterschiedsbetrags zwischen Anschaffungs- oder Herstellungskosten und den Wiederbeschaffungskosten herangezogen werden könnten. Ein unproblemati-

477 Ähnlich bei Wöhe/Döring (2010), S. 950.

scher Verzicht auf die Verwendung der Wiederbeschaffungskosten als Abschreibungsbasis wäre jedoch nur dann möglich, wenn die Zinserträge ausreichten, den eben genannten Unterschiedsbetrag auszugleichen.[478] Dann wäre mit dem Ansatz von Abschreibungen auf Basis von Wiederbeschaffungskosten sogar ein kostenrechnerischer Fehler begangen worden.

Ein weiteres Argument für die Verwendung von Anschaffungs- oder Herstellungskosten als Abschreibungsbasis wäre, dass auf diese Weise das Prognoseproblem umgangen würde, welches mit der Schätzung von Wiederbeschaffungskosten verbunden ist.[479] Und schließlich wäre eine „Kollision" mit der Ermittlung der kalkulatorischen Zinsen für das betriebsnotwendige Kapital auch ausgeschlossen. Zu Letzterem gehört nämlich nur jenes Kapital, dass noch in den Anlagegütern gebunden ist. Bereits abgeschriebene Beträge werden im Rahmen der Berechnung der kalkulatorischen Zinsen nicht berücksichtigt. Auch ist die Ermittlung der kalkulatorischen Zinsen auf Basis von in Anlagegütern gebundenen Wiederbeschaffungskosten nicht unproblematisch. Denn es würde vom ersten Tag an ein Kapital verzinst, was in derartiger Höhe gar nicht in den Anlagen gebunden ist.[480]

Eine andere Herangehensweise wäre, dass die über die Anschaffungs- und Herstellungskosten hinausgehenden zur Substanzerhaltung benötigten Beträge im Rahmen einer differenzierenden Gewinnkalkulation angesetzt würden.[481] Auf diese Weise würde das Problem, dass im internen Rechnungswesen Gewinnbestandteile des externen Rechnungswesens als Kosten deklariert werden, umgangen. Diese Bestandteile würden dann in eine gesonderte Gewinnverwendungsrechnung beziehungsweise Mindestgewinnrechnung ausgelagert. Ein derartiger Umgang mit den kalkulatorischen Zusatzkosten wird auch bei der Analyse der anderen kalkulatorischen Kostenarten eine Rolle spielen. Er führt allerdings dazu, dass – im Gegensatz zur klassischen Kostenrechnung – ein gewisser Mindestbetriebsgewinn erwirtschaftet werden muss, um auch den bislang über die kalkulatorischen Zusatzkosten berücksichtigten Ressourceneinsatz zu vergüten. Mit einem Erlös, der genau der Preisuntergrenze eines Produktes entspricht, wären bei dieser Art der

---

478 Vgl. Schneider (1991), S. 766.

479 Dieses Prognoseproblem ist umso größer, je weiter der Wiederbeschaffungszeitpunkt in der Zukunft liegt. Vgl. Wöhe/Döring (2010), S. 949; Melcher (2002), S. 100.

480 Auf den Umgang mit kalkulatorischen Zinsen wird in der Folge noch näher eingegangen.

481 Vgl. Männel (1999), S. 19; Baltzer/Stegmüller (2008), S. 459 f.

Kalkulation nicht alle dem wertmäßigen Begriffsverständnis entsprechenden Kosten gedeckt. Hierzu trägt auch bei, dass bei einem Rückgriff auf die im externen Rechnungswesen ermittelten und aktivierten Herstellungskosten ausschließlich pagatorische Kosten Berücksichtigung finden.[482] Mithin verlöre die Preisuntergrenze zu einem gewissen Grad ihre Funktion als Maßstab für Produktions- und Absatzentscheidungen. Sie müsste zumindest um eine Mindestgewinnmargenrechnung erweitert werden. Fraglich ist dann jedoch, ob die Harmonisierung tatsächlich zu einer Arbeitserleichterung im Rechnungswesen führte oder nur zu einer Verlagerung des Arbeitsaufwands.

Hinsichtlich der Nutzungsdauer erscheint eine Harmonisierung nur möglich, wenn sich Mittelständler – sofern noch nicht geschehen – von dem Versuch, eine einheitliche Handels- und Steuerbilanz zu erstellen, verabschiedeten. Auf diese Weise müssten[483] die vom Steuerrecht vorgeschriebenen Nutzungsdauern nicht länger auch in der Handelsbilanz Verwendung finden. Dem von § 253 Abs. 3 Satz 2 HGB geforderte Ansatz der tatsächlichen Nutzungsdauer könnte dann schließlich durch die Übernahme der Nutzungsdauern aus dem internen Rechnungswesen Rechnung getragen werden.[484] Voraussetzung für die unproblematische Übernahme ist jedoch, dass dem keine rechnungslegungspolitischen Ziele im Wege stehen, die ein Motiv für den Ansatz von längeren oder kürzeren Nutzungsdauern im externen Rechnungswesen sein können.[485]

Aufgrund des stetig wachsenden Anteils hochtechnologischer Sachanlagen mit immer kürzeren effektiven Nutzungsdauern am gesamten Anlagevermögen verringern sich ohnehin tendenziell die Unterschiede zwischen den kalkulatorischen

---

482 Dieser Fall tritt selbstverständlich nur ein, wenn Anlagegüter selbst erstellt werden. Ansonsten ist auf die Anschaffungskosten zurückzugreifen.

483 „Müssen" selbstverständlich nur aus dem Ziel heraus, eine Einheitsbilanz zu erreichen. Einen gesetzlichen Zwang zur Übernahme der steuerlichen Nutzungsdauern in die Handelsbilanz gibt es nicht.

484 Denn damit wäre – sofern das interne Rechnungswesen korrekte Daten ermittelt – der Forderung nach der Wahl einer den tatsächlichen Gegebenheiten entsprechenden Nutzungsdauer eher Genüge getan, als mit dem Ansatz der steuerlich vorgeschriebenen Nutzungsdauer.

485 So führt beispielsweise der Versuch, extern einen pessimistischen „grauen" Abschluss zu präsentieren, zu der Verwendung möglichst kurzer Nutzungsdauern, um die Abschreibungsaufwendungen möglichst hoch anzusetzen und damit den Gewinn zu schmälern und ein möglichst niedriges Vermögen auszuweisen. Zu „grau" oder „rosa" gefärbten Abschlüssen sowie zur Rechnungslegungspolitik allgemein vgl. Wöhe/Döring (2010), S. 708 und 891 ff. In der Praxis sind die im externen Rechnungswesen angesetzten Nutzungsdauern in der Regel kürzer als die, die im internen Rechnungswesen zugrunde gelegt werden. Vgl. Währisch (1998), S. 101 ff.

und bilanziellen Nutzungsdauern.[486] Mithin dürften die mit der Übernahme der Nutzungsdauern des internen in das externe Rechnungswesen verbundenen „Verwerfungen" überschaubar sein. Problematisch wird es lediglich, wenn die vom internen Rechnungswesen erwarteten Nutzungsdauern über das vom Wirtschaftsprüfer im externen Rechnungswesen akzeptierte Maß hinausgehen. In einem solchen Fall wäre eine Harmonisierung nur zu erreichen, wenn die im externen Rechnungswesen zulässige Nutzungsdauer auch in das interne Rechnungswesen übernommen wird. Hier ist im Einzelfall zu entscheiden, ob die mit der Harmonisierung verbundenen Vorteile (vor allem Kostenersparnis) einen Verzicht auf den Ansatz der intern als korrekt erachteten Nutzungsdauer rechtfertigen. Unter Umständen sind die Unterschiede der Nutzungsdauern auch so gering, dass die Auswirkungen des Ansatzes der im externen Rechnungswesen vom Wirtschaftsprüfer akzeptierten Nutzungsdauern auf die Kalkulation so marginal sind, dass auch in diesen Fällen eine Harmonisierung möglich bleibt, obwohl die vermeintlich falschen Nutzungsdauern des externen Rechnungswesens übernommen werden müssen.

Auch hinsichtlich der Abschreibungsmethode müssten sich Mittelständler von der Einheitsbilanz lösen, wenn ein harmonisiertes Rechnungswesen angestrebt wird. Das heißt, rechnungslegungspolitisch und insbesondere steuerpolitisch motivierte degressive Abschreibungen dürften keine Anwendung im externen Rechnungswesen finden, wenn eine Harmonisierung im Bereich der Abschreibungen möglich sein soll. Da das deutsche Handelsrecht sowohl die Leistungsabschreibung als auch die lineare Abschreibung erlaubt, dürfte die Übernahme der im internen Rechnungswesen verwendeten Abschreibungsmethoden ins externe Rechnungswesen meist unproblematisch möglich sein.[487] Hierbei sind der Nutzen aus einem im Bereich der Abschreibungen intern und extern harmonisierten Rechnungswesen und der Nutzen aus der Einheitsbilanz miteinander zu vergleichen und es ist abzuwägen, welches Vorgehen die meisten Vorteile bringt.

Schließlich bleibt das Problem der „Unter-Null-Abschreibung" im internen Rechnungswesen. Ein kompletter Verzicht auf Abschreibungen unter Null, würde dazu

---

486 Vgl. Schweitzer/Ziolkowski (1999), S. 50.

487 Auf die Tatsache, dass im internen Rechnungswesen meist auf die Leistungs- oder lineare Abschreibung zurückgegriffen wird, wurde weiter oben in diesem Abschnitt bereits eingegangen.

führen, dass Kosten für die Nutzung von Maschinen, die bilanziell bereits vollständig abgeschrieben, in der Produktion jedoch nach wie vor im Einsatz sind, in der Kostenrechnung nicht mehr berücksichtigt würden. Die Herstellkosten von auf diesen Maschinen gefertigten Produkten würden sprunghaft sinken, da aufgrund der wegfallenden Abschreibungen die Maschinenstundensätze stark fielen. Dies würde auf der anderen Seite zu sprunghaft steigenden Margen der auf diesen Maschinen produzierten Produkten führen, was Fehlentscheidungen im Rahmen von Produktions- und Absatzentscheidungen nach sich ziehen könnte.[488] Ist ein Unternehmen allerdings in der Lage, die Nutzungsdauern korrekt zu prognostizieren, ergibt sich auch hier die Möglichkeit der Harmonisierung, da es nicht zu dem Problem der „Unter-Null-Abschreibungen" käme. In der Regel ist jedoch davon auszugehen, dass nur selten im Vorhinein so sichere Erfahrungswerte mit vergleichbaren Sachanlagen der Vergangenheit vorliegen, dass die angenommenen Werte letztlich der realen Nutzungsdauer entsprechen.[489] Demnach sollte in einem solchen Fall in diesem Bereich auf eine Harmonisierung verzichtet werden, um Fehlentscheidungen in der Unternehmenssteuerung vorzubeugen.[490]

3.3.2.3 Kalkulatorische Zinsen

Im externen Rechnungswesen werden Zinsen, die für Verbindlichkeiten gegenüber dritten zu zahlen sind, als Aufwand erfasst.[491] Soweit diese Fremdkapitalzinsen für die Finanzierung von betriebsnotwendigem Kapital gezahlt werden, sind sie in der Kostenrechnung als Grundkosten zu klassifizieren. Allerdings fordern auch die Eigenkapitalgeber für ihr in der Regel risikobehaftetes Kapitalengagement von den Unternehmen eine gewisse Mindestverzinsung. Dem Opportunitätskostengedanken folgend, könnten sie das im Unternehmen investierte Kapital auch risikoadäquat am Markt anlegen und eine entsprechende Verzinsung erwirtschaften. Dieser Tatsache wird mit dem Ansatz kalkulatorischer Eigenkapitalzinsen für das im betriebsnotwendigen Vermögen gebundene Eigenkapital Rechnung getragen. Da jedoch nur selten feststellbar ist, aus welchen Kapitalpositionen welches Vermögen finanziert wurde, wird regelmäßig mit einem Mischzinssatz für

---

488 Beispielsweise könnte auf diese Weise die Entscheidung für die Weiterproduktion eines Produktes gefällt werden, obwohl es – bei Berücksichtigung aller Kosten – ein verlustträchtiges Produkt wäre.

489 Vgl. Lühr (2010), S. 161.

490 Vgl. Baltzer/Stegmüller (2008), S. 461.

491 Vgl. §§ 242 Abs. 2 und 275 Abs. 2 Nr. 13 HGB.

das Eigen- und Fremdkapital gearbeitet.[492] Dieser wird dann auf das betriebsnotwendige Vermögen angewendet.[493] Es ergeben sich die insgesamt (für Eigen- und Fremdkapital) zu erwirtschaftenden Zinsen. Werden hiervon die gezahlten oder zu zahlenden Fremdkapitalzinsen abgezogen, ergeben sich schließlich indirekt die kalkulatorischen Eigenkapitalzinsen.

Mit der Berücksichtigung von kalkulatorischen Zinsen in der Kalkulation und der Erfolgsrechnung wird sichergestellt, dass die Kosten der Vermögensbindung in den unterschiedlichen Unternehmensbereichen quantifizierbar werden, was wiederum das Optimieren der Ressourcenallokation im Unternehmen erleichtert und sinnvolle Entscheidungen über Eigenerstellung oder Fremdbezug ermöglicht.[494]

Eine Harmonisierung im Bereich der kalkulatorischen Zinsen wäre, da der Ansatz von Eigenkapitalzinsen im externen Rechnungswesen nicht zulässig ist, nur möglich, wenn in der Kostenrechnung nur die tatsächlich gezahlten und im externen Rechnungswesen als Aufwand verrechneten Fremdkapitalzinsen angesetzt würden. Dies hätte jedoch zur Folge, dass die kalkulatorischen Eigenkapitalzinsen, wie schon der Unterschiedsbetrag zwischen Anschaffungs- oder Herstellungskosten und Wiederbeschaffungskosten bei den kalkulatorischen Abschreibungen, im Rahmen einer differenzierenden Gewinnkalkulation angesetzt werden müssten. Sie wären demnach auch im internen Rechnungswesen als Gewinnbestandteil zu betrachten und würden Eingang in die oben bereits beschriebene Mindestgewinnrechnung finden.

Ein großer Vorteil des Auslagerns kalkulatorischer Eigenkapitalzinsen in eine gesonderte Mindestgewinnrechnung wäre, dass die mitunter gravierenden Unterschiede zwischen der externen und internen Erfolgsrechnung verringert würden. Denn bei kapitalintensiven Unternehmen, die auch noch einen Großteil ihres Vermögens aus Eigenkapital finanzieren, haben die Eigenkapitalzinsen einen erheblichen Einfluss auf das Betriebsergebnis.

Ein Argument gegen die Auslagerung der Eigenkapitalzinsen in eine gesonderte Mindestgewinnrechnung ist, dass dadurch die Steuerungsfunktion hinsichtlich der

---

[492] Als Mischzinssatz wird häufig der „Weighted Average Cost of Capital“ (WACC) herangezogen. Auf seine Ermittlung wurde bereits im Abschnitt 2.2.3.4.2.1 eingegangen. Zur Ermittlung des Mischzinssatzes in der Praxis vgl. auch Währisch (2000), S. 684 ff.

[493] Vgl. Barth/Barth (2004), S. 77.

[494] Vgl. Melcher (2002), S. 103.

Ressourcenallokation beeinträchtigt würde, da die Kosten für die Kapitalbindung nicht mehr vollumfänglich und unmittelbar aus der Kalkulation ersichtlich wären.[495] Eine Folge wäre beispielsweise, dass die Kosten der Eigenkapitalbindung keinen Niederschlag mehr in den internen Verrechnungspreisen fänden, was zu Fehlsteuerungen oder zumindest falschen Signalen innerhalb des Unternehmens führen könnte. Auch die Entscheidungen hinsichtlich Eigenerstellung oder Fremdbezug wären nicht mehr fundiert zu treffen, da interne und externe Preise nicht mehr miteinander vergleichbar wären. Dies ist der Grund, warum viele (Groß-)Unternehmen, die bereits heute ein zum Teil harmonisiertes Rechnungswesen umgesetzt haben, auf das Harmonisierungspotential im Bereich der kalkulatorischen Zinsen verzichten.[496]

Auf die Frage, ob das im externen Rechnungswesen ausgewiesene Vermögen als Basis zur Ermittlung des betriebsnotwendigen Vermögens und damit als Basis für die Ermittlung der kalkulatorischen Zinsen herangezogen werden kann und auf diese Weise eine gewisse Harmonisierung ermöglichen würde, wird in der Folge noch eingegangen.[497]

3.3.2.4 Kalkulatorische Wagnisse

Kalkulatorische Wagnisse werden in der Kostenrechnung als Instrument zur Berücksichtigung spezieller mit dem Betriebszweck zusammenhängenden Einzelrisiken, die nicht versicherbar oder nicht versichert sind, eingesetzt. Diese Einzelrisiken führen im externen Rechnungswesen zu aperiodisch auftretenden Aufwendungen. Zu diesen Risiken gehören beispielsweise Forderungsausfälle, außerplanmäßiger Wertverlust beim betriebsnotwendigen Anlagevermögen oder Gewährleistungsansprüche Dritter.[498] Da diese Risiken aber aus der betrieblichen Tätigkeit resultieren – das heißt, betriebsbedingt sind – und in gewissem Umfang

---

495 Die Eigenkapitalzinsen kämen erst auf einer aggregierten Ebene der Erfolgsrechnung als Mindestgewinnbestandteil zum Tragen.

496 Beispielsweise verzichtet eines der ersten Unternehmen, das eine Harmonisierung im Rechnungswesen umgesetzt hat (Siemens), nach wie vor auf den Ansatz kalkulatorischer Zinsen. Vgl. Baltzer/Stegmüller (2008), S. 463; Ziegler (1994), S. 179 f.

497 Vgl. Abschnitt 3.4.2.

498 Weitere Beispiele sind Arbeitswagnisse (krankheitsbedingte Ausfallzeiten), Entwicklungswagnisse (erfolglose Anstrengungen im Bereich Forschung und Entwicklung), Beständewagnisse (Schwund, Modeschwankungen, Verderben usw.) und Mehrkostenwagnisse (Ausschuss oder Nacharbeiten wegen Fehlern in der Produktion). Vgl. Coenenberg/Fischer/Günther (2009), S. 91 f.

kalkulierbar sind[499], versucht das interne Rechnungswesen die mit ihnen verbundenen aperiodischen Aufwendungen über die Perioden zu glätten und als kalkulatorische Wagnisse in der Kalkulation und der Erfolgsrechnung zu berücksichtigen.[500] Der Ansatz kalkulatorischer Wagniskosten kann als eine Art Selbstversicherung gesehen werden. Die Wagniskosten bilden dabei die „Versicherungsprämie" mit der die aperiodisch auftretenden Schäden abgesichert beziehungsweise in der Kalkulation berücksichtigt werden. Der Vorteil ist eine gleichmäßige Belastung der Perioden und damit eine gleichmäßige Preisuntergrenze für die produzierten Produkte.[501] Einzelrisiken, für die eine Versicherung abgeschlossen wurde und für die entsprechend in der GuV-Rechnung Versicherungsaufwendungen angesetzt werden, bedürfen keiner Berücksichtigung in Form von kalkulatorischen Wagniskosten. Bei ihnen können und sollten die Versicherungsaufwendungen als Grundkosten direkt in die Kostenrechnung übernommen werden.

Mit dem Ansatz kalkulatorischer Wagnisse wird jedoch nicht das allgemeine Unternehmerrisiko, das heißt, beispielsweise das Konjunkturrisiko oder das Inflationsrisiko, in der Kalkulation berücksichtigt. Diese Risiken sind nicht kalkulierbar und werden über die Betriebsgewinne abgegolten.[502] Eine Möglichkeit diese Risiken dennoch in der Kostenrechnung anzusetzen, ist deren Berücksichtigung im Rahmen der kalkulatorischen Eigenkapitalzinsen beziehungsweise bei der Ermittlung des Mindestverzinsungsanspruchs der Eigenkapitalgeber.[503] In der Regel wird in der Praxis auch so vorgegangen. Die Eigenkapitalgeber lassen sich die mit ihrem finanziellen Engagement verbundenen allgemeinen Risiken über eine dafür erwartete Mindestverzinsung vergüten.[504]

---

499 Kalkulierbar sind diese Einzelrisiken in der Regel durch Erfahrungswerte der Vergangenheit. Vgl. Schweitzer/Ziolkowski (1999), S. 27.

500 Vgl. Wöhe/Döring (2010), S. 950 f. Bei den aperiodisch auftretenden Aufwendungen handelt es sich somit um neutralen Aufwand, der keinen Eingang in die Kostenrechnung findet.

501 Vgl. Barth/Barth (2004), S. 77.

502 Vgl. Eisele (2002), S. 668; Schweitzer/Ziolkowski (1999), S. 27. Eine Ausnahme bildet die Kalkulation von öffentlichen Aufträgen. Hier kann das Unternehmerrisiko in Form eines angemessenen kalkulatorischen Gewinns bei der Kalkulation der Selbstkosten berücksichtigt werden. Vgl. Coenenberg/Fischer/Günther (2009), S. 144.

503 Den Ausführungen zum Umgang mit kalkulatorischen Eigenkapitalzinsen in einem harmonisierten Rechnungswesen folgend, kann das allgemeine Unternehmerrisiko über einen in einer differenzierenden Gewinnkalkulation angesetzten Mindestgewinn abgegolten werden.

504 Das allgemeine Unternehmerrisiko findet beispielsweise über die allgemeine Marktrisikoprämie und den so genannten ß-Faktor Eingang in die Ermittlung des WACC-Zinssatzes. Somit wird das Eingehen dieses allgemeinen Risikos über die erwirtschaftete Mindestverzinsung vergütet. Hohe allgemeine Risiken haben dann einen entsprechend hohen Mindestverzinsungsanspruch der Eigenkapitalgeber zur Folge (vgl. Abschnitt 2.2.3.4.2.1).

Eine Harmonisierung im Bereich der kalkulatorischen Wagnisse ist nur insoweit möglich, wie ihnen die Bildung von Rückstellungen im externen Rechnungswesen gegenübersteht. Dies ist beispielsweise bei Gewährleistungsrisiken der Fall. Das deutsche Handelsrecht schreibt gemäß § 249 Abs. 1 Satz 2 Nr. 2 HGB den Ansatz von Gewährleistungsrückstellungen vor. Diese sind in der Regel in prozentualer Abhängigkeit vom Umsatz zu bilden.[505] Die Bildung dieser pauschalen Gewährleistungsrückstellungen kann problemlos als kalkulatorische Wagniskosten beziehungsweise korrespondierende Grundkosten in die Kostenrechnung übernommen werden. Ein ähnliches Vorgehen wäre auch bei Pauschalwertberichtigungen auf Forderungen denkbar.

Anders verhält es sich mit Einzelrisiken, die zwar ihre Ursache im Betriebszweck der Unternehmung haben, jedoch im externen Rechnungswesen nicht in Form von Rückstellungen zu berücksichtigen sind, weil es das Handelsrecht nicht vorsieht. Als Beispiel seien hier der Wertverlust von Maschinen aufgrund technischer Fortschritte oder ein mehr oder weniger regelmäßig (z.B. alle 10 Jahre) auftretender Brand in der Backstube einer Großbäckerei genannt. Für diese Einzelrisiken besteht die Möglichkeit der Übernahme von Rückstellungsbildungen aus dem externen Rechnungswesen nicht beziehungsweise nicht mehr, weil sie dort nur in Form von außerordentlichen Abschreibungen beziehungsweise Aufwendungen in der Periode ihres Auftretens erfasst werden dürfen. Dies liegt unter anderem an der oben bereits genannten Streichung der Möglichkeit der Bildung von Aufwands- und Ermessensrückstellungen.[506] Diese haben, sofern sie ökonomisch sinnvoll eingesetzt wurden, in der Zeit vor dem BilMoG eine periodengerechtere Aufwandsverrechnung möglich gemacht: Wurden die Aufwands- und Ermessensrückstellungen in der Vergangenheit dem tatsächlichen Aufwand entsprechend gebildet,[507] konnten die über sie verrechneten Aufwendungen als Grundkosten direkt in

---

505 Hierbei handelt es sich um Pauschalwertberichtigungen. Sind konkrete Garantieansprüche bis zur Abschlusserstellung erkennbar, sind für diese Einzelgewährleistungsrückstellungen in der erforderlichen Höhe zu bilden. Bei der pauschalen Rückstellungsbildung sind die Erfahrungswerte der vergangenen Jahre heranzuziehen. Die Grundlage für die Ermittlung der Gewährleistungsrückstellungen ist dann der am Bilanzstichtag vorhandene garantiebehaftete Umsatz. Letzterer ist der Umsatz innerhalb des Zeitraums, für den die Garantieverpflichtung noch nicht abgelaufen ist. Ist eine Versicherung gegen Gewährleistungsansprüche abgeschlossen, ist weder im externen Rechnungswesen eine Rückstellung noch im internen Rechnungswesen ein kalkulatorisches Wagnis anzusetzen.

506 Vgl. Abschnitt 3.2.4 und Abschnitt 3.3.1.

507 D.h. beispielsweise jährlich ein Zehntel des alle zehn Jahre zu erwartenden Schadens durch Brände.

die Kostenrechnung übernommen werden. Die über diese Aufwandsrückstellungen abgedeckten Einzelrisiken bedurften demnach keines Ansatzes kalkulatorischer Wagnisse im internen Rechnungswesen. Derartige aperiodisch auftretende Aufwendungen müssen jedoch seit der Einführung des BilMoG[508] im Zuge der Überleitung von Aufwendungen zu Kosten herausgerechnet und durch kalkulatorische Wagniskosten ersetzt werden, da Aufwands- und Ermessensrückstellungen fast gänzlich abgeschafft wurden.[509]

Eine komplette Harmonisierung ist im Bereich der kalkulatorischen Wagnisse demnach nicht möglich. Hat das BilMoG – wie in der Folge weiter zu zeigen sein wird – in einigen Bereichen zu einer verbesserten Harmonisierbarkeit des Rechnungswesens geführt, so wurde in diesem Abschnitt deutlich, dass die Streichung von Ermessens- und fakultativen Aufwandsrückstellungen in bestimmten Fällen auch zu einer schlechteren Harmonisierbarkeit geführt hat. Und zwar in den Fällen, in denen die Aufwendungen für die Bildung dieser Rückstellungen den im internen Rechnungswesen anzusetzenden kalkulatorischen Wagnissen entsprachen.

3.3.2.5 Kalkulatorische Miete und kalkulatorischer Unternehmerlohn

Werden einem Unternehmen Gebäude, Grundstücke oder andere Vermögensgegenstände von Dritten gegen Entgelt zur Nutzung überlassen, so sind die entsprechenden Verpflichtungen zu Mietzahlungen in der GuV-Rechnung als Aufwand anzusetzen. Diese werden dann auch – sofern die Nutzung der Mietobjekte im Rahmen der betrieblichen Tätigkeit tatsächlich notwendig ist – als Grundkosten in die Kostenrechnung übernommen. Selbiges gilt für die Entlohnung von Arbeitsleistungen von Geschäftsführern und Vorständen von Kapitalgesellschaften und Fremd-Geschäftsführern von Personengesellschaften. Auch hier müssen im exter-

508 Bei Wertverlusten aufgrund des technischen Fortschritts war auch bereits vor dem BilMoG eine sofortige Aufwandsverrechnung vorgeschrieben.

509 Für im Geschäftsjahr unterlassene Aufwendungen für Instandhaltung, die im folgenden Geschäftsjahr innerhalb von drei Monaten, oder für Abraumbeseitigung, die im folgenden Geschäftsjahr nachgeholt werden, sind nach wie vor verpflichtend Aufwandsrückstellungen zu bilden. Vgl. § 249 Abs. 1 Satz 2 Nr. 1 HGB. Außerdem sind weiterhin Aufwandsrückstellungen für Gewährleistungen, die ohne rechtliche Verpflichtung erbracht werden, zu bilden. Vgl. § 249 Abs. 1 Satz 2 Nr. 2 HGB. Fakultative Aufwandsrückstellungen und Ermessensrückstellungen sind jedoch gänzlich weggefallen.

nen Rechnungswesen Aufwendungen angesetzt werden, welche dann unverändert als Grundkosten in das interne Rechnungswesen übernommen werden können.[510]

Aufgrund des Selbstkontrahierungsverbots[511] ist eine Entlohnung aufgrund von Arbeitsverträgen bei Gesellschafter-Geschäftsführern (bei Personengesellschaften) und Einzelunternehmern nicht möglich. Hier bildet der handelsrechtliche Gewinn oder ein Teil dieses Gewinns die Entlohnung für die geleistete Arbeit. Eine Gewinn mindernde Verrechnung von Aufwand in der GuV-Rechnung ist demnach nicht möglich. Dem Opportunitätskostengedanken folgend, ist es jedoch bei der internen Ermittlung von Preisuntergrenzen üblich, diese Gewinnbestandteile als kalkulatorischen Unternehmerlohn anzusetzen, um dem Ressourceneinsatz aus dem privaten Bereich der Gesellschafter beziehungsweise der Unternehmer Rechnung zu tragen. Außerdem wird auf diese Weise die Kalkulation rechtsformneutral.[512]

Ähnlich verhält es sich mit der Verrechnung der kalkulatorischen Miete. Nutzt eine Personengesellschaft beispielsweise Geschäftsräume oder andere Vermögensgegenstände, die sich im Privatbesitz eines Gesellschafters befinden, so können hierfür keine Mietaufwendungen in der GuV-Rechnung angesetzt werden. Auch hier werden in der Kalkulation aus Opportunitätskostenüberlegungen in der Regel Zusatzkosten in Form kalkulatorischer Mieten angesetzt.

Da sowohl der Ansatz von kalkulatorischen Unternehmerlöhnen als auch von kalkulatorischen Mieten im handelsrechtlichen Abschluss verboten ist, ist eine Harmonisierung in diesem Bereich ausschließlich durch den Verzicht auf deren Ansatz im internen Rechnungswesen möglich. Die einzig sinnvolle Vorgehensweise

---

510 Vgl. Baltzer/Stegmüller (2008), S. 453.

511 Das Selbstkontrahierungsverbot nach § 181 BGB untersagt das Insichgeschäft. Eine Person darf demnach mit sich selbst beziehungsweise in seinem Namen keine Rechtsgeschäfte mit sich selbst schließen. Damit soll verhindert werden, dass verschiedene und einander widerstreitende Interessen durch ein und dieselbe Person vertreten werden und die Gefahr der Schädigung einer Seite besteht. Ausnahmen beziehungsweise Befreiungen vom Selbstkontrahierungsverbot sind möglich. Beispielsweise, wenn das Rechtsgeschäft ausschließlich in der Erfüllung einer Verbindlichkeit besteht.

512 Vgl. u.a. Coenenberg/Fischer/Günther (2009), S. 93. Als Richtwert für die Bemessung solcher Gehälter kann beispielsweise das Bruttogehalt (zuzüglich evtl. Arbeitgeberanteile zur Sozialversicherung) eines in vergleichbarer Position im Angestelltenverhältnis tätigen Geschäftsführers herangezogen werden. Vgl. Haberstock (2008), S. 99.

wäre dann auch hier die Berücksichtigung dieser Kosten im Rahmen einer differenzierenden Gewinnkalkulation.[513]

Hinsichtlich der Harmonisierbarkeit des Rechnungswesens im Bereich der kalkulatorischen Miete findet sich in der Literatur bisweilen die Meinung, dass auf den Ansatz dieses Postens im internen Rechnungswesen gänzlich verzichtet werden könne, da die Kosten für die Nutzung der eigenen Räumlichkeiten ja bereits über andere kalkulatorische Posten wie kalkulatorische Abschreibungen und kalkulatorische Zinsen Berücksichtigung fänden.[514] Grundsätzlich kann dieser Argumentation zugestimmt werden. In einem so weit wie möglich harmonisierten Rechnungswesen verliert diese Argumentationskette jedoch ihre Gültigkeit. So werden in einem solchen harmonisierten Rechnungswesen beispielsweise keine Abschreibungen für nicht bilanzierte Vermögensgegenstände (z.B. solche aus dem Privatbesitz der Gesellschafter) verrechnet, weil sie im externen Rechnungswesen nicht angesetzt werden dürfen. In solchen Fällen ist also zu wählen: Entweder die Vermögensgegenstände werden intern bilanziert, abgeschrieben und kalkulatorische Zinsen werden verrechnet oder eine kalkulatorische Miete wird für sie angesetzt. In einem der Bereiche müsste aber auf die Nutzung von Harmonisierungspotential verzichtet werden.

Zusammenfassend bleibt festzuhalten, dass weder im Bereich der kalkulatorischen Unternehmerlöhne noch im Bereich der kalkulatorischen Miete eine sinnvolle Harmonisierung des internen mit dem externen Rechnungswesen möglich ist. Lediglich der „Notausgang“ über den Ansatz dieser kalkulatorischen Kosten im Rahmen einer differenzierenden Gewinnkalkulation wäre eine Lösung. Deren Aufwand jedoch die Vorteile aus der Nutzung der Synergiepotentiale der Harmonisierung ganz oder teilweise aufzehren würde.

3.3.2.6 Kalkulatorische Materialkosten

Ähnlich wie bei den kalkulatorischen Abschreibungen, kann es auch bei der Bewertung von Materialverbräuchen vorkommen, dass im internen Rechnungswesen von den Wertansätzen des externen Rechnungswesens abgewichen wird. Da gleichartige Vorräte im Laufe der Zeit zu unterschiedlichen Preisen beschafft und

---

513 Vgl. auch Männel (1999), S. 19.

514 Vgl. z.B. Barth/Barth (2004), S. 78 f.

gemeinsam gelagert werden, ist es sehr schwierig bis unmöglich, die tatsächlichen Anschaffungskosten für die jeweiligen Endbestände zu ermitteln.[515] Das deutsche Handelsrecht erlaubt neben der Anwendung der Durchschnittsmethode[516] zwei mögliche Verbrauchsfolgeverfahren[517] zur Bewertung von Verbräuchen und Beständen gleichartiger Vorräte.[518] Bei Anwendung der so genannten Fifo-Methode (first in – first out) wird unterstellt, dass die zuerst angeschafften oder hergestellten Vermögensgegenstände (zum Beispiel vorgefertigte Holzteile für die Möbelproduktion) auch zuerst verbraucht werden. Der Anwendung der so genannten Lifo-Methode (last in – first out) liegt hingegen die Annahme zugrunde, dass die zuletzt angeschafften oder hergestellten Vermögensgegenstände zuerst verbraucht werden.[519]

Das Ziel des internen Rechnungswesens ist regelmäßig, eine zeitmaßstabsgerechte Bewertung von Einsatzgütern und Absatzleistungen vorzunehmen. Daraus folgt, dass der Verbrauch von Material und Vorprodukten im Rahmen von Kalkulationen, Kontroll- und Erfolgsrechungen des internen Rechnungswesens zu Tageswerten bewertet werden sollte. Auf diese Weise findet eine Synchronisierung der beiden Seiten der internen Erfolgsrechnung statt; Kosten und Erlöse beziehen sich dann auf den gleichen Zeitpunkt.[520]

In Zeiten von stark schwankenden Marktpreisen und vergleichsweise hohen Inflationsraten ist es besonders sinnvoll, den Verbrauch von Produktionsfaktoren im Rahmen von Kalkulationen und Kontrollrechnungen zu aktuellen Marktpreisen zu

---

515 Vgl. Wöhe/Döring (2010), S. 773.

516 Gemäß § 240 Abs. 4 dürfen gleichartige Vermögensgegenstände des Vorratsvermögens zu einer Gruppe zusammengefasst und mit dem gewogenen Durchschnittswert bewertet werden.

517 Im Gesetzestext werden sie als Bewertungsvereinfachungsverfahren bezeichnet. Mit ihnen werden die fiktiven Anschaffungskosten ermittelt. Vgl. § 256 HGB. Neben der Durchschnittsmethode und den Verbrauchsfolgeverfahren bietet das HGB noch die Möglichkeit der Festbewertung. Letztere ist jedoch an Anwendungsvoraussetzungen gekoppelt, die häufig von Vorräten nicht erfüllt werden. So darf der Festwert, neben der Tatsache, dass die verbrauchten Gegenstände regelmäßig ersetzt werden müssen, – gemessen am Gesamtwert – nur von untergeordneter Bedeutung sein. Außerdem dürfen die Vorräte nur geringen Mengen- und Wertschwankungen unterliegen. Vgl. § 240 Abs. 3 HGB.

518 Neben dem so genannten Indexverfahren, welches in Wissenschaft und Praxis umstritten ist und deshalb hier nicht näher erläutert werden soll, gibt es weitere Verfahren, die jedoch seit dem BilMoG nicht mehr zulässig sind. Für nähere Ausführungen zu diesen Verfahren vgl. Ellrott (2010), § 256 HGB, Rz. 66-75.

519 Vgl. Wöhe/Döring (2010), S. 773 und § 256 HGB.

520 Vgl. Koch (1984), S. 831 ff. *Kochs* Argumentation bezieht sich allerdings auf die Erfolgsrechnung im externen Rechnungswesen. Sie kann jedoch auf die Kosten- und Leistungsrechnung übertragen werden.

bewerten, da alternative Bewertungskonzepte zu suboptimalen Ergebnissen führen würden. Zum einen würde die Bewertung zu historischen Anschaffungs- oder Herstellungskosten die Substanzerhaltung unmöglich machen[521] und zum anderen könnte die Bewertung zu Wiederbeschaffungskosten aufgrund der Prognoseproblematik schwierig sein und zu Kalkulationsfehlern führen.

Vor dem Hintergrund einer angestrebten Harmonisierung des Rechnungswesens macht es deshalb wenig Sinn, im externen Rechnungswesen auf die Fifo-Methode zurückzugreifen, weil auf diese Weise die Bewertung der verbrauchten Materialien und Vorprodukte zu Anschaffungs- oder Herstellungskosten vorgenommen würde, die vor vergleichsweise langer Zeit aktuell waren und deshalb aufgrund der für gewöhnlich vorhandenen Inflation deutlich unter den aktuellen Marktpreisen liegen dürften. Der Unterschied zu den aktuellen Marktpreisen dürfte im Fall der Anwendung der Fifo-Methode zudem umso größer sein, je größer die Lagerbestände sind und je geringer die Lagerumschlagshäufigkeit ist.[522]

Ist also das Ziel, für das interne Rechnungswesen möglichst aktuelle Marktpreise als Wertansatz für die *verbrauchten* Materialen und Vorprodukte anzusetzen, bietet sich im Rahmen einer Harmonisierung die Wahl der Lifo-Methode im externen Rechnungswesen an. Auf diese Weise sind die Unterschiede zwischen den als Aufwand im externen Rechnungswesen verrechneten Preisen und den aktuellen Marktpreisen sehr gering.[523] Dies gilt vor allem dann, wenn die Lagerbestände wenig schwanken, das heißt, wenn die Intervalle zwischen den Beschaffungen kurz sind. Die Harmonisierbarkeit des Rechnungswesens im Bereich der kalkulatorischen Materialkosten kann also durch die Wahl der Lifo-Methode als Verbrauchsfolgeverfahren gefördert werden.[524]

---

521 Dies gilt insbesondere dann, wenn der Zeitpunkt der Anschaffung oder Herstellung weit in der Vergangenheit liegt.

522 Eine niedrige Lagerumschlagshäufigkeit bedeutet, dass es vergleichsweise lange dauert, bis der gesamte Lagerbestand einmal komplett durch den Produktions- beziehungsweise Absatzprozess ausgetauscht worden ist. Die Lagerumschlagshäufigkeit berechnet sich als Quotient aus Lagerabgängen eines bestimmten Zeitraums und dem durchschnittlichen Lagerbestand des gleichen Zeitraums. Alternativ kann die Lagerumschlagshäufigkeit auch als Quotient aus den Umsatzkosten und dem durchschnittlichen Wert des Lagerbestandes ermittelt werden. Vgl. hierzu beispielsweise Werner (2002), S. 243; Vahrenkamp (2007), S. 175. Bei VAHRENKAMP (2007) wird die Lagerumschlagshäufigkeit allerdings als Umschlagskoeffizient bezeichnet.

523 Vgl. hierzu auch Schweitzer/Ziolkowski (1999), S. 22.

524 Zu berücksichtigen ist jedoch, dass bestimmten Branchen ein Verbrauchsfolgeverfahren gesetzlich vorgeschrieben ist, was die Wahl eines bestimmten Verfahrens vor dem Hinter-

Im Gegenzug dürften jedoch im Laufe der Zeit in den Bilanzpositionen der Vorräte und Rohstoffe stille Reserven aufgebaut werden. Dies liegt daran, dass die Vorräte, bei denen die Anschaffung oder Herstellung am längsten zurück liegt, ständig als Bestand gehalten werden.[525] Der Bestand wird also zu Marktpreisen bewertet, die vor Jahren oder sogar Jahrzehnten aktuell waren.[526] Ein Bilanzierender hat im Bereich der Bewertung von Vorräten und deren Verbräuchen also die Wahl, die Verbräuche im Rahmen der Kalkulation und Erfolgsrechnung durch die Wahl der Lifo-Methode korrekt zu bewerten und dafür eine ökonomisch inkorrekte bilanzielle Bewertung der Bestände in Kauf zu nehmen oder eine vergleichsweise korrekte Bewertung der Bestände (durch die Wahl der Fifo-Methode) mit einer ökonomisch wenig sinnvolle Bewertung der Verbräuche in der Kalkulation und Erfolgsrechnung zu „erkaufen“. Da eine zentrale Anforderung an ein harmonisiertes Rechnungswesen die korrekte Periodenabgrenzung ist und die stillen Reserven im Verhältnis zum Gesamtvermögen eines Unternehmens unter Umständen nur eine unwesentliche Größe darstellen (die Anforderung der Wesentlichkeit wäre damit auch erfüllt), ist demnach die Anwendung der Lifo-Methode vor dem Hintergrund einer angestrebten Harmonisierung des Rechnungswesens zu empfehlen.

Das BilMoG hat im Bereich der kalkulatorischen Materialkosten kein wirklich neues Harmonisierungspotential geschaffen. Die Lifo-Methode war bereits vor dem BilMoG ein zulässiges Verbrauchsfolge- beziehungsweise Bewertungsvereinfachungsverfahren. Nach dem HGB a.F. waren allerdings über die Lifo- und Fifo-Methode hinaus weitere Verbrauchsfolgeverfahren zulässig, welche nun nicht mehr angewendet werden dürfen.[527] Somit gibt es im externen Rechnungs-

---

grund einer angestrebten Harmonisierung des Rechnungswesens unmöglich machen kann. So ist beispielsweise der pharmazeutischen Industrie die Fifo-Methode vorgeschrieben. Vgl. Ellrott (2010), § 256 HGB, Rz. 59.

525 Es ist davon auszugehen, das Unternehmen bei ihren Rohstoffen und Vorprodukten regelmäßig einen „eisernen“ Mindestlagerbestand halten, um im Fall von Lieferengpässen die Produktion aufrecht halten zu können.

526 Unter der realistischen Prämisse, dass es im Zeitverlauf zu inflationsbedingten Preissteigerungen gekommen ist, liegt der den Vorräten dann in der Bilanz beigemessene Wert deutlich unter dem aktuellen Wiederbeschaffungs- beziehungsweise Marktwert.

527 Hierzu zählte beispielsweise die Hifo-Methode (highest in – first out), bei der die am teuersten eingekauften Materialien oder Vorprodukte zuerst verbraucht werden. Vgl. Wöhe/Döring (2010), S. 774.

wesen zur die Harmonisierung unterstützenden Lifo-Methode jetzt nur noch *ein* alternatives Verbrauchsfolgeverfahren.[528]

3.3.3 Zusammenfassung und Auswertung der Ergebnisse

In diesem Abschnitt wurde analysiert, inwiefern eine Angleichung von Aufwendungen und Kosten im Rahmen von Harmonisierungsbemühungen unter der HGB-Bilanzierung möglich ist. Es wurde deutlich, dass eine komplette Harmonisierung zwar nicht erreicht werden kann beziehungsweise wenig Sinn macht, jedoch in einigen Bereichen eine Verringerung der Unterschiede und damit eine Reduzierung der nötigen Überleitungsrechnungen[529] möglich ist.

Der Umfang der im Rahmen der Überleitungsrechnung zu eliminierenden neutralen Aufwendungen dürfte sich durch die Anpassungen des BilMoG zwar in den meisten Fällen verringert haben, jedoch ist es nach wie vor nötig, Aufwendungen, die betriebsfremd, außergewöhnlich oder periodenfremd sind, zu eliminieren. Die Abschaffung der verschiedenen Abschreibungs- und Rückstellungsmöglichkeiten[530] hat freilich das rechnungslegungspolitische Potential im Jahresabschluss deutlich verringert, sie hat aber auch dazu geführt, dass unter bestimmten Umständen eine Angleichung von internem und externem Rechnungswesen erschwert wurde. Das Problem der zu eliminierenden neutralen Aufwendungen bleibt also bestehen. Demnach lässt sich das Rechnungswesen in diesem Bereich nicht vollständig harmonisieren.

Im Bereich der kalkulatorischen Kosten, das heißt der Zusatz- und Anderskosten, gibt es zum Teil die Möglichkeit, eine Angleichung mit dem externen Rechnungswesen zu erreichen, ohne die Funktionen des internen Rechnungswesens einzuschränken. Jedoch bieten nicht alle kalkulatorischen Kostenarten die gleichen Harmonisierungsmöglichkeiten.

---

528 Weiterhin ist natürlich auch die Einzelbewertung ein zulässiges Bewertungsverfahren. Es findet jedoch aus Wirtschaftlichkeitsgründen bei gleichartigen Vorräten selten Anwendung. Außerdem darf nach wie vor auch die Durchschnittsmethode nach § 240 Abs. 4 HGB angewendet werden.

529 Die Basis für die Ermittlung der im internen Rechnungswesen anzusetzenden Kosten bilden regelmäßig die in der GuV-Rechnung angesetzten Aufwendungen. Hierauf wurde bereits im Abschnitt 3.3.1 eingegangen.

530 Vgl. Abschnitt 3.3.1.

	Harmonisierungspotentiale	Harmonisierungshemmnisse
Neutrale Aufwendungen	• Abschaffung von Abschreibungs- und Rückstellungsmöglichkeiten durch das BilMoG: - AfA auf nahen Zukunftswert - Ermessensabschreibungen - Übernahme steuerlicher Mehrabschreibungen - Fakultative Aufwandsrückstellungen	• Abschaffung von Ermessensabschreibungen und fakultativen Aufwandsrückstellungen • Viele betriebsfremde, außergewöhnliche und periodenfremde Aufwendungen sind auch nach dem BilMoG noch im Ergebniss der externen Erfolgsrechnung enthalten
Kalkulatorische Abschreibungen	• Harmonisierungspotential vor allem im Bereich der Nutzungsdauern und Abschreibungsmethoden • Verzicht auf Wiederbeschaffungskosten als Abschreibungsbasis im internen Rechnungswesen • Differenzierende Gewinnkalkulation	• Abkehr von den Vorteilen einer (handels- und steuerrechtlichen) Einheitsbilanz • Probleme bei der „Unter-Null-Abschreibung“ • Bei Verwendung der differenzierenden Gewinnkalkulation: Probleme bei der Ermittlung von Preisuntergrenzen
Kalkulatorische Zinsen	• Differenzierende Gewinnkalkulation	• Bei Verwendung der differenzierenden Gewinnkalkulation: Probleme bei der Ermittlung von Preisuntergrenzen
Kalkulatorische Wagnisse	• Harmonisierungspotentiale vor allem dort, wo den Wagniskosten Rückstellungsbildungen in gleicher Höhe gegenüberstehen	• Weniger Möglichkeiten der Harmonisierung durch Wegfall von Ermessens- und fakultativen Aufwandsrückstellungen
Kalkulatorische/r Miete und Unternehmerlohn	• Differenzierende Gewinnkalkulation	• Bei Verwendung der differenzierenden Gewinnkalkulation: Probleme bei der Ermittlung von Preisuntergrenzen
Kalkulatorische Materialkosten	• Harmonisierungspotential durch Wahl der Lifo-Methode	• Nachteil der Lifo-Methode, was die Bewertung des betriebsnotwendigen Vermögens betrifft

Abbildung 30: Harmonisierungspotentiale und -hemmnisse bei der Angleichung von Aufwendungen und Kosten nach HGB

Das zentrale Instrument zur Harmonisierung ist die Auslagerung bisheriger kalkulatorischer Kosten in eine differenzierende Gewinnkalkulation beziehungsweise in eine gesonderte Mindestgewinnrechnung. Es wurde deutlich, dass dies eine Möglichkeit ist, auf den Ansatz kalkulatorischer Abschreibungen auf Basis von Wiederbeschaffungskosten verzichten zu können. Auch die Nutzungsdauern und die

Abschreibungsmethoden der beiden Rechenkreise sind durchaus harmonisierbar. Bei den kalkulatorischen Eigenkapitalzinsen kann ebenfalls durch den Rückgriff auf die differenzierende Gewinnkalkulation eine Harmonisierung mit dem externen Rechnungswesen erreicht werden. Im Zuge der Erläuterungen zu den kalkulatorischen Zinsen wurde aber auch aufgezeigt, welche Probleme mit der differenzierenden Gewinnkalkulation verbunden sind: Die Gewinnbestandteile, die in eine solche Rechnung ausgelagert werden, würden nämlich unter Umständen keinen Niederschlag mehr in den Kalkulationen von Preisuntergrenzen finden, was zu Fehlentscheidungen führen kann. Die Steuerungsfunktion des internen Rechnungswesens wäre dadurch erheblich beeinträchtigt. Außerdem würde der Arbeitsaufwand im Rechnungswesen dadurch nicht verringert. Eine Harmonisierung im Bereich der kalkulatorischen Zinsen hätte jedoch einen zentralen Vorteil: Die Unterschiede zwischen der externen und internen Ergebnisrechnung wären leichter nachvollziehbar, da die Überleitungsrechnungen vereinfacht würden.

Bei den Erläuterungen zu den kalkulatorischen Wagnissen wurde deutlich, dass eine Harmonisierung in den Bereichen möglich ist, in denen den kalkulatorischen Wagniskosten Rückstellungsbildungen in gleicher Höhe gegenüberstehen. Dies ist jedoch meist nur bei Gewährleistungs- und Forderungsausfallrisiken der Fall. Vor dem BilMoG wäre eine weitere Harmonisierung im Bereich der Aufwandsrückstellungen gemäß § 249 HGB a.F. möglich gewesen. Durch deren Abschaffung ist diese Möglichkeit jedoch entfallen.

Bei kalkulatorischen Mieten und Unternehmerlöhnen ist das Harmonisierungspotential äußerst gering. Hinzu kommt, dass diese Art der kalkulatorischen Kosten für KMU eine besonders große Bedeutung im Vergleich zu Großunternehmen hat.[531] Hier wird – sofern eine Harmonisierung durchgeführt werden soll – in der Regel auf die differenzierende Gewinnkalkulation zurückzugreifen sein.

Als vergleichsweise leicht zu harmonisieren haben sich die kalkulatorischen Materialkosten herausgestellt, wobei hier der Nachteil der Lifo-Methode bei der Bewertung des Bestandes in der Bilanz zu berücksichtigen und gegebenenfalls in Kauf zu nehmen ist.

---

531 Die häufig bei KMU auftretenden Eigentümer-Geschäftsführer und die Einschränkungen durch das Selbstkontrahierungsverbot sorgen insbesondere bei Personengesellschaften für den Bedarf, kalkulatorischen Unternehmerlohn und kalkulatorische Miete anzusetzen. Vgl. Krey/Lorson (2007), S. 1719.

Sofern die vorhandenen Möglichkeiten zur Harmonisierung genutzt werden, sorgen sie dafür, dass die Unterschiede zwischen der internen und externen Ergebnisrechnung verringert werden können. Dies wiederum macht weniger umfangreiche Überleitungsrechnungen nötig und sorgt für ein besseres **Verständnis** bei den Verantwortlichen im Unternehmen.[532]

Ein weiterer Vorteil ist, dass sich die häufig an externen Ergebnisgrößen festgemachten Unternehmensziele leichter auf Unternehmensbereiche und Produktgruppen herunterbrechen lassen, weil die intern verwendeten Größen weniger Unterschiede zu den nach außen berichteten Größen aufweisen. Im Umkehrschluss führt dies zu einer verbesserten **Anreizverträglichkeit**, weil eine bessere Zieloperationalisierung möglich ist und die Daten einen objektivierten Charakter aufweisen, denn sie stimmen in vielen Bereichen mit denen des externen Rechnungswesens, welches einer gesetzlichen Reglementierung unterliegt, überein. Damit ist auch für eine entsprechende **Verlässlichkeit** der Daten gesorgt. So sind historische Anschaffungskosten als Abschreibungsbasis im Vergleich zu Wiederbeschaffungskosten objektiv nachvollziehbar. Hinsichtlich der **Relevanz** gibt es keinen Diskussionsbedarf, da, sofern die Überleitungsrechnung von Aufwendungen zu Kosten korrekt durchgeführt wird, alle berücksichtigten Kosten auch eine Bedeutung für betriebliche Entscheidungen haben. Mithin ändert sich auch durch eine Harmonisierung – wo sie denn möglich ist – nicht die Relevanz der Informationen. Da auch durch die Harmonisierungsmöglichkeiten im externen Rechnungswesen eine Abkehr vom **Vorsichts-** und **Anschaffungskostenprinzip** nicht möglich ist, weil ansonsten gesetzliche Vorschriften missachtet würden, sind auch diese Anforderungen erfüllt. Ähnliches gilt für das Prinzip der **Periodenabgrenzung.** Hier schreibt das HGB vor, dass Aufwendungen und Erträge des Geschäftsjahres unabhängig von den Zeitpunkten der entsprechenden Zahlungen im Jahresabschluss zu berücksichtigen sind.[533] Darin enthaltene periodenfremde Aufwendungen und Erträge müssen jedoch – wie oben beschrieben – nach wie vor herausgerechnet werden, um zu den Kosten des internen Rechnungswesens zu gelangen. Dem gegenüber kann der Ansatz kalkulatorischer Kosten zwar deutlich reduziert werden, er ist jedoch nach wie vor nötig, um eine ökonomisch korrekte Peri-

---

[532] Zum fehlenden Verständnis bei Entscheidungsträgern für unterschiedliche Ergebnisrechnungen vgl. Abschnitt 2.5.

[533] Vgl. § 252 Abs. 1 Nr. 5 HGB.

odenabgrenzung zu erreichen und ökonomisch sinnvolle Entscheidungen treffen zu können.

Der zentrale Vorteil der Nutzung der oben genannten Harmonisierungspotentiale ist die **Wirtschaftlichkeit** des Rechnungswesens. Durch die Verringerung von Überleitungsrechnungen und die bessere Nachvollziehbarkeit der Unterschiede zwischen den Rechenkreisen können sowohl direkt als auch indirekt Kosten gesenkt werden: Direkt können Kosten eingespart werden, weil die Überleitungsrechnungen weniger kompliziert sind und ihre Erstellung damit weniger Arbeit macht. Indirekt können Kosten eingespart werden, weil weniger Arbeitszeit für das Verständnis der Zahlenwerke und deren Unterschiede bei den Verantwortlichen (z.B. Abteilungsleitern) aufgewendet werden muss.

Zentraler Nachteil bleibt jedoch die, durch die Auslagerung vieler kalkulatorischer Kostenbestandteile in die differenzierende Gewinnkalkulation, schwierigere Ermittlung von Preisuntergrenzen. Insgesamt könnten also zwar die Unterschiede zwischen den Ergebnisrechnungen verringert werden, die Ermittlung von sinnvollen Preisuntergrenzen würde jedoch beeinträchtigt.

3.4 Eignung der Daten der HGB-Rechnungslegung als Basis für die Unternehmenssteuerung mithilfe des Economic Value Added

3.4.1 Vorbemerkungen

Im Folgenden wird nun untersucht, inwieweit das HGB eine sinnvolle Datenbasis für die Nutzung des EVA-Konzeptes als Instrument der Unternehmenssteuerung liefert. Hierbei gilt es insbesondere zu analysieren, in welchem Umfang gegebenenfalls Adjustierungen nötig sind, um die Daten des externen Rechnungswesens an die ökonomische Realität anzupassen und sie auf diese Weise für die Unternehmenssteuerung mithilfe des EVA-Konzeptes nutzbar zu machen und wie sich die Notwendigkeit von Adjustierungen mit dem BilMoG verändert hat. Je weniger Adjustierungen nötig sind, desto eher kann in diesem Bereich von einem harmonisierten beziehungsweise harmonisierbaren Rechnungswesen gesprochen werden. Das BilMoG hat hier unter Umständen für eine bessere Harmonisierbarkeit gesorgt. Im Abschnitt 4.6 wird später untersucht, welche Vor- oder Nachteile ein externes Rechnungswesen auf Basis der IFRS for SME bei der Nutzung des EVA als Steuerungsgröße bietet.

Der EVA ermittelt sich aus dem operativen Ergebnis vor Zinsen nach Steuern (Net Operating Profit After Taxes – NOPAT) abzüglich der Kapitalkosten, welche sich aus dem betriebsnotwendigen Vermögen multipliziert mit dem unternehmensspezifischen Kapitalkostensatz WACC ergeben.[534] Der Kapitalkostensatz wird nur marginal durch das dem externen Rechnungswesen zugrunde liegende Rechnungslegungssystem beeinflusst. Dies liegt zum einen daran, dass die bei seiner Berechnung verwendeten Anteile von Eigen- und Fremdkapital am Gesamtkapital nicht anhand von Buchwerten, sondern anhand von Marktwerten ermittelt werden.[535] Zum anderen ergibt sich die Renditeerwartung der Anteilseigner in der Regel auch nicht aus bilanziellen Werten, sondern aus dem Marktwert des Eigenkapitals, das heißt, den erwarteten zukünftigen Unternehmenserfolgen.[536] Änderungen in den normativen Grundlagen der Bilanzierung haben folglich keinen unmittelbaren Einfluss auf die Höhe des Marktwerts des Eigenkapitals und die Erwartungsbildung der Kapitalgeber.[537] Aus dieser fehlenden Verknüpfung des WACC mit dem externen Rechnungswesen lässt sich hinsichtlich seiner Ermittlung auch eine sehr schlechte Harmonisierbarkeit ableiten. Aus diesem Grund sind in der Folge ausschließlich die Auswirkungen der HGB-Rechnungslegung auf das ausgewiesene betriebsnotwendige Vermögen und das operative Ergebnis zu untersuchen.

3.4.2 Ermittlung des betriebsnotwendigen Vermögens

Die Basis für die Ermittlung des betriebsnotwendigen Vermögens nach EVA bildet die Aktivseite der Bilanz. Sie bedarf jedoch einiger Adjustierungen. Die wich-

---

534 Vgl. Abschnitt 2.2.3.4.2.1.

535 In der Praxis wird häufig mit einer Zielkapitalstruktur gerechnet. Auf diese Weise soll vor allem die Problematik, dass sich die Kapitalstruktur im Zeitverlauf ändern kann, umgangen werden. Vgl. Hahn (2002), S. 136. Auch in diesen Fällen wird der Kapitalkostensatz nicht durch das Rechnungslegungssystem beeinflusst.

536 Vgl. Gebhardt/Mansch (2005), S. 69.

537 Eine mittelfristige Auswirkung ist zwar denkbar, und zwar, wenn beispielsweise durch eine Änderung im Rechnungslegungssystem das bilanzielle Eigenkapital zunimmt und damit die Bonität eines Unternehmens im Rahmen eines bankinternen Ratings steigt. Dies kann mittelfristig zu niedrigeren Fremdkapitalzinsen führen. Diese Auswirkung ist jedoch nicht unmittelbar festzustellen und in ihrem Umfang auch sehr begrenzt.

tigsten Anpassungen, die vorzunehmen sind, um ein realistisches betriebsnotwendiges Vermögen zu ermitteln, sind in der folgenden Abbildung zusammengefasst.

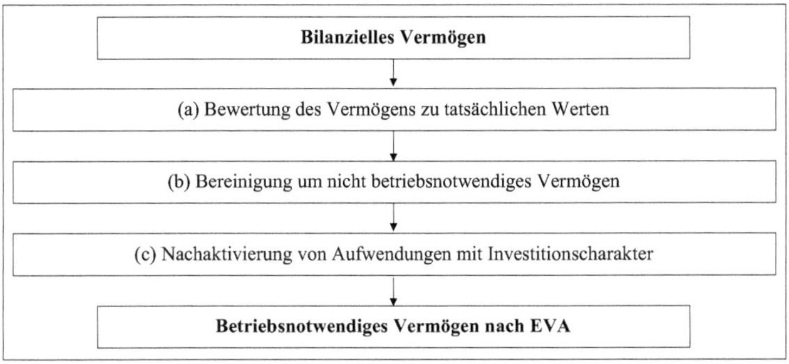

Abbildung 31: Ermittlung des betriebsnotwendigen Vermögens nach EVA[538]

(a) Bewertung des Vermögens zu tatsächlichen Werten:

Um für die Unternehmenssteuerung das korrekte betriebsnotwendige Vermögen zu bilanzieren, wäre auf den ersten Blick sowohl beim Anlage- als auch beim Umlaufvermögen eine Bewertung zum Fair Value optimal.[539] Auf diese Weise wäre zu jeder Zeit – insbesondere in Fällen, in denen der aktuelle Wert über den Anschaffungs- oder Herstellungskosten liegt – das tatsächlich im betriebsnotwendigen Vermögen gebundene Kapital ersichtlich und es würde damit, zumindest für das bilanzierte Vermögen, bei der Berechnung des EVA stets das korrekte Kapital verzinst.[540] Die HGB-Rechnungslegung bietet jedoch so gut wie keine Möglichkeit zur Fair Value-Bilanzierung über die Anschaffungs- oder Herstellungskosten hinaus.[541]

538 Die Reihenfolge der Arbeitsschritte ist nicht zwingend. Selbstverständlich wäre es auch denkbar, zunächst das Vermögen um das nicht betriebsnotwendige Vermögen zu bereinigen, da dessen Bewertung zu tatsächlichen Werten für die EVA-Berechnung nicht notwendig ist.

539 Vgl. Hostettler (2000), S. 134.

540 Vgl. Ewert/Wagenhofer (2000), S. 17. Wobei dies nur für das aktivierte Vermögen gilt. Nicht aktivierbares Vermögen wäre nach wie vor nicht ausgewiesen. Auf diese Problematik wird in der Folge noch näher eingegangen.

541 Eine Ausnahme bilden die Finanzinstrumente des Handelsbestands bei Kreditinstituten und Finanzdienstleistungsinstituten. Diese unterliegen einer Zeitwertbewertung, die jedoch durch die Pflicht zur Berücksichtigung eines Risikoabschlags beschränkt wird. Vgl. § 340e HGB. Hier ist aber eine Bewertung über die Anschaffungskosten hinaus möglich. Für nähere Informationen zur Bilanzierung von Finanzinstrumenten des Handelsbestandes bei Kreditinstituten und Finanzdienstleistungsinstituten vgl. Cassel (2010), S. 551 ff.

Da im Umlaufvermögen das strenge Niederstwertprinzip[542] greift und in der kurzen Frist, in der die Vermögensgegenstände dieser Rubrik in der Regel nur gehalten werden, nur mit vergleichsweise geringen Wertschwankungen zu rechnen ist, ist davon auszugehen, dass die Wertansätze des Umlaufvermögens nach deutschem Handelsrecht weitgehend den tatsächlichen Gegebenheiten entsprechen. Lediglich die durch die Verwendung der Lifo-Methode als Verbrauchsfolgeverfahren möglichen stillen Reserven müssten durch entsprechende Anpassungen korrigiert werden.[543]

Anders sieht es beim Anlagevermögen aus. Hier werden voraussichtlich dauerhafte Wertminderungen durch außerplanmäßige Abschreibungen berücksichtigt. Kommt es jedoch zu einer Wertsteigerung, wie es beispielsweise bei Grundstücken häufig der Fall ist, ist nach HGB eine Zuschreibung über die Anschaffungs- oder Herstellungskosten hinaus nicht möglich. In derartigen Fällen ist also eine den tatsächlichen Gegebenheiten entsprechende Bewertung im externen Rechnungswesen nicht möglich. Die Zulassung einer Fair Value-Bewertung würde hier zwar Abhilfe schaffen und somit eine im Rahmen der Nutzung des EVA-Konzeptes notwendige nachträgliche Zuschreibung verhindern. Sie wäre aber auch mit Nachteilen verbunden:

- Sofern kein objektiver Marktpreis gefunden werden kann, muss auf Schätzverfahren zurückgegriffen werden, die jedoch einen gewissen Ermessensspielraum für den Bilanzierenden bieten.[544] Die Fair Value-Bewertung wäre in einem solchen Fall nicht objektiv. Das wiederum wäre der Anreizverträglichkeit des internen Rechnungswesens abträglich, weil der Periodenerfolg über die Fair Value-Bewertung bewusst beeinflusst werden könnte.

- Eine Fair Value-Bewertung wäre auch mit einem erheblichen Mehraufwand verbunden. So müssten regelmäßig – für die Nutzung im internen

[542] Gemäß § 253 Abs. 4 HGB.

[543] Vgl. Abschnitt 3.3.2.6.

[544] So könnte beispielsweise auf Vergleichsverfahren zurückgegriffen werden, bei denen die Vermögensgegenstände mit ähnlichen Gegenständen verglichen werden, von denen der Marktpreis bekannt ist. Die Schätzung der wertbeeinflussenden Unterschiede zum Vergleichsobjekt ist in einem solchen Fall subjektiv. Auch bei dem Rückgriff auf Diskontierungsverfahren – wie dem DCF-Verfahren – gibt es subjektive Schätzungen bei den wertbeeinflussenden Faktoren. Zum Beispiel bei der Prognose von weit in der Zukunft liegenden Rückflüssen. Vgl. Wussow (2004), S. 114 f.

Rechnungswesen unter Umständen auch unterjährig – aktuelle Marktwerte ermittelt werden. Dies würde die Wirtschaftlichkeit des (harmonisierten) Rechnungswesens beeinträchtigen.[545]

- Schließlich würde eine Fair Value-Bewertung – sofern sie erfolgswirksam zu erfassen wäre – auch die Periodenergebnisse beeinflussen. Dadurch wäre für die Unternehmensleitung der Periodenerfolg und damit auch der EVA in gewissem Umfang fremdbestimmt. Dies wiederum würde die Anreizverträglichkeit beeinträchtigen, weil zum Beispiel eine vom Erfolg des Unternehmens abhängige variable Vergütung zum Teil nicht durch die (leitenden) Mitarbeiter beeinflusst werden könnte, sondern ein Resultat von beispielsweise Entwicklungen auf dem Immobilienmarkt wäre.

Die Fair Value-Bewertung wäre also auch vor dem Hintergrund eines harmonisierten Rechnungswesens nicht durchweg positiv zu beurteilen.

Neben der Folgebewertung ist auch zu untersuchen, inwiefern die Zugangsbewertung die tatsächlichen Werte der Vermögensgegenstände widerspiegelt. Seit dem BilMoG sind die verpflichtend in die Herstellungskosten einzubeziehenden Bestandteile umfangreicher geworden. Die Wahlbestandteile wurden damit deutlich reduziert.[546] Nach wie vor gibt es aber noch Wahlbestandteile: Die Kosten der allgemeinen Verwaltung, Aufwendungen für soziale Einrichtungen, für freiwillige soziale Leistungen, für die betriebliche Altersvorsorge und die zeitlich zurechenbaren Fremdkapitalkosten können, müssen aber nach wie vor nicht, in die Herstellungskosten mit einbezogen werden. Selbst geschaffene Vermögensgegenstände werden durch die eingeschränkten Wahlrechte zwar grundsätzlich eher den tatsächlichen Gegebenheiten entsprechend bewertet, eine für das EVA-Konzept sinnvolle Bewertung kommt jedoch nach wie vor nur unter Ausübung der Aktivierungswahlrechte zustande. Das heißt, nur wenn sämtliche einem selbst geschaffenen Vermögensgegenstand zurechenbaren Kosten auch aktiviert werden, kommt das bilanziell ausgewiesene Vermögen auch der ökonomischen Realität nahe.

---

545 Diese Argumentation greift jedoch nur, wenn nicht bereits im internen Rechnungswesen eine für interne Zwecke genutzte Fair Value-Bewertung durchgeführt wird. In einem solchen Fall würde auch eine Nutzung dieser Daten im externen Rechnungswesen zu keinen Mehrkosten führen.

546 Auf die Änderungen der Wertuntergrenze der Herstellungskosten wurde in Abschnitt 3.2.4 bereits eingegangen.

Bei der Zugangsbewertung von nicht selbst geschaffenen Vermögensgegenständen kann davon ausgegangen werden, dass die zu zahlenden Beträge den Marktwerten dieser Vermögensgegenstände entsprechen, da sie durch eine Transaktion am Markt angeschafft wurden und dadurch Marktpreise ihre Wirkung entfalten konnten. Mithin ist hier von einer Bilanzierung zu ökonomisch sinnvollen Werten auszugehen.[547]

Das BilMoG hat neben der Anhebung der Untergrenze der Herstellungskosten einige weitere Änderungen im HGB zur Folge gehabt, die dafür gesorgt haben, dass das bilanziell ausgewiesene Vermögen nun eher ökonomisch realistischen Werten entspricht als vor dem BilMoG. Hierzu zählen die Abschaffung des Beibehaltungswahlrechts nach außerplanmäßigen Abschreibungen (§ 253 Abs. 5 HGB a.F.), die Beschränkung des gemilderten Niederstwertprinzips auf Finanzanlagen (§ 253 Abs. 3 Satz 4 HGB), die Streichung des Wahlrechts zur Vornahme von Ermessensabschreibungen (§ 253 Abs. 4 HGB a.F.), die Streichung des Wahlrechts zur Vornahme von Abschreibungen auf den nahen Zukunftswert (§ 253 Abs. 3 Satz 3 HGB a.F.) und die Streichung des Wahlrechts zur Übernahme von steuerlichen Mehrabschreibungen (§ 254 HGB a.F.). All diese Änderungen sorgen dafür, dass die nötigen Adjustierungen insgesamt deutlich geringer geworden sind und dadurch eine Harmonisierung im Rahmen des EVA-Konzeptes erleichtert wurde.[548] Dies gilt insbesondere für die Fälle, in denen diese Wahlrechte in der Vergangenheit aus rechnungslegungspolitischem Kalkül ausgeübt wurden.

(b) Bereinigung um nicht betriebsnotwendiges Vermögen:

Weiterhin ist zu beachten, dass in den Aktiva auch nicht betriebsnotwendige Vermögensgegenstände enthalten sein können. Dies lässt sich jedoch auf Seiten des externen Rechnungswesens nicht vermeiden, da das HGB nicht nach der Betriebsbedingtheit, sondern nach der wirtschaftlichen Zurechenbarkeit entscheidet, ob ein Vermögensgegenstand bilanziert werden muss oder nicht. So schreibt § 246 Abs. 1 HGB vor, dass die im wirtschaftlichen Eigentum eines Unternehmens be-

---

547 Dies gilt jedoch nicht für den Sonderfall, dass eine der beiden Vertragsparteien über eine außerordentliche Marktmacht verfügt und demnach signifikant Einfluss auf den Transaktionspreis nehmen kann.

548 Hierauf wurde bereits im Abschnitt 3.3.1 eingegangen. Für Kapitalgesellschaften bestanden die Wahlrechte zum Teil schon vor dem BilMoG nicht. Vgl. § 279 HGB a.F. Für einen großen Teil der KMU wurden jedoch durch die Streichung der Wahlrechte die Möglichkeiten in der Bilanzierung (Rechnungslegungspolitik) eingeschränkt.

findlichen Vermögensgegenstände in die Bilanz aufzunehmen sind. Dabei spielt es keine Rolle, ob diese Gegenstände dem Betriebszweck dienen oder nicht. Es lässt sich also nicht vermeiden, dass für die Nutzung der Jahresabschlussdaten im Rahmen des EVA-Konzeptes die nicht dem Betriebszweck dienenden Vermögensgegenstände herauszurechnen sind. An dieser Tatsache hat sich auch durch das BilMoG nichts geändert.

(c) Nachaktivierung von Aufwendungen mit Investitionscharakter:

Im Zuge der Erläuterungen zur Harmonisierung im Bereich der kalkulatorischen Abschreibungen wurde bereits diskutiert, wie mit dem Ansatz von Wiederbeschaffungskosten als Abschreibungsbasis in einem harmonisierten Rechnungswesen umzugehen ist. Das Ergebnis war, dass wegen der fehlenden Ansatzmöglichkeiten von Wiederbeschaffungskosten im externen Rechnungswesen diese auch nicht in einem harmonisierten Rechnungswesen verwendet werden könnten. Auch bei der Nutzung des bilanziellen Vermögens als Basis für die Berechnung des EVA, wäre ein Ansatz zu Wiederbeschaffungskosten ohne Adjustierungen nicht möglich und darüber hinaus auch nicht sinnvoll, da das dann ausgewiesene Vermögen nicht dem tatsächlich im Unternehmen gebundenen Vermögen entspräche.[549]

Des Weiteren ist zu berücksichtigen, dass es eine Reihe von nach dem HGB nicht aktivierbaren Aufwendungen gibt, welche jedoch aus Sicht des Unternehmens Investitionscharakter aufweisen und deshalb im betriebsnotwendigen Vermögen nach EVA auftauchen sollten. Ziel ist dabei, die Lücke zwischen dem ausgewiesenen und dem tatsächlichen Vermögen zu schließen. Zu den im Rahmen der EVA-Berechnung nachzuaktivierenden Beträgen gehören Aufwendungen, die aus ökonomischer Sicht eher Investitionen in die Zukunft und weniger Aufwand der aktuellen Periode darstellen. Beispielsweise sind dies Forschungskosten, die Kosten für eine langfristig wirkende Werbekampagne oder Anlaufkosten von Neuprodukteinführungen. Dagegen können und sollten Entwicklungskosten – im Hinblick auf ein harmonisiertes Rechnungswesen – seit dem BilMoG auch im externen Rechnungswesen aktiviert werden – sprich, das Wahlrecht zur Aktivierung sollte ausgeübt werden. Sie bedürfen dann keiner Nachaktivierung mehr. Für die Anreizwirkung ist es wichtig, dass Aufwendungen mit Investitionscharakter im

[549] Der über die Anschaffungs- oder Herstellungskosten hinausgehende Unterschiedsbetrag zu den Wiederbeschaffungskosten musste nämlich weder als Kapital zur Anschaffung bereitgestellt werden, noch ist dieser Unterschiedsbetrag in dem Vermögensgegenstand gebunden.

Rahmen des EVA-Konzeptes nicht den Erfolg der aktuellen Periode schmälern, da ansonsten kaum Anreize für langfristige ‚Investitionen' in nicht aktivierbares Vermögen geschaffen würden.[550] In diesem Bereich hat das BilMoG zwar durch die Schaffung des Wahlrechts zur Aktivierung von Herstellungskosten der Entwicklungsphase selbst geschaffener immaterieller Vermögensgegenstände des Anlagevermögens eine gewisse Harmonisierung ermöglicht, die weiteren nach dem HGB nach wie vor nicht aktivierbaren Aufwendungen mit Investitionscharakter (z.B. Forschungskosten) sind jedoch weiterhin bei der Ermittlung des betriebsnotwendigen Vermögens nach EVA nachzuaktivieren.

Schließlich bleibt festzustellen, dass mit der Nachaktivierung von Aufwendungen mit Investitionscharakter zwar die Anreizverträglichkeit des EVA-Konzeptes gestärkt wird, sie hat jedoch auch einen Mehraufwand im Rechnungswesen zur Folge. Das heißt, ein Mehr an Anreizverträglichkeit wird mit einem Weniger an Wirtschaftlichkeit erkauft. Ein weiteres Problem ist die Tatsache, dass mit der Nachaktivierung von Aufwendungen neue Ermessenspielräume geschaffen werden, welche die Anreizverträglichkeit des EVA wiederum beeinträchtigen können. Es gilt also im Unternehmen klare und nachvollziehbare Regeln zu schaffen, die genau festlegen, welche Aufwendungen im Rahmen des EVA-Konzeptes nachaktiviert werden müssen.

3.4.3 Ermittlung des operativen Ergebnisses vor Zinsen nach Steuern

Das operative Ergebnis vor Zinsen nach Steuern ist die operative Erfolgsgröße, die zur Bestimmung des periodischen Wertbeitrags im EVA-Konzept herangezogen wird.[551] Als Basis für ihre Ermittlung dient die GuV-Rechnung des externen Rechnungswesens. Je objektiver und gleichzeitig ökonomisch korrekter das Ergebnis der GuV-Rechnung ist, desto weniger Adjustierungen sind nötig, um es für die Berechnung des EVA nutzbar zu machen. Ziel ist also, sämtliche dem eigentlichen Betriebszweck zuzuordnenden Aufwendungen und Erträge zu berücksichtigen. Gleichzeitig aber solche Erfolgsbestandteile, die keinen Bezug zum Betriebszweck haben, zu eliminieren. Bei Letzterem kann die Gliederung der GuV

---

[550] Die positiven Auswirkungen von Forschungs- oder Werbeaufwendungen sind in der Regel erst nach einigen Perioden festzustellen und haben dadurch in der Periode ihres Anfalls nur ergebnismindernde Wirkung. Eine Nachaktivierung im Rahmen des EVA-Konzeptes kann diesen für die Entscheidungsträger nachteiligen Effekt mildern.

[551] Vgl. Langguth (2008), S. 148.

hilfreich sein. Hier haben sich aber durch das BilMoG keine Neuerungen ergeben. Nach wie vor wird ein außerordentliches Ergebnis ausgewiesen, welches auch nicht zum ordentlichen Ergebnis nach EVA zu rechnen ist. Aber noch immer sind auch die in den vermeintlich ordentlichen Ergebnisbestandteilen enthaltenen neutralen Aufwendungen und Erträge für die Nutzung der Daten zur EVA-Berechnung zu eliminieren.[552]

Außerdem müssen jene Aufwendungen korrigiert werden, die im Rahmen der Ermittlung des betriebsnotwendigen Vermögens nachaktiviert wurden. Diese Aufwendungen dürfen demnach das Ergebnis nach EVA nicht negativ beeinflussen. Weiterhin ist zu prüfen, inwiefern die Aufwendungen und Erträge der GuV Bildungen oder Auflösungen von stillen Reserven enthalten. Auch diese sind für die Berechnung des EVA zu korrigieren.

Das BilMoG hat allerdings in erheblichem Maße dazu beigetragen, dass die Wahlrechte und Ermessensspielräume bei der Ermittlung von Aufwendungen und Erträgen – insbesondere für Personengesellschaften und demnach für viele KMU – reduziert wurden. Sowohl die fast komplette Abschaffung des gemilderten Niederstwertprinzips[553] und die Einführung der Pflicht zur Wertaufholung nach dem Wegfall der Gründe für außerplanmäßige Abschreibungen als auch die Streichung der Wahlrechte zur Abschreibung auf den nahen Zukunftswert, zu Ermessensabschreibungen und zur Übernahme von steuerlichen Mehrabschreibungen sorgen nunmehr für eine objektivere Erfolgsermittlung, da die Möglichkeiten zur Bildung und Auflösung von stillen Reserven eingeschränkt wurden. Auch sorgt die Anhebung der Untergrenze der Herstellungskosten bei selbst geschaffenen Vermögensgegenständen dafür, dass Spielräume bei der Entscheidung darüber, ob Teile der Herstellungskosten aktiviert oder als Aufwand verrechnet werden sollen, reduziert wurden. Damit wurde eine höhere Objektivität des im externen Rechnungswesen ausgewiesenen Ergebnisses geschaffen.

Außerdem kann auch durch die Aktivierung der Herstellungskosten der Entwicklungsphase selbst geschaffener immaterieller Vermögensgegenstände des Anlage-

[552] Zu diesen neutralen Ergebnisbestandteilen gehören beispielsweise Gewinne aus dem Verkauf von Anlagen über Buchwert. Diese werden zwar in den sonstigen betrieblichen Erträgen ausgewiesen, sie resultieren aber nicht aus dem eigentlichen Betriebszweck.

[553] Es wurde bereits mehrfach erwähnt, dass das gemilderte Niederstwertprinzip – das heißt, das Wahlrecht, bei voraussichtlich nur vorübergehender Wertminderung abschreiben zu dürfen – im HGB nur noch für Finanzanlagen gilt. Vgl. § 253 Abs. 3 HGB.

vermögens nunmehr ein realistischeres Bild der Ertragslage gezeichnet werden.[554] Dies gilt sowohl für die Aktivierungsperiode, in der die Entwicklungskosten nun nicht mehr als Aufwand verrechnet werden müssen, als auch für die Folgeperioden. Eine Aktivierung der Entwicklungskosten zieht im externen Rechnungswesen – da regelmäßig von einer endlichen Nutzungsdauer auszugehen ist – Abschreibungen nach sich.[555] Die den Abschreibungen zugrunde liegende Nutzungsdauer konnte bisher, da vor dem BilMoG sämtliche Forschungs- und Entwicklungskosten mit Investitionscharakter für die Verwendung im EVA-Konzept intern nachaktiviert werden mussten, intern auch völlig frei festgelegt werden. Diese Tatsache schränkte die Richtigkeit, die korrekte Periodenabgrenzung und damit die Anreizverträglichkeit des EVA unter Umständen erheblich ein. Durch die mit dem BilMoG nunmehr aktivierbaren selbst geschaffenen immateriellen Vermögensgegenstände unterliegt auch die Festlegung der Nutzungsdauer einer gewissen Reglementierung und ist nicht mehr völlig frei gestaltbar.[556] Die vom externen Rechnungswesen nunmehr vorgegebenen Nutzungsdauern für die in den selbst geschaffenen immateriellen Vermögensgegenständen aktivierten Entwicklungskosten sollten bei der Berechnung des EVA auch für die nachaktivierten Forschungskosten gelten. Auch hiermit kann die Objektivität der Daten, die zur EVA-Berechnung herangezogen werden, verbessert werden.

Je höher der im externen Rechnungswesen aktivierbare Entwicklungskostenanteil an den FuE-Aufwendungen ist, beziehungsweise je eher der Wechsel von der Forschungs- in die Entwicklungsphase vollzogen wird, desto weniger Forschungskosten müssen für die Berechnung des EVA nachaktiviert werden. Sowohl die in der Aktivierungsperiode durch die Nachaktivierung zu korrigierenden Aufwendungen als auch die in den Folgeperioden zu korrigierenden Abschreibungsbeträge fallen dann weniger umfangreich aus. Dies wiederum erhöht die Anreizverträglichkeit, da das operative Ergebnis nach EVA in geringerem Umfang subjektiv beeinflusst werden kann. Der Ermessensspielraum, der dem Bilanzierenden in gewissem Umfang durch die Festlegung des Zeitpunktes des Wechsels von der Forschung- in die Entwicklungsphase durch das BilMoG gegeben wurde, beeinflusst hingegen das operative Ergebnis und das betriebsnotwendige Vermögen nach EVA nur

---

554 Forschungskosten müssen im Einzelfall jedoch nach wie vor nachaktiviert werden, sofern ihnen im Rahmen der EVA-Berechnung Investitionscharakter beigemessen wird.

555 Vgl. § 253 Abs. 3 Satz 1 und 2 HGB.

556 Gegebenenfalls ist sie auch durch einen Wirtschaftsprüfer zu bestätigen.

marginal. Dies liegt daran, dass die dann etwas mehr oder etwas weniger angefallenen Forschungskosten durch die Anpassung der entsprechenden Nachaktivierung wieder korrigiert werden.

Die Daten der GuV-Rechnung nach BilMoG sind also besser als Basis für das EVA-Konzept geeignet, als es die Daten der GuV-Rechnung vor BilMoG gewesen sind. Sie sind nicht zuletzt auch besser geeignet, weil mit dem BilMoG rechnungslegungspolitisch motivierte Verfälschungen unwahrscheinlicher geworden sind.[557] Die Möglichkeiten ergebnisverfälschender Bildungen und Auflösungen von stillen Reserven wurden durch die Änderungen des BilMoG reduziert.

Nachteilig aus Sicht des EVA-Konzepts zu beurteilen ist jedoch die Abschaffung fakultativer Aufwandsrückstellungen. Bei ihnen handelte es sich zwar um Rückstellungen, die eher den Charakter von Rücklagen aufwiesen, da sie nicht aufgrund von Verpflichtungen gegenüber Dritten gebildet wurden. Sie sorgten vor dem BilMoG aber dafür, dass es dem Bilanzierenden möglich war, über sie die Aufwandsverrechnung periodengerechter vorzunehmen.[558] Bei der Ermittlung des operativen Ergebnisses nach EVA sind nun unter Umständen in diesem Bereich mehr nachträgliche Adjustierungen nötig geworden.

Schließlich hemmen auch das Realisationsprinzip und das Imparitätsprinzip des deutschen Handelsrechts zum Teil eine den ökonomischen Realitäten entsprechende Erfolgsermittlung im externen Rechnungswesen. So fallen bei langfristigen Fertigungsaufträgen[559] der Beginn und die Beendigung eines Auftrags in verschiedene Abrechnungsperioden.[560] Die bis zum Bilanzstichtag erbrachten Leistungen sind zwar zu Herstellungskosten gemäß § 255 Abs. 2 und 3 HGB zu akti-

---

557 Das neue Wahlrecht zur Aktivierung der Herstellkosten der Entwicklungsphase von selbst geschaffenen immateriellen Vermögensgegenständen des Anlagevermögens hat zwar für neue Spielräume in rechnungslegungspolitischer Hinsicht gesorgt. Es wurde jedoch oben bereits angesprochen, dass im Hinblick auf eine Harmonisierung des Rechnungswesens diese Möglichkeit grundsätzlich genutzt werden sollte, weil auf diese Weise die Harmonisierbarkeit gefördert wird.

558 Wie oben bereits erläutert, setzt dies jedoch voraus, dass die Aufwandsrückstellungen nicht aufgrund rechnungslegungspolitischer Erwägungen gebildet und aufgelöst wurden. Zu den mit der Abschaffung fakultativer Aufwandsrückstellungen verbundenen Problemen vgl. van Hall/Kessler (2010), S. 234 ff.

559 Häufig werden diese Sachverhalte auch als periodenübergreifende Fertigungsaufträge bezeichnet. Vgl. beispielsweise Baetge/Kirsch/Thiele (2009), S. 362.

560 Eine eigenständige Definition für langfristige Fertigungsaufträge gibt es im HGB jedoch nicht. Die genannte Definition entspricht dem allgemeinen Verständnis. Vgl. Hayn/Waldersee (2008), S. 190.

vieren; eine Realisierung des Gewinnanteils über die Umsatzrealisierung eines langfristigen Fertigungsauftrags ist jedoch grundsätzlich erst bei Abschluss beziehungsweise Auslieferung des Vorhabens möglich.[561] Dieses Vorgehen wird als completed-contract-Methode bezeichnet und ist vom HGB grundsätzlich vorgeschrieben.[562] Abbildung 32 zeigt beispielhaft, wie sich die Erfolgsrealisation bei der completed-contract-Methode im Zeitablauf darstellen kann. Hierbei wird davon ausgegangen, dass das Unternehmen sämtliche aktivierbaren Aufwendungen auch aktiviert. Würde nur bis zur Herstellungskostenuntergrenze aktiviert, wären die Periodenergebnisse noch weiter von der ökonomischen Realität entfernt und die für die Verwendung der Daten zur Berechnung des EVA notwendigen Korrekturen würde noch umfangreicher ausfallen.

Die Auftragskalkulation für den langfristigen Fertigungsauftrag enthält unter anderem folgende Informationen:

- Verkaufspreis bei Fertigstellung	15.000
Jährliche Kosten:	
- Material- und Fertigungskosten	3.500
- einbeziehbare Verwaltungskosten	200
- Vertriebs- und Forschungskosten	300

	Jahr 1	Jahr 2	Jahr 3	Summe
Umsatzerlöse	0	0	15.000	15.000
Bestands-veränderungen	3.700	3.700	- 7.400	0
Aufwendungen	4.000	4.000	4.000	12.000
Erfolgsbeitrag	- 300	- 300	3.600	3.000

Abbildung 32: Bilanzierung von langfristigen Fertigungsaufträgen nach der completed-contract-Methode[563]

[561] Damit trägt das HGB dem bei langfristigen Fertigungsaufträgen bis zur Abnahme bestehenden Abnahmerisiko Rechnung. Auf diese Weise wird vermieden, dass Gewinne ausgewiesen und gegebenenfalls ausgeschüttet werden, deren Entstehung noch nicht zu 100% sicher ist. Vgl. Krawitz (1997), S. 889.

[562] Fertigungs- und Dienstleistungsaufträge sind nach HGB grundsätzlich nach der completed-contract-Methode zu bilanzieren. Vgl. § 252 Abs. 1 Nr. 4 HGB. Weder Umsätze noch Gewinne dürfen vor dem Gefahrenübergang auf den Auftraggeber realisiert werden. Der Gefahrenübergang findet grundsätzlich im Zeitpunkt der Abnahme durch den Auftraggeber statt. Vgl. § 644 Abs. 1 BGB. Vgl. Baetge/Kirsch/Thiele (2009), S. 368 f.

[563] Ähnlich bei Baetge/Kirsch/Thiele (2009), S. 362 und 364.

Da auch dem Gesetzgeber bewusst ist, dass auf diese Weise der Einblick in die Ertragslage getrübt ist, haben Kapitalgesellschaften in einem solchen Fall im Anhang gemäß § 264 Abs. 2 Satz 2 HGB darüber zu informieren.[564] Auf diese Weise wird die Lücke zwischen dem externen und internen Rechnungswesen etwas verringert. Dies gilt jedoch nur für Kapitalgesellschaften, die einen Anhang zu veröffentlichen haben.

Nur unter ganz bestimmten Voraussetzungen kann nach deutschem Handelsrecht die completed-contract-Methode umgangen und eine Teilgewinnrealisierung vorgenommen werden.[565] Die kumulative Erfüllung dieser Voraussetzungen bildet in der Praxis jedoch die absolute Ausnahme.[566] Um die Anreizverträglichkeit des EVA-Konzeptes zu gewährleisten, ist demnach unternehmensintern festzulegen, wann über Adjustierungen der externen Ergebnisrechnung eine Teilgewinnrealisierung intern Berücksichtigung finden soll. Eine Teilgewinnrealisierung ist ökonomisch sinnvoll und damit für die Ermittlung des EVA angebracht, weil der nach der vollständigen Vertragsabwicklung ausgewiesene positive Erfolgsbeitrag nicht nur aus Leistungen der abgelaufenen Periode, sondern auch aus Leistungen der Vorperioden resultiert. Hinzu kommt, dass unter Umständen nicht sämtliche als Herstellungskosten aktivierbaren Aufwandsbestandteile in den Vorperioden aktiviert wurden.[567] Die nicht aktivierten Wahlbestandteile der Herstellungskosten – wie beispielsweise die Kosten für die allgemeine Verwaltung oder freiwillige soziale Leistungen – würden in den Vorperioden zu noch höheren auftragsbedingten Zwischenverlusten führen und in der Fertigstellungsperiode zu einem noch höhe-

---

564 Hierbei ist über den Umfang des gegenwärtig abzuwickelnden periodenübergreifenden Auftragsvolumens, die Höhe der Zwischenverluste und die voraussichtlich noch zu realisierenden Teilgewinne zu informieren. Vgl. Krawitz (1997), S. 889.

565 Diese Voraussetzungen sind allerdings nicht kodifiziert. Nach der Literaturmeinung müssen folgende Voraussetzungen kumulativ erfüllt sein, damit eine Teilgewinnrealisierung möglich ist: 1. Die Auftragsfertigung muss einen wesentlichen Teil der Unternehmenstätigkeit ausmachen, 2. Die Gewinnrealisierung erst nach Abschluss des Auftrags würde zu einer nicht unerheblichen Beeinträchtigung des Einblicks in die Vermögens-, Finanz- und Ertragslage führen, 3. Die Vertragserfüllung muss rechtlich, wirtschaftlich und technisch unzweifelhaft erscheinen, 4. Der Fertigstellungsgrad muss über die Teilleistungen definiert werden, zwischen denen keine wesentlichen Funktionsrisiken bestehen, 5. Der Gesamterlös und der auf die Teilleistungen entfallene Erlös muss zuverlässig ermittelbar sein, 6. Die Risiken aus den erreichten Teilleistungen müssen übersehbar und berücksichtigt sein, 7. Aus dem gesamten Vertrag darf kein Verlust drohen. Vgl. Hayn/Waldersee (2008), S. 191 f. Die Möglichkeit, das Realisationsprinzip in diesem Fall auszuhebeln, lässt sich mit der Ausnahmevorschrift des § 252 Abs. 2 HGB rechtfertigen. Vgl. Haaker/Hoffmann (2010), S. 52.

566 Vgl. Krawitz (1997), S. 892.

567 So ist beispielsweise denkbar, dass nur die Pflichtbestandteile der Herstellungskosten aktiviert werden.

ren positiven Erfolgsbeitrag. Diese dann mitunter sehr starken Ergebnisschwankungen beruhen jedoch nicht auf einer veränderten Leistungsfähigkeit des Unternehmens, sondern auf vom deutschen Handelsrecht vorgeschriebenen beziehungsweise ermöglichten Rechnungslegungsmodalitäten.[568] Das Realisationsprinzip steht also einer Harmonisierbarkeit des Rechnungswesens im Bereich langfristiger Fertigungsaufträge im Weg. Eine Anlehnung an die im Abschnitt 4.6.3 erläuterten Vorschriften der IFRS for SME im internen Rechnungswesen wäre hier für eine ökonomisch korrektere Erfolgsermittlung nach EVA denkbar.

3.4.4 Zusammenfassung der Ergebnisse

Die Werttreiber des EVA sind das betriebsnotwendige Vermögen, das operative Ergebnis und der Kapitalkostensatz WACC.

Harmonisierbarkeit der HGB-Rechnungslegung mit dem EVA-Konzept		
Werttreiber des EVA	**Harmonisierungspotential**	
Betriebsnotwendiges Vermögen	• Anlagevermögen - Aktivierung von Entwicklungskosten - Reduzierung von stillen Reserven • Umlaufvermögen	 (+) (+) (+)
Operatives Ergebnis	• Abschaffung fakultativer Aufwandsrückstellungen • Reduzierung von stillen Reserven	(-) (+)
WACC	• wenig bis kein Harmonisierungspotential	(-)

Legende		
	(++)	viel nutzbares Harmonisierungspotential
	(+)	nutzbares Harmonisierungspotential
	(o)	bedingtes Harmonisierungspotential
	(-)	wenig Harmonisierungspotential
	(--)	sehr wenig bis kein Harmonisierungspotential

Abbildung 33: Harmonisierbarkeit der HGB-Rechnungslegung mit dem EVA-Konzept

Der WACC wird durch das Rechnungslegungssystem nur marginal beeinflusst und wurde demnach durch die mit dem BilMoG einhergehenden Änderungen so gut wie nicht tangiert. Das BilMoG hat aber bei der Ermittlung des betriebsnotwendigen Vermögens und des operativen Ergebnisses dafür gesorgt, dass nun in

568 Vgl. Baetge/Kirsch/Thiele (2009), S. 363.

Summe weniger Adjustierungen vorgenommen werden müssen, um die Daten des externen Rechnungswesens nach HGB für die interne Steuerung mithilfe des EVA nutzbar zu machen.[569]

Bei der Berechnung des betriebsnotwendigen Vermögens kann auch nach dem BilMoG von einer weitgehend den tatsächlichen Gegebenheiten entsprechenden Bewertung des Umlaufvermögens ausgegangen werden. Hier sind demnach auch weiterhin kaum Adjustierungen nötig. Anders sieht es bei dem Anlagevermögen aus. Hier würde eine Fair Value-Bewertung in gewissem Umfang Sinn machen. Sie würde jedoch neue Subjektivität und gleichzeitig nicht durch die betriebliche Tätigkeit verursachte Ergebnisveränderungen mit sich bringen. Damit wäre sie einem harmonisierten Rechnungswesen nicht zuträglich. Mit dem Blick auf ein harmonisiertes Rechnungswesen ist also die im HGB für Nicht-Finanzdienstleister fehlende Fair Value-Bewertung durchaus zu verkraften.

Als Vorteil des BilMoG vor dem Hintergrund einer möglichen Harmonisierung des Rechnungswesens ist im Rahmen der Ermittlung des betriebsnotwenigen Anlagevermögens die mit dem BilMoG eingeführte Möglichkeit der Aktivierung von Entwicklungskosten zu nennen. Wird diese Möglichkeit genutzt, können die durch Nachaktivierungen nötigen Adjustierungen reduziert werden. Die Bewertung des restlichen Anlagevermögens konnte bereits vor dem BilMoG durch die Wahl möglichst realistischer Nutzungsdauern und Abschreibungsmethoden den tatsächlichen Gegebenheiten entsprechend vorgenommen werden. Die Nutzbarkeit der Daten des externen Rechnungswesens als Basis für das EVA-Konzept hängt also im Wesentlichen von dem Ausüben der Ermessenspielräume und Wahlrechte ab. Lediglich das Verbot der Bewertung über die Anschaffungs- und Herstellungskosten hinaus könnte in diesem Bereich ein Problem darstellen.

Bei der Ermittlung des operativen Ergebnisses nach EVA hat die Reduzierung von Möglichkeiten zur Bildung und Auflösung von stillen Reserven durch das BilMoG für eine bessere Harmonisierbarkeit der externen und internen Ergebnisrechnung geführt. Jedoch ist die Notwendigkeit neuer Adjustierungen durch die Abschaffung der im früheren HGB möglichen fakultativen Aufwandsrückstellungen hinzugekommen.

---

[569] Vgl. hierzu auch Lorson/Zündorf (2009), S. 720 f.

Insgesamt haben aber die mit dem BilMoG verbundenen Änderungen im HGB dazu beigetragen, dass das Vermögen und das Ergebnis des externen Rechnungswesens eher den ökonomischen Realitäten entspricht. Mithin wurden die für die EVA-Berechnung nötigen Adjustierungen reduziert, was wiederum die Harmonisierbarkeit und damit die Wirtschaftlichkeit des Rechnungswesens als Ganzes verbessert hat.

3.5 Eignung der Daten der HGB-Rechnungslegung als Basis für die Unternehmenssteuerung mithilfe der DCF-Methode

Die DCF-Methode ermittelt den Wert von Unternehmen oder Unternehmensteilen mithilfe von abgezinsten zukünftigen Cash Flows.[570] Es werden also zwei Bestandteile für die Berechnung benötigt: Die zukünftigen Cash Flows und der zur Diskontierung nötige Zinssatz. Es gilt demnach zu untersuchen, inwieweit die Informationen des handelsrechtlichen Jahresabschlusses bei der Ermittlung dieser Daten helfen können.

Das zentrale Problem, bei dem Versuch das Rechnungswesen im Bereich der DCF-Methode zu harmonisieren, ist, dass sich der Wert eines Unternehmens oder eines Unternehmensteils nach der DCF-Methode aus den *zukünftigen* Einzahlungsüberschüssen ergibt. Das externe Rechnungswesen nach HGB liefert jedoch ausschließlich Vergangenheitsinformationen. Es gibt also ein Prognoseproblem, welches mit zunehmendem Planungshorizont noch anwächst, weil die Unsicherheit größer wird, je weiter in die Zukunft geplant wird. Fraglich ist also, ob dennoch Informationen aus dem externen Rechnungswesen in die Berechnung eines Unternehmenswerts oder Unternehmensteilwerts mithilfe der DCF-Methode einfließen können und somit Synergien im Rechnungswesen genutzt werden können.

Grundsätzlich lässt sich der für die DCF-Methode notwendige Free Cash Flow aus den Daten der Kapitalflussrechnung des externen Rechnungswesens errechnen. Die Kapitalflussrechnung ist allerdings gemäß § 264 Abs. 1 Satz 2 HGB nur von kapitalmarktorientierten Kapitalgesellschaften zu erstellen und zu veröffentlichen.[571] Für die meisten KMU bildet die Kapitalflussrechnung demnach kein

---

570 Vgl. Abschnitt 2.2.3.4.2.2.

571 Gemäß § 297 Abs. 1 HGB sind auch Konzernmutterunternehmen zur Erstellung einer Kapitalflussrechnung verpflichtet. Diese sind jedoch nicht Gegenstand der vorliegenden Arbeit.

Pflichtbestandteil des externen Rechnungswesens[572] und müsste unter Umständen für die Zwecke der Harmonisierung freiwillig erstellt werden.[573]

	Grobstruktur einer Kapitalflussrechnung nach DRS 2
	Mittelzu-/abfluss aus laufender Geschäftstätigkeit
+/-	Mittelzu-/abfluss aus Investitionstätigkeit
+/-	Mittelzu-/abfluss aus Finanzierungstätigkeit
=	Zahlungswirksame Veränderung des Finanzmittelfonds
+	Finanzmittelbestand am Periodenanfang
=	Finanzmittelbestand am Periodenende

Abbildung 34: Grobstruktur einer Kapitalflussrechnung nach DRS 2[574]

Liegt die Kapitalflussrechnung jedoch vor, ergibt sich der Free Cash Flow als Summe aus dem Cash Flow aus laufender Geschäftstätigkeit und dem Cash Flow aus Investitionstätigkeit.[575] Da die Zinszahlungen an die Fremdkapitalgeber allerdings regelmäßig im Cash Flow aus laufender Geschäftstätigkeit berücksichtigt werden, sind sie wieder zu addieren, um schließlich den Free Cash Flow zu erhalten, der zur Befriedigung der Ansprüche *sämtlicher* Kapitalgeber zur Verfügung steht. Weiterhin sind die im Cash Flow aus laufender Geschäftstätigkeit enthaltenen tatsächlich gezahlten Unternehmenssteuern durch fiktive Steuern, die bei einer theoretischen kompletten Eigenfinanzierung des Unternehmens hätten gezahlt werden müssen, zu ersetzen.[576]

Das deutsche Handelsrecht gibt keine Mindestgliederung für die Kapitalflussrechnung vor. Sie ist nach herrschender Meinung sowohl von Konzernmutterunternehmen als auch von kapitalmarktorientierten Kapitalgesellschaften gemäß beziehungsweise – für Letztere – in Anlehnung an die Vorgaben des DRS 2 Tz. 2d des Deutsche Rechnungslegungs Standards Committee (DRSC) zu erstellten. Vgl. Budde/Heusinger-Lange (2010), S. 157 f. Eine Beispiel-Kapitalflussrechnung findet sich bei Wöhe/Döring (2010), S. 813. Das DRSC hat die ihr gesetzlich zugewiesene Aufgabe übernommen, die handelsrechtlichen Vorschriften zur Konzernrechnungslegung auszulegen und fortzuentwickeln. Dies gilt insbesondere für die Bereiche, in denen der Gesetzgeber keine eindeutigen Handlungsempfehlungen oder -anweisungen gegeben hat. Vgl. § 342 HGB.

572 Es ist davon auszugehen, dass kapitalmarktorientierte Kapitalgesellschaften einen sehr geringen Anteil an den KMU in Deutschland ausmachen.

573 Auf weitere Vorteile einer freiwillig erstellen Kapitalflussrechnung wird im Abschnitt 3.6 noch näher eingegangen.

574 Ähnlich bei Wöhe/Döring (2010), S. 812.

575 Vgl. Schenk (2003), S. 221.

576 Auf diese Weise wird die steuerliche Abzugsfähigkeit von Fremdkapitalzinsen im Cash Flow nicht mehr berücksichtigt. Dies ist notwendig, weil die steuerliche Abzugsfähigkeit bei der DCF-Methode in die WACC-Berechnung einfließt und es ansonsten zu einer doppelten Berücksichtigung käme.

Durch den Rückgriff auf die Kapitalflussrechnung des externen Rechnungswesens lassen sich zwar nur die Free Cash Flows der Vergangenheit berechnen, jedoch können aus ihnen auch Rückschlüsse auf die Free Cash Flows der Zukunft gezogen werden. So ist aus ihnen häufig ersichtlich, welcher Cash Flow aus der laufenden Geschäftstätigkeit nachhaltig in den kommenden Jahren erzielt werden kann. Aus dem Anlagespiegel des externen Rechnungswesens könnte weiterhin ersichtlich sein, welche Ersatzinvestitionen in den kommenden Jahren zu erwarten sind. Mithin kann hier von einer mittelbaren Harmonisierbarkeit gesprochen werden. Mögliche oder bereits geplante Erweiterungsinvestitionen sind dagegen nicht aus den Jahresabschlussinformationen ersichtlich und müssen separat erfasst werden, um sie in den Planungen der Free Cash Flows der Zukunft zu berücksichtigen. Fließen alle diese Daten zusammen, können auf diese Weise durch den Rückgriff auf die Daten des externen Rechnungswesens die Free Cash Flows der kommenden Jahre geplant und damit der Wert des Unternehmens berechnet werden.

Die Ermittlung des Wertes von Unternehmens*teilen* mithilfe der Daten des Jahresabschlusses erweist sich allerdings als schwierig. Dies liegt an der starken Verdichtung der Jahresabschlussinformationen. Diese werden nämlich ausschließlich auf Gesamtunternehmensebene veröffentlicht. Die Cash Flows einzelner Unternehmensbereiche sind deshalb aus der Kapitalflussrechnung nicht ersichtlich. Sie müssten separat im internen Rechnungswesen erhoben werden.

Neben den zukünftigen Free Cash Flows bildet der WACC die zweite den Unternehmenswert beeinflussende Größe bei der DCF-Methode. Fraglich ist also auch, ob die Daten des externen Rechnungswesens einen Beitrag zur Ermittlung des WACC leisten können. Hierauf wurde zum Teil bereits im Abschnitt 3.4.1 eingegangen. Dort wurde festgestellt, dass die für die Berechnung des WACC heranzuziehende Kapitalstruktur nicht aus den Buchwerten des externen Rechnungswesens, sondern aus den Marktwerten von Eigen- und Fremdkapital errechnet wird, weil die Renditeerwartungen – vor allem der Eigenkapitalgeber – eher von Markt- denn von Buchwerten bestimmt werden.[577] Regelmäßig wird auf eine Zielkapital-

[577] Dass es dabei zu einem so genannten Zirkularitätsproblem kommen kann, wurde bereits im Abschnitt 2.2.3.4.2.2 erläutert.

struktur für den Planungszeitraum zurückgegriffen.[578] Mithin sind hier die Daten der Bilanz wenig hilfreich.

Hinzu kommt, dass der WACC im Rahmen der DCF-Methode für die Diskontierung von zum Teil weit in der Zukunft anfallenden Einzahlungsüberschüssen herangezogen wird. Die Daten des Jahresabschlusses nach HGB liefern jedoch ausschließlich Informationen über die Vergangenheit, was die Ermittlung eines Zinssatzes für die Zukunft mithilfe seiner Daten schwierig macht. Beispielsweise wäre der Rückgriff auf die in einer abgelaufenen Periode im Bestand befindlichen Verbindlichkeiten und die darauf gezahlten Fremdkapitalzinsen zur Berechnung des durchschnittlichen Zinssatzes für das Fremdkapital (und dessen Verwendung bei der Berechnung des WACC) unangebracht, da dieser Durchschnittszinssatz der Vergangenheit für die Zukunft keine Gütigkeit besitzen muss.

Ferner kann das externe Rechnungswesen bei der Ermittlung des Eigenkapitalkostensatzes wenig unterstützen. Weder die Risikoprämie der Unternehmung, die sich aus der allgemeinen Marktrisikoprämie und dem ß-Faktor des Unternehmens ergibt, noch der Zinssatz für eine risikofreie Anlage lässt sich mithilfe der Jahresabschlussinformationen ermitteln. Hierzu bedarf es des Rückgriffs auf Marktdaten außerhalb des externen Rechnungswesens eines einzelnen Unternehmens.

Die Ermittlung von Unternehmenswerten und deren Entwicklung über die Jahre ist also nur in kleinem Umfang mit Unterstützung durch das HGB-basierte externen Rechnungswesens möglich. Da dies auch nur auf Gesamtunternehmensebene sinnvoll möglich ist, ist die Einbindung eines auf diese Weise harmonisierten Rechnungswesens in ein variables Vergütungssystem auch nur auf höchster Unternehmensebene möglich. Das heißt, das vorhandene Harmonisierungspotential stellt sich nur auf der Ebene von angestellten Geschäftsführern als anreizverträglich heraus. Die Anreizverträglichkeit resultiert hier vor allem aus der Tatsache, dass die Basis der Daten zur Ermittlung der Wertentwicklung des Unternehmens (die in einem Anreizsystem regelmäßig als Leistung des oder der Geschäftsführer(s) angesehen wird) dem objektivierten externen Rechnungswesen[579] entnommen werden. Hinzu kommt, dass es sich um pagatorische Daten handelt. Das

---

578 Auch hierauf wurde bereits im Abschnitt 2.2.3.4.2.2 eingegangen.

579 Das externe Rechnungswesen kann – wie oben bereits erwähnt – als objektiviert angesehen werden, da es einer gesetzlichen Normierung unterliegt.

heißt, der Unternehmenswert wird aufgrund von zahlungsstrombasierten Daten ermittelt und kann deshalb kaum rechnungslegungspolitisch manipuliert werden.[580] Die Daten erfüllen demnach außerdem die Anforderung der Verlässlichkeit.[581] Ob ein im Bereich der DCF-Methode harmonisiertes Rechnungswesen die Anforderung der Wirtschaftlichkeit erfüllt, ist allerdings im Einzelfall zu prüfen, denn unter Umständen rechtfertigt das mit ihr zu schaffende Harmonisierungspotential den Aufwand für die freiwillige Erstellung und Veröffentlichung der Kapitalflussrechnung nicht.[582] In so einem Fall wäre die ausschließliche Erhebung der Daten im internen Rechnungswesen günstiger.

An dieser Stelle sei jedoch darauf hingewiesen, dass EIERLE/HALLER/ BEIERSDORF (2011) in einer 2010 durchgeführten Studie festgestellt haben, dass zurzeit bereits über 70 % der mittelständischen nicht-kapitalmarktorientierten und nach Handelsrecht bilanzierenden Unternehmen in Deutschland[583] freiwillig eine Kapitalflussrechnung erstellen.[584] Auch wenn die Repräsentativität dieser Studie angezweifelt werden könnte,[585] so wird doch deutlich, dass bei vielen KMU ohnehin eine Kapitalflussrechnung vorliegt und demnach das Harmonisierungspotential im Bereich der DCF-Methode ohne großen Mehraufwand genutzt werden könnte.

Kein Wahlrecht haben die wenigen kapitalmarktorientierten Kapitalgesellschaften des Mittelstands. Diese haben verpflichtend eine Kapitalflussrechnung zu erstellen. Auch sie sollten die vorliegenden Daten – soweit möglich – im Rahmen des internen Rechnungswesens in die Berechnungen der DCF-Methode einfließen lassen, um die vorhandenen Synergien zu nutzen.

Abschließend bleibt zu konstatieren, dass trotz eines vorhandenen Harmonisierungspotentials und des häufigen Vorliegens der Kapitalflussrechnung im exter-

---

580 Wenn man von dem Prognoseproblem absieht.

581 Wobei sich die Verlässlichkeit nur auf die Vergangenheitsdaten der Kapitalflussrechnung und nicht auf die im internen Rechnungswesen erstellten Prognosen bezieht.

582 In diesem Zusammenhang ist auch die Preisgabe von Informationen durch eine freiwillige Veröffentlichung der Kapitalflussrechnung zu berücksichtigen und mit den Vorteilen der Veröffentlichung abzuwägen.

583 Die KMU definieren sich in der Studie nach dem Jahresumsatz. Dieser liegt zwischen 10 und 38 Mio. EUR.

584 Vgl. Eierle/Haller/Beiersdorf (2011), S. 1594 f.

585 In der Studie wurden 4.000 nicht-kapitalmarktorientierte Unternehmen schriftlich befragt. Die Rücklaufquote lag bei etwas mehr als 8 %, was 322 Unternehmen entspricht.

nen Rechnungswesen der Großteil des Rechenaufwands weiterhin vom internen Rechnungswesen zu tragen ist. So obliegt die Detailplanung der für die kommenden Jahre zu erwartenden Free Cash Flows und die Berechnung des WACC nach wie vor dem internen Rechnungswesen.[586] Mithin ist das Harmonisierungspotential im Bereich der DCF-Methode äußerst begrenzt. Die Entscheidung, ob bei KMU, die nicht kapitalmarktorientiert sind, eine freiwillige Kapitalflussrechnung im externe Rechnungswesen erstellt und veröffentlicht wird, dürfte – neben der dadurch zum Teil möglichen Harmonisierung des Rechnungswesens – von weiteren mit der Veröffentlichung verbundenen Vorteilen abhängig gemacht werden. Auf diese weiteren möglichen Vorteile einer freiwilligen Veröffentlichung wird im folgenden Abschnitt noch eingegangen.

Das BilMoG hat indessen für kaum zusätzliches Harmonisierungspotential im Bereich der DCF-Methode gesorgt. Insbesondere die Vorschriften zur Kapitalflussrechnung sind nahezu unverändert geblieben.[587] Die Kapitalflussrechnung ist lediglich nunmehr – neben deutschen Konzernmutterunternehmen – auch von kapitalmarktorientierten Kapitalgesellschaften zu erstellen und zu veröffentlichen.[588] Diese Unternehmen stellen jedoch einen nur sehr geringen Anteil an den KMU in Deutschland, weshalb diese Änderung keine signifikanten Auswirkungen auf die Harmonisierbarkeit des Rechnungswesens im Bereich der DCF-Methode bei KMU hat.

3.6 Eignung der Daten der HGB-Rechnungslegung als Basis für die Finanz- und Liquiditätsrechnung

3.6.1 Vorbemerkungen

Im Abschnitt 2.2.3.4.3 wurde bereits erläutert, was das Ziel der Finanz- und Liquiditätsrechnung ist. Ganz vereinfacht soll die ständige Zahlungsfähigkeit des Unternehmens unter Berücksichtigung des ökonomischen Prinzips sichergestellt werden.[589] Liquiditätsengpässe sollen möglichst frühzeitig erkannt werden, damit

---

586 Der mit der Prognose beziehungsweise Planung der zukünftigen Free Cash Flows verbundene Aufwand ist der Grund, warum viele Unternehmen auf die DCF-Methode als Steuerungsinstrument verzichten (so beispielsweise die RWE AG). Vgl. Börsig (2000), S. 168.

587 Vor allem das vom DRS 2 vorgegebene Gliederungsschema wurde durch das BilMoG nicht verändert.

588 Vgl. §§ 264 Abs. 1 Satz 1 und 297 Abs. 1 HGB.

589 Vgl. Gutenberg (1990), S. 114.

ein rechtzeitiges Gegensteuern möglich ist.[590] Dabei ist zu beachten, dass es für die Sicherstellung der Zahlungsfähigkeit keinesfalls ausreicht, einmal jährlich für einen Stichtag die Zahlungsfähigkeit festzustellen. Vielmehr muss eine laufende, das heißt auch unterjährige, Solvenz sichergestellt sein. Es ist also fraglich, ob der bei KMU in der Regel nur jährlich zu erstellende Abschluss einen Beitrag zur Finanz- und Liquiditätsrechnung und damit zur Sicherstellung der ständigen Zahlungsfähigkeit leisten kann.

3.6.2 Beurteilung der Informationen der Daten des HGB-Abschlusses hinsichtlich ihrer Nutzbarkeit im Rahmen der Finanz- und Liquiditätsrechnung

Die Bilanz gibt Auskunft über das im Unternehmen vorhandene Vermögen und die diesem Vermögen gegenüberstehenden Verbindlichkeiten. Dabei sind das Vermögen und die Verbindlichkeiten ihrer Liquidierbarkeit beziehungsweise ihrer Fristigkeit entsprechend zu gliedern.[591] Von besonderem Interesse im Rahmen der Liquiditätsrechnung sind die kurzfristigen Verbindlichkeiten und das Umlaufvermögen. Letzteres liegt entweder in Form von liquiden Mitteln vor oder kann in vergleichsweise kurzer Zeit liquidiert werden.[592] Es kann dann zur Bedienung der fälligen Zahlungsverpflichtungen (kurzfristige Verbindlichkeiten) herangezogen werden. Es ist also zu klären, inwieweit das Bilanzschema Rückschlüsse auf die (laufende) Zahlungsfähigkeit zulässt.

Bei dem vom HGB vorgegebenen Gliederungsschema des § 266 Abs. 2 und 3 HGB handelt es sich lediglich um eine Mindestgliederung für Kapitalgesellschaften. Nichtkapitalgesellschaften müssen gemäß § 247 Abs. 1 HGB nur das Anlage- und Umlaufvermögen, das Eigenkapital, die Schulden sowie die Rechnungsabgrenzungsposten gesondert ausweisen und den Grundsätzen ordnungsmäßiger Buchführung entsprechend untergliedern.[593] Die vorgeschriebene Mindestgliederung ist also noch weniger umfangreich als bei Kapitalgesellschaften. Allen Unternehmen ist es jedoch freigestellt, eine tiefere Untergliederung als die vom Ge-

---

590 Vgl. Stute (2007), S. 95.

591 Vgl. Wöhe/Döring (2010), S. 747 f.

592 So werden im Rahmen der Liquiditätsrechnung neben Sichteinlagen auch bisher nicht ausgenutzte Kreditlinien und unter Umständen sehr kurzfristig liquidierbares Vermögen, wie Fertigfabrikate, zu den liquiden Mitteln gezählt. Mithin alles, was in der kurzen Frist in Zahlungsmittel „verwandelt“ und zur Bedienung von Verbindlichkeiten genutzt werden kann.

593 Vgl. Wöhe/Döring (2010), S. 748.

setz vorgeschriebene Mindestgliederung vorzunehmen. Eine derartige tiefere Untergliederung könnte unter Umständen sinnvoll sein, weil sie die Informationen des Jahresabschlusses für die Liquiditätsrechnung brauchbarer machen könnte. Je feiner die Posten des Umlaufvermögens und der kurzfristigen Verbindlichkeiten untergliedert sind, desto besser kann anschließend (intern) überprüft werden, inwiefern die Verbindlichkeitspositionen durch kurzfristiges Vermögen gedeckt sind.[594] Hierzu bietet es sich an – sofern möglich –, die einzelnen Bilanzposten mit Monats- oder sogar tagesgenauen Restlaufzeit- beziehungsweise Fristigkeitsangaben zu versehen. Durch das Gegenüberstellen von Vermögen und Verbindlichkeiten kann dann festgestellt werden, zu welchem Zeitpunkt es im Jahr zu Liquiditätsengpässen kommen könnte.

Da die Veröffentlichung der exakten Angaben zur Restlaufzeit beziehungsweise Fristigkeit im Jahresabschluss unter Umständen vom Bilanzierenden nicht gewollt ist und die Gegenüberstellung nur einmal im Jahr stattfindet[595], ist hier nur eine partielle Harmonisierung möglich. Intern sind neben der Feststellung der genauen Fristigkeiten auch unterjährig Rechnungen durchzuführen, um die weitere Gültigkeit der Daten zu überprüfen und auf eventuelle Änderungen des finanziellen Gleichgewichts entsprechend reagieren zu können. Die unterjährigen Rechnungen helfen wiederum später bei der Ermittlung der extern, das heißt im nächsten Jahresabschluss, zu veröffentlichen Daten.

Die Daten der Gewinn- und Verlustrechnung können – im Vergleich zur Bilanz – nur einen sehr begrenzten Beitrag zur Liquiditätsrechnung leisten. Dies liegt daran, dass in ihren Aufwendungen und Erträgen sowohl zahlungswirksame als auch zahlungsunwirksame Bestandteile enthalten sind.[596] Allerdings sind auch die zahlungsunwirksamen Aufwendungen und Erträge der GuV stets mit zahlungswirksamen Vorgängen der Vergangenheit oder Zukunft verbunden. Das heißt, aus den Informationen über die Aufwendungen und Erträge lassen sich auch Informationen über die Zahlungsströme eines Unternehmens ableiten.

---

594 An dieser Stelle sei auf die Liquiditätsgrade als Instrument der Bilanzanalyse verwiesen. Vgl. hierzu beispielsweise Brösel (2010), S. 127 f.

595 Sollten Anteile oder Schuldtitel eines Mittelständlers an einer inländischen Börse gehandelt werden, so wäre die Gegenüberstellung halbjährlich möglich, da in einem solchen Fall gemäß § 37w WpHG über den Jahresabschluss hinaus ein Halbjahresfinanzbericht zu veröffentlichen wäre.

596 Vgl. Stute (2007), S. 151.

Eine wirkliche Harmonisierung von internem und externem Rechnungswesen im Bereich der Liquiditätsrechnung lässt sich jedoch nur über die Kapitalflussrechnung erreichen. Das Ziel der Kapitalflussrechnung ist, den Zahlungsmittelstrom eines Unternehmens transparent zu machen.[597] Es soll ersichtlich werden, wofür finanzielle Mittel verwendet wurden und was die Quellen finanzieller Mittel des Unternehmens sind. Damit decken sich ihre Ziele zum Teil mit denen der Finanz- und Liquiditätsrechnung.

Eine nach deutschem Handelsrecht zu erstellende Kapitalflussrechnung ist jedoch ausschließlich retrospektiv[598], was zur Folge hat, dass ihre Daten nur bedingt für Entscheidungen in der Unternehmenssteuerung herangezogen werden können.[599] Die Finanzrechnung – insbesondere die Liquiditätsplanung – weist dagegen einen planerischen Charakter auf. Durch die Untergliederung der Kapitalflussrechnung in die Cash Flows aus laufender Geschäftstätigkeit, Investitionstätigkeit und Finanzierungstätigkeit können aber bereits mögliche zukünftige Probleme im Bereich der Liquidität ersichtlich werden. Beispielsweise könnte der Cash Flow aus laufender Geschäftstätigkeit negativ sein, was, wenn dies kein temporäres Phänomen wäre, früher oder später zu Zahlungsschwierigkeiten des Unternehmens führen kann. Zu beachten ist allerdings in diesem Zusammenhang, dass in den in der Kapitalflussrechnung aufgeführten Zu- und Abflüssen liquider Mittel auch solche außerordentlicher Natur enthalten sein können.[600] Eine auf Basis der retrospektiven Kapitalflussrechnung für interne Steuerungszwecke erstellte prospektive Kapitalflussrechnung, die die Außerordentlichkeit solcher Bestandteile berücksichtigt, kann dabei Helfen, die Lücke zwischen der retrospektiven Kapitalflussrechnung und der zukunftsorientierten Liquiditätsplanung weiter zu schließen und die Daten des externen Rechnungswesens damit indirekt für die Unternehmenssteuerung nutzbar machen.

Auf die Tatsache, dass die Kapitalflussrechnung nur von kapitalmarktorientierten Kapitalgesellschaften zu erstellen ist, wurde im Abschnitt 3.5 bereits eingegangen.

---

597 Vgl. Wöhe/Döring (2010), S. 811.

598 Eine prospektive Kapitalflussrechnung wäre für die Adressaten des Jahresabschlusses vermutlich interessanter, weil sie einen Einblick in die zukünftige Zahlungsfähigkeit ermöglichen würde. Allerdings wäre eine solche Kapitalflussrechnung nicht objektiv überprüfbar, was wiederum den Informationsgehalt beeinträchtigen würde.

599 Vgl. hierzu beispielsweise Heil et al. (2011), S. 1457.

600 Vgl. Stute (2007), S. 152 f. Als Beispiel seien hier außergewöhnlich hohe Umsätze aus einer Räumungsverkaufsaktion genannt.

Damit fällt – sofern die Kapitalflussrechnung von KMU nicht freiwillig erstellt und veröffentlicht wird – für die meisten KMU dieses Harmonisierungspotential weg.

Die freiwillige Erstellung und Veröffentlichung einer Kapitalflussrechnung wäre indessen nicht nur mit Synergien im Bereich der Liquiditätsrechnung und -planung verbunden. Derartige freiwillige Zusatzinformationen können auch positive Auswirkungen bei den Adressaten der Bilanzierenden haben. Beispielsweise kann dies zu mehr Vertrauen bei den Kredit gebenden Banken und damit zu niedrigeren Risikoaufschlägen bei der Festlegung der Fremdkapitalkosten durch die Banken führen.[601]

Ein besonderes Problem bei der Harmonisierung des internen und externen Rechnungswesens stellt im Bereich der Finanz- und Liquiditätsrechnung die Tatsache dar, dass der Jahresabschluss häufig erst lange nach Abschluss eines Geschäftsjahres veröffentlicht wird. Ist dies der Fall, sind die Informationen aus der Bilanz und der Kapitalflussrechnung für die Liquiditätsrechnung des laufenden Jahres wenig hilfreich, weil sie zu spät vorliegen. Liegen die Daten jedoch bereits kurz nach Abschluss des Geschäftsjahres intern vor und werden sie lediglich erst später veröffentlicht, sollten sie auch im Rahmen der Finanz- und Liquiditätsrechnung ihre Verwendung finden.

Insgesamt bleibt festzuhalten, dass eine bedingte Harmonisierung im Bereich der Finanz- und Liquiditätsrechnung möglich ist. Insbesondere die Kapitalflussrechnung und die Bilanz können – bei entsprechender Ausgestaltung – einen Beitrag zur Harmonisierbarkeit leisten.

3.7 Eignung der Daten der HGB-Rechnungslegung als Basis für Investitionsrechnungen

Für die klassische Investitionsrechnung werden Informationen über die mit einer Investition verbundenen Ein- und Auszahlungen benötigt. Der Anfangsauszahlung einer Investition stehen die Einzahlungsüberschüsse der zukünftigen Perioden gegenüber.

---

601 Zum Thema Vertrauen in Austauschbeziehungen mit Risiko oder Unsicherheit vgl. Kahle (2000), S. 537 m.w.N.

Eines der zentralen Probleme, die einer Harmonisierung im Bereich der Investitionsrechnung im Wege stehen, ist die Tatsache, dass Investitionsentscheidungen prospektiv zu fällen sind. Jahresabschlüsse werden jedoch retrospektiv erstellt. Fraglich ist, ob die Vergangenheitsinformationen des Jahresabschlusses dennoch für Investitionsentscheidungen nutzbar gemacht werden können.

Handelt es sich um gänzlich neue Investitionen, so bietet der Jahresabschluss weder Informationen über die zu erwartende Anfangsauszahlung noch über die für die Zukunft zu erwartenden Einzahlungsüberschüsse einer Investition. Handelt es sich jedoch um eine Ersatzinvestition, können die aus den Jahresabschlüssen der Vergangenheit beziehungsweise aus dem Anlagespiegel ersichtlichen historischen Anschaffungs- oder Herstellungskosten des zu ersetzenden Vermögensgegenstandes einen Anhaltspunkt für die Ermittlung der zu erwartenden Anfangsauszahlung für die Ersatzinvestition liefern. Diese Information dürfte allerdings wesentlich einfacher und verlässlicher über den Beschaffungsmarkt der anzuschaffenden Investitionsgüter zu generieren sein.

Anders sieht es bei den in den Perioden nach der Anschaffung in der Regel folgenden Einzahlungsüberschüssen einer einzelnen Investition aus. Diese lassen sich nicht oder nur sehr schwer aus den Daten des externen Rechnungswesens entnehmen. Das Problem ist, dass das externe Rechnungswesen eine sehr stark aggregierte Rechnung ist. Informationen über die Ein- und Auszahlungen in den Perioden nach der Anfangsauszahlung lassen sich für einzelne Investitionen hieraus nur sehr schwer ableiten. Dies wäre allenfalls durch einen Rückgriff auf die Detaildaten der Buchhaltung möglich.

Wird für die Ermittlung des Cash Flows aus laufender Geschäftstätigkeit bei der Kapitalflussrechnung des externen Rechnungswesens die direkte Methode gewählt,[602] können unter Umständen Informationen aus den Berechnungen der Ein- und Auszahlungen für die zu veröffentlichende Kapitalflussrechnung im Rahmen der Investitionsrechnung genutzt werden. Da die indirekte Methode jedoch an den

[602] Die Cash Flows aus Investitions- und Finanzierungstätigkeit werden grundsätzlich nach der direkten Methode ermittelt. Lediglich bei dem Cash Flow aus laufender Geschäftstätigkeit hat der Bilanzierende die Möglichkeit, die Methode zu wählen. Bei der indirekten Methode wird der Cash Flow aus dem Ergebnis der GuV-Rechnung (Jahresüberschuss oder Jahresfehlbetrag) abgeleitet. Bei der direkten Methode werden die Ein- und Auszahlungen einander gegenübergestellt. Zur direkten und indirekten Methode der Kapitalflussrechnung vgl. u.a. Schierenbeck/Wöhle (2008), S. 596 f.

Jahresüberschuss beziehungsweise den Jahresfehlbetrag anknüpft, schafft sie – im Gegensatz zur direkten Methode – eine Verbindung zwischen der GuV-Rechnung und der Kapitalflussrechnung. Aus diesem Grund wird in der Praxis meist auf die indirekte Methode zurückgegriffen.[603] Außerdem bliebe auch bei der Verwendung der direkten Methode der Kapitalflussrechnung das Problem der Vergangenheitsorientierung des externen Rechnungswesens. Die Möglichkeiten der Nutzung der Daten der Kapitalflussrechnung für Investitionsentscheidungen sind also sehr begrenzt.

Selbst bei der Verwendung relativer Kennzahlen im Rahmen von Investitionsentscheidungen treten diese Probleme auf. Bei der Ermittlung des ROCE[604] einer Investition stellt sich sowohl die Ermittlung des NOPAT als auch des investierten Kapitals einer einzelnen Investition mithilfe des externen Rechnungswesens als fast unmöglich heraus. Auch hier stehen die starke Aggregation und der Vergangenheitsbezug des externen Rechnungswesens einer Harmonisierung im Wege. Allenfalls die Berechnungen, die der Jahresabschlusserstellung vorgeschaltet sind, könnten Anhaltspunkte für das von einer Investition zu erwartende operative Ergebnis liefern. Auch hierfür wäre jedoch ein Rückgriff auf die Daten der Buchhaltung durch das Investitionscontrolling nötig.

Insgesamt bleibt zu konstatieren, dass bei den diskontinuierlich auftretenden Entscheidungen hinsichtlich der Wahl von Investitionsalternativen kaum ein sinnvolles Harmonisierungspotential festzustellen ist. Investitionsrechnungen wären auch unter einem weitgehend harmonisierten Rechnungswesen weiterhin gesondert durchzuführen. Auch die mit dem BilMoG einhergehenden Änderungen im externen Rechnungswesen haben hier kein neues Harmonisierungspotential entstehen lassen.

3.8 Zwischenfazit

Deutsche Mittelständler haben gemäß §§ 240 und 242 HGB einen Einzelabschluss nach deutschem Handelsrecht zu erstellen. Da der Spielraum auf Seiten des externen Rechnungswesens gering ist (in vielerlei Hinsicht existieren keine Wahlrechte

---

603 Vgl. Wöhe/Döring (2010), S. 811. Ein weiterer Grund ist der für die indirekte Methode geringer Aufwand im Rechnungswesen. Es ist keine gesonderte Rechnung mit den Größen Auszahlungen und Einzahlungen von Nöten. Die Kapitalflussrechnung lässt sich aus den Daten der Bilanz und GuV-Rechnung ableiten.

604 Vgl. hierzu die Ausführungen im Abschnitt 2.2.3.4.4.

oder Ermessensspielräume), ist es demnach sinnvoll zu prüfen, ob die für diesen Abschluss erhobenen Daten nicht auch im Rahmen des internen Rechnungswesens Verwendung finden können.

	Eignung der HGB-Rechnungslegung als Basis einer Harmonisierung	
Aufwendungen und Kosten	Harmonisierungspotentiale im Bereich von:	
	• neutralen Aufwendungen	(+)
	• kalkulatorischen Abschreibungen	(+)
	• kalkulatorischen Wagnissen	(+)
	• kalkulatorischen Materialkosten	(+)
	Wenig Harmonisierungspotentiale im Bereich von:	
	• kalkulatorischen Zinsen	(-)
	• kalk. Unternehmerlohn und kalk. Mieten	(-)
EVA-Konzept	• Nach dem BilMoG sind weniger Anpassungen bei der Nutzung des EVA-Konzeptes nötig	(+)
DCF-Methode	• Informationen des externen Rechnungswesens (Kapitalflussrechnung) nur auf Gesamtunternehmensebene nutzbar	(o)
	• Kaum Harmonisierungspotential bei WACC-Berechnung	(-)
Finanz- und Liquiditätsrechnung	• Begrenztes Harmonisierungspotential über Kapitalflussrechnung	(o)
Investitionsrechnung	• Wegen Diskontinuität und Prospektivität der Investitionsrechnung so gut wie kein Harmonisierungspotential	(--)

Legende		
	(++)	viel nutzbares Harmonisierungspotential
	(+)	nutzbares Harmonisierungspotential
	(o)	bedingtes Harmonisierungspotential
	(-)	wenig Harmonisierungspotential
	(--)	sehr wenig bis kein Harmonisierungspotential

Abbildung 35: Eignung der HGB-Rechnungslegung als Basis einer Harmonisierung

Das BilMoG hat zu tiefgreifenden Veränderungen im deutschen Handelsrecht geführt. In vielen Bereichen wurde die Informationsfunktion des Jahresabschlusses gestärkt, was wiederum der Harmonisierbarkeit des Rechnungswesens entgegenkam. Vor allem die neu geschaffene Möglichkeit der Aktivierung von Entwicklungskosten selbst geschaffener immaterieller Vermögensgegenstände des Anlagevermögens sowie die Abschaffung einer Reihe von Wahlrechten bei Abschreibungen und der Bildung von Rückstellungen haben die Harmonisierbarkeit in den meisten Fällen verbessert.

Die Kosten- und Leistungsrechnung bietet nach den Änderungen des BilMoG an vielen Stellen Harmonisierungspotentiale. So hat das BilMoG zunächst dazu beigetragen, die in der GuV-Rechnung enthaltenen neutralen Aufwendungen zu reduzieren, was bereits eine Annäherung an die interne Unternehmensrechnung bedeutet, denn die im Zuge der Überleitung von Aufwendungen zu Kosten nötigen Eliminierungen von neutralen Aufwendungen wurden reduziert. Zudem konnte bei den kalkulatorischen Kosten in vielen Bereichen zumindest ein gewisses Harmonisierungspotential aufgezeigt werden.

Bei den kalkulatorischen Abschreibungen müsste im internen Rechnungswesen vor allem auf den Ansatz der Wiederbeschaffungskosten als Abschreibungsbasis verzichtet werden, um eine Harmonisierung mit den Abschreibungen des externen Rechnungswesens möglich zu machen. Dabei wurde deutlich, dass dies den Zielen des internen Rechnungswesens nicht grundsätzlich entgegenstehen muss und es demnach durchaus eine realistische Möglichkeit der Harmonisierung darstellt.

Bei kalkulatorischen Wagnissen ist eine Harmonisierung insoweit möglich, als im externen Rechnungswesen Rückstellungen für spezielle Einzelrisiken gebildet werden dürfen. Hier hat allerdings die mit dem BilMoG verbundene Abschaffung von fakultativen Aufwands- und Ermessensrückstellungen zu einer Verringerung des Harmonisierungspotentials geführt. Nichtsdestotrotz existiert ein nutzbares Harmonisierungspotential.

Im Rahmen der Analyse der kalkulatorischen Materialkosten konnte gezeigt werden, dass über die Anwendung der Lifo-Methode im externen Rechnungswesen eine Harmonisierung mit der internen Erfolgsrechnung möglich ist. Der Nachteil, der mit diesem Vorgehen verbunden ist, ist die Tatsache, dass bei Verwendung der Lifo-Methode die Ermittlung eines den tatsächlichen Verhältnissen entsprechenden betriebsnotwendigen Vermögens erschwert wird. Jedoch dürfte dieser Nachteil bei der Ermittlung der kalkulatorischen Zinsen und der Anwendung des EVA-Konzeptes nur in Einzelfällen größer sein als die Vorteile bei der Harmonisierung im Bereich der kalkulatorischen Materialkosten.

Als deutlich schwieriger hat sich die Harmonisierung bei den kalkulatorischen Eigenkapitalzinsen, dem kalkulatorischen Unternehmerlohn und er kalkulatorischen Miete herausgestellt. Hier wäre jeweils eine wirkliche Harmonisierung nur möglich, wenn diese Bestandteile im internen Rechnungswesen in eine differenzierende Gewinnkalkulation beziehungsweise in eine Mindestgewinnrechnung ausgelagert würden. Das zentrale Problem bei dieser Lösung wäre jedoch die dann fehlende Berücksichtigung dieser Kosten auf Produktebene. Im Rahmen der Ermittlung von Preisuntergrenzen und bei Entscheidungen über Eigenerstellung oder Fremdbezug blieben diese Kosten gegebenenfalls außer Acht, weil sie erst auf einer aggregierteren Ebene – nämlich in der gesonderten Mindestgewinnrechnung auf Abteilungs- oder sogar Unternehmensebene – zum Tragen kämen. Demnach ist es bei diesen kalkulatorischen Kosten unter Umständen angeraten, auf das zwar vorhandene aber geringe Harmonisierungspotential zu verzichten, weil eine Harmonisierung hier zu entscheidenden Nachteilen im internen Rechnungswesen führen würde.

Zur Ermittlung des EVA, der ebenfalls für Zwecke der Unternehmenssteuerung eingesetzt wird, werden die Daten des externen Rechnungswesens grundsätzlich als Basis herangezogen. Sie bedürfen jedoch einer Reihe von Anpassungen, um das für die Berechnung des EVA notwendige operative Ergebnis vor Zinsen nach Steuern und das betriebsnotwendige Vermögen zu ermitteln. Die Ausführungen in diesem Abschnitt haben gezeigt, dass die notwendigen Anpassungen mit der Einführung des BilMoG an vielen Stellen geringer geworden sind, was die Anwendung des EVA-Konzeptes erleichtert und demnach für eine bessere Harmonisierbarkeit des Rechnungswesens gesorgt hat.

Deutlich geringere Harmonisierungspotentiale konnten bei der DCF-Methode, der Finanz- und Liquiditätsrechnung und bei der Investitionsrechnung festgestellt werden. Bei Ersterer hat sich gezeigt, dass lediglich – sofern die DCF-Methode auf Gesamtunternehmensebene Anwendung findet – durch Rückgriff auf die Informationen der Kapitalflussrechnung des externen Rechnungswesens eine mittelbare Harmonisierung möglich ist. Bei der Berechnung des WACC sind hingegen die Daten des externen Rechnungswesens wenig hilfreich. Da die Kapitalflussrechnung von den meisten KMU nicht verpflichtend zu erstellen ist, ist im Einzelfall zu prüfen, ob ihre freiwillige Erstellung und Veröffentlichung über die geringen Harmonisierungspotentiale hinaus weitere Vorteile für das Unternehmen bringt; denn die Erstellung und Veröffentlichung ausschließlich aus Harmonisierungsgründen erscheint wegen des schlechten Kosten-Nutzen-Verhältnisses nicht angeraten. Selbiges gilt bei der Finanz- und Liquiditätsrechnung. Auch hier gibt es nur ein begrenztes Harmonisierungspotential mit der Kapitalflussrechnung und der Bilanz. Am wenigsten Harmonisierungspotential besteht bei der Investitionsrechnung. Dies liegt vor allem daran, dass diese diskontinuierlich auftritt und die Daten des externen Rechnungswesens retrospektiv und für die Investitionsrechnung zu stark aggregiert sind. Das BilMoG hat indessen weder bei der DCF-Methode noch bei der Finanz- und Liquiditätsrechnung oder der Investitionsrechnung für neues Harmonisierungspotential gesorgt.

Die Ausführungen haben aber gezeigt, dass, auch wenn der handelsrechtliche Einzelabschluss neben der Informationsfunktion eine Zahlungsbemessungsfunktion erfüllt, seine Daten dennoch im internen Rechnungswesen Verwendung finden können und aus Wirtschaftlichkeitsgründen auch finden sollten. Eine komplette Harmonisierung erscheint aus heutiger Sicht allerdings nur sehr schwer möglich – wenn nicht gar unmöglich –, denn sie wäre entweder mit erheblichen Nachteilen bei der Funktionserfüllung des internen Rechnungswesens verbunden oder würde eine Abkehr von der Zahlungsbemessungsfunktion des handelsrechtlichen Abschlusses erfordern. Letzteres erscheint jedoch mehr als unwahrscheinlich.

Nichtsdestotrotz sollten die aufgezeigten Harmonisierungspotentiale – wo immer möglich – genutzt werden, um die Wirtschaftlichkeit des Rechnungswesens zu verbessern.

4 IFRS for SME als Basis einer Harmonisierung

4.1 Vorbemerkungen

In diesem Abschnitt wird untersucht, inwieweit die Rechnungslegung nach IFRS for SME als Basis für ein harmonisiertes Rechnungswesen dienen kann. Dazu werden zunächst das allgemeine Grundkonzept der IFRS-Rechnungslegung sowie die IFRS for SME vorgestellt. Weiterhin wird kurz auf die Relevanz, die die IFRS für den Mittelstand haben und unter Umständen noch bekommen werden, eingegangen.

Anschließend erfolgt – dem dritten Abschnitt entsprechend – die Analyse der Harmonisierbarkeit anhand der in Abschnitt 2.2.3.4 vorgestellten Teilbereiche des internen Rechnungswesens. Hierbei wird insbesondere regelmäßig auf die Unterschiede der Harmonisierbarkeit im Vergleich zur HGB-Rechnungslegung eingegangen.

4.2 Grundkonzeption der IFRS-Rechnungslegung

4.2.1 Vorbemerkungen

Da die IFRS for SME vom IASB mithilfe eines Top-Down-Ansatzes aus den Full IFRS abgeleitet wurden, soll an dieser Stelle zunächst kurz auf die Grundkonzeption der Full IFRS eingegangen werden. Sie bildet die Basis für die anschließend vorgestellten IFRS for SME. Die Full IFRS wurden von der Europäischen Union als Rechnungslegungssystem für die Konzernabschlüsse kapitalmarktorientierter Unternehmen festgelegt.[605] Einzelabschlüsse sind jedoch nach wie vor nach deutschem Handelsrecht aufzustellen.

4.2.2 Rechnungslegungszweck der IFRS-Rechnungslegung

Die einzige Funktion der IFRS-Rechnungslegung besteht darin, den Adressaten entscheidungsnützliche Informationen zu vermitteln. Den Adressaten soll eine Beurteilung der Vermögens-, Finanz- und Ertragslage sowie der zukünftig zu erwartenden Einzahlungsüberschüsse ermöglicht werden.[606] Als zentrale Adressa-

---

605 Vgl. Fn. 6.

606 Vgl. Framework 12 der Full IFRS; Wussow (2004), S. 48; Menn/Lemken (2001), S. 94.

tengruppe werden dabei die Anteilseigner beziehungsweise Eigenkapitalgeber angesehen. An ihnen haben sich nach Meinung des IASB die Inhalte der Rechnungslegung zu orientierten, weil sie dem Unternehmen das Risikokapital zur Verfügung stellen.[607] Das IASB schließt die weiteren im Abschnitt 2.2.2.1 genannten Adressaten jedoch nicht als Informationsempfänger aus. Es geht davon aus, dass durch die Befriedigung der Informationsbedürfnisse der Eigenkapitalgeber auch die Bedürfnisse der anderen Adressaten in hohem Maße befriedigt werden.[608] Das Management wird hierbei explizit als einer der weiteren Adressaten genannt.[609] Eine Zahlungsbemessungsfunktion, wie sie die handelsrechtliche Rechnungslegung innehat, erfüllt die IFRS-Rechnungslegung nicht.[610]

Im Gegensatz zur allgemeingültigen HGB-Rechnungslegung (code law) ist die IFRS-Rechnungslegung von der Orientierung an Einzelfällen geprägt (case law). Ziel ist dabei, möglichst alle denkbaren Probleme der Praxis im Vorhinein zu regeln.[611] Ein weiterer zentraler Unterschied zur HGB-Rechnungslegung ist die Tatsache, dass nicht versucht wird, einen Interessenausgleich zwischen Anteilseigner und Gläubiger herzustellen. Es wird ausschließlich die Sichtweise der Anteilseigner eingenommen und – wie oben bereits erwähnt – davon ausgegangen, dass die damit bereitgestellten Informationen auch den Gläubigern dienlich sind.[612]

4.2.3 Grundsätze der IFRS-Rechnungslegung

Die Full IFRS sehen eine dreistufige hierarchische Gliederung der Rechnungslegungsgrundsätze vor. Sie unterteilen sich in Grundannahmen, qualitative Merkmale und Nebenbedingungen. Die folgende Übersicht zeigt die Grundsätze innerhalb der hierarchischen Gliederung. Auf die einzelnen Anforderungen wird allerdings erst weiter unten im Rahmen der Erläuterungen zu den IFRS for SME eingegan-

---

607 Vgl. Wiedmann/Beiersdorf/Schmidt (2007), S. 329. Auch aus dem Framework der Full IFRS lässt sich diese Aussage herleiten: Vgl. die Reihenfolge der Adressaten im Framework 9 der Full IFRS sowie explizit im Framework 10 der Full-IFRS. Das Framework lässt jedoch offen, ob mit den so genannten Investoren Eigen- oder Fremdkapitalgeber gemeint sind. Vgl. hierzu beispielsweise Küting/Pfitzer/Weber (2011), S. 11.

608 Vgl. Lüdenbach (2004), S. 41. Eine genauere Begründung für diese Ansicht liefert das IASB jedoch nicht. Vgl. Bieker (2006), S. 26.

609 Vgl. Framework 11 der Full IFRS.

610 Vgl. Born (2002), S. 35; Wolz (2005), S. 11. Traditionell gibt es im angloamerikanischen Raum eine strikte Trennung zwischen der Handels- und Steuerbilanz. Vgl. Haunerdinger/Probst (2004), S. 31.

611 Vgl. Schönbrunn (2005), S. 99.

612 Vgl. Altenburger (1999), S. 533 ff.

gen. Einige dieser Anforderungen wurden auch bereits bei der Herleitung der Anforderungen an ein harmonisiertes Rechnungswesen im Abschnitt 2.6.3 genannt.

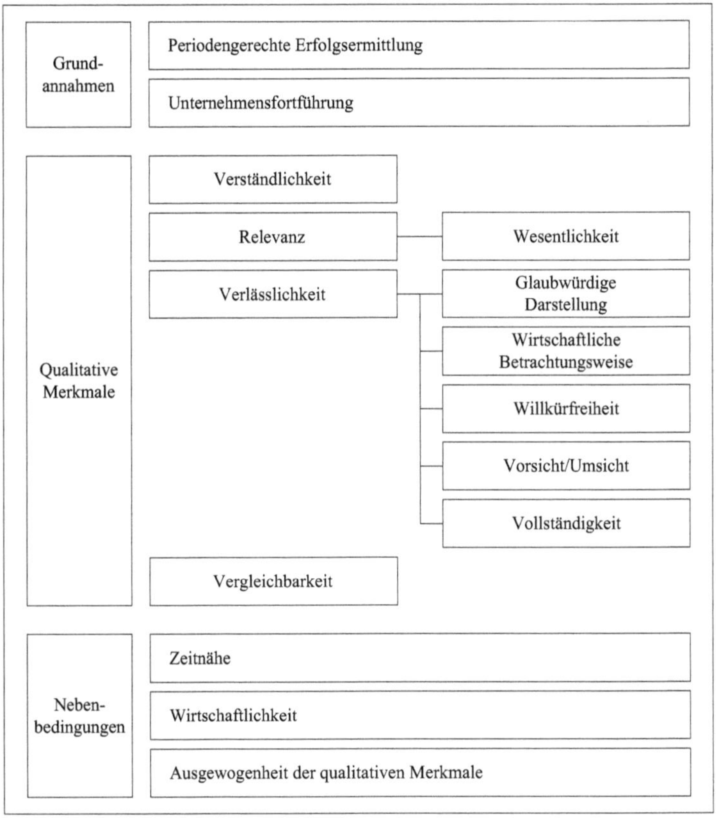

Abbildung 36: Grundsätze der Full IFRS[613]

Als Ergebnis der Umsetzung dieser Anforderungen beziehungsweise Grundsätze erhalten die Adressaten nach Meinung des IASB ein den tatsächlichen Verhältnissen entsprechendes Bild der Vermögens-, Finanz- und Ertragslage der berichtenden Unternehmen.[614]

613 Ähnlich bei Wagenhofer (2009), S. 128; Selchert/Erhardt (2003), S. 37.

614 Vgl. Framework 46 der Full IFRS.

4.3 IFRS for SME – Der Standard

4.3.1 Entstehungsgeschichte

Die Full IFRS haben ihren Ursprung in der Vereinheitlichung der internationalen Rechnungslegung kapitalmarktorientierter Unternehmen und sind dementsprechend weniger auf die Bedürfnisse von KMU zugeschnitten.[615] Nachdem im Jahr 1998 ein Ausschuss des IASC[616] die Diskussion über die Rechnungslegung von KMU begonnen hatte, erfolgte im Herbst 2003 eine erste Anhörung von 40 Standardsettern. Hier stand unter anderem die Grundsatzfrage nach der Notwendigkeit eines speziellen Standards für KMU auf der Tagesordnung. Insbesondere nach der Veröffentlichung der „Preliminary Views on Accounting standards for Small and Medium-sidzed Entities" im Jahr 2004 zeigte sich ein eindeutiger Bedarf für einen solchen Standard, weil die Full IFRS, die in erster Linie auf kapitalmarktorientierte Unternehmen ausgerichtet sind, für KMU zu umfangreich und zu kompliziert waren, es noch immer sind und es voraussichtlich auch bleiben werden.[617]

In den Jahren 2005 bis Anfang 2007 wurde dann intensiv an der Entwicklung des neuen Standards gearbeitet. Schließlich wurde am 15. Februar 2007 der Exposure Draft IFRS for Small an Medium-sized Entities (ED-IFRS for SME) veröffentlicht und damit die abschließende Diskussion über die endgültige Ausgestaltung der IFRS for SME eröffnet. Diese Diskussion dauerte bis Ende November 2007.[618] Wesentliche Kritikpunkte waren die jährlich vorgesehenen Zeitwertbewertungen, die umfangreichen Anhangsangaben und der geplante Rückgriff auf die Full IFRS.[619]

Bis April 2009 waren die Überarbeitungen aufgrund des Feedbacks zum Exposure Draft abgeschlossen.[620] Der endgültige Standard wurde am 08. Juli 2009 vom

---

615 Vgl. Funk/Rossmanith/Eha (2009), S. 155.

616 Das IASC (International Accounting Standards Committee) war die Vorgängerorganisation des IASB und wurde von Letzterer am 01.04.2001 abgelöst.

617 Vgl. Kirsch (2009), S. 1. Für nähere Erläuterungen zum „Preliminary Views on Accounting standards for Small and Medium-sidzed Entities" vgl. Kleinmanns (2005), S. 1290 f.

618 Bis zum 30.11.2007 wurden Praxistests durchgeführt und Stellungnahmen entgegengenommen. Zu den Zielen der so genannten Field tests vgl. IFRS for SME.BC 21 ff.

619 Vgl. Kirsch (2009), S. 2; IFRS for SME.BC 25.

620 Zu den einzelnen Änderungen im Vergleich zum ED-IFRS for SME siehe IFRS for SME.BC 34. An dieser Stelle sei auch darauf hingewiesen, dass das IASB das Projekt zwischenzeitlich in „IFRS for Non-publicly Accountable Entities" und „IFRS for Private Entities" umbenannt hat. Der Hauptgrund war, dass man den potentiellen Anwenderkreis im Titel

IASB beschlossen und einen Tag später veröffentlicht. Es wurde schließlich ein so genannter „Stand-alone"-Standard geschaffen. Das heißt, es wurde auf den zwingenden Rückgriff auf die Full IFRS im Fall von Regelungslücken verzichtet.[621] Die einzige Ausnahme bildet die Bilanzierung und Bewertung von Finanzinstrumenten. Hier gewähren die IFRS for SME die Möglichkeit, wahlweise die IFRS for SME 11 und 12 vollständig oder den IAS 39 unter Berücksichtigung der Angabevorschriften der IFRS for SME 11 und 12 anzuwenden.[622]

Die IFRS for SME sind zurzeit in gut 50 Ländern verpflichtend oder optional anwendbar. Zu ihnen zählen zum Beispiel Brasilien, Argentinien, Hongkong und Südafrika. Großbritannien plant seine Einführung und viele EU-Staaten stehen den IFRS for SME grundsätzlich positiv gegenüber.[623] Da das IASB aber eine privatrechtliche Organisation ist und es nicht über eine rechtsverbindliche Anwendung der IFRS for SME entscheiden kann, bedarf es einer Anerkennung des Standards durch die Europäische Union.[624] Diese Anerkennung ist bisher nicht erfolgt.[625] Das bedeutet, dass der IFRS for SME in Deutschland bisher weder angewendet werden muss noch mit befreiender Wirkung angewendet werden darf. Dennoch zielt die Entwicklung im externen Rechnungswesen eindeutig in Richtung Internationalisierung.[626] Aus diesem Grund macht es auch schon vor der Anerkennung des Standards in der EU Sinn, dessen Harmonisierungsmöglichkeiten mit dem internen Rechnungswesen zu prüfen.

---

des Standards deutlicher machen wollte. Schließlich ist man aber doch zur ursprünglichen Bezeichnung zurückgekehrt.

621 Zur Entstehungsgeschichte des IFRS for SME vgl. auch Lühr (2010), S. 40 ff. In der Literatur wird mitunter auch die Meinung vertreten, dass trotz des „Stand-alone"-Ansatzes sich ein faktischer Rückgriff auf die Full IFRS nicht vermeiden lässt. Vgl. Winkeljohann/Morich (2009), S. 1630. Dies lässt sich mit der Entwicklung des Standards mithilfe des Top-Down-Ansatzes erklären. Außerdem gewährt der Standard selbst (in IFRS for SME 10.6) die Möglichkeit eines Rückgriffs auf die Full IFRS. Auf einen Verpflichtenden Rückgriff, wie er noch im ED-IFRS for SME geplant war, wurde jedoch im endgültigen Standard verzichtet.

622 Vgl. IFRS for SME 11.2.

623 Vgl. Kirsch/Schellhorn (2011), S. M1; Eierle/Haller/Beiersdorf (2011), S. 1589 m.w.N. Daneben gibt es aber auch eine Reihe von kritischen Stimmen, die einer möglichen Einführung der IFRS for SME in Deutschland ablehnend gegenüber stehen. Einen Überblick über die Argumente gegen eine Einführung in Deutschland findet sich beispielsweise bei Schildbach/Grottke (2011), S. 945 ff. sowie bei Janssen/Gronewold (2010), S. 75 ff.

624 Vgl. Biebel (2008), S. 80 ff.; Oversberg (2007), S. 1597 ff.; Beiersdorf/Eierle/Haller (2009), S. 1549.

625 Das Europäische Parlament hat sich in einem Beschluss vom 24.04.2008 zunächst kritisch zur Übernahme des IFRS for SME geäußert. Siehe P6_TA(2008) 0183 (Entschließung des Europäischen Parlaments) vom 24.04.2008.

626 Vgl. hierzu auch Abschnitt 4.4.

4.3.2 Zielsetzung des IFRS for SME-Standards

Zunächst soll – wie auch bei den Full IFRS – den Adressaten, welche nicht in der Lage sind, für ihre Zwecke maßgeschneiderte spezielle Informationen zu erhalten, eine Beurteilung der Vermögens-, Finanz- und Ertragslage sowie der zukünftig zu erwartenden Einzahlungsüberschüsse ermöglicht werden, damit sie fundierte Entscheidungen treffen können.[627] Mit dem IFRS for SME verfolgt das IASB weiterhin das Ziel, die unterschiedlichen Rechnungslegungsbedürfnisse von KMU und deren Adressaten zu berücksichtigen und bei diesen Unternehmen für eine Kostenreduktion im Bereich der internationalen Rechnungslegung zu sorgen.[628] Außerdem soll auch bei KMU eine internationale Vergleichbarkeit der Jahresabschlussinformationen geschaffen werden. Dies wiederum hat nach Auffassung des IASB eine effizientere Bepreisung und Allokation des Kapitals zur Folge.[629]

Das IASB stellt weiterhin fest, dass der IFRS for SME zwar ein globaler Standard sei und sich deshalb nicht mit den nationalen steuerlichen Vorschriften beschäftigen können, jedoch könnte er auch als Startpunkt einer Ermittlung des zu versteuernden Einkommens dienen.[630] Genauso wäre es vorstellbar, dass das Periodenergebnis nach IFRS for SME als Basis einer Überleitungsrechnung zum ausschüttungsfähigen Gewinn nach den jeweiligen nationalen Vorschriften herangezogen wird.[631]

Die zentralen Vereinfachungen im Vergleich zu den Full IFRS lassen sich folgendermaßen zusammenfassen:

- Streichung von für KMU irrelevanten Themengebieten.
- Unter bestimmten Umständen darf die GuV-Rechnung mit der Eigenkapitalveränderungsrechnung zusammengefasst werden.

---

627 Vgl. IFRS for SME 2.2.

628 Diese Kostenreduktion ist demnach auf die Full IFRS bezogen. Vgl. Ull (2006), S. 435; Janssen (2009), S. 36 f.; Lühr (2010), S. 42; Köhler/Köhler-Braun (2010), S. 55 f.

629 Begründet wird diese Auffassung mit der immer stärkeren internationalen Verflechtung der Real- und Finanzwirtschaft. So agieren Kreditinstitute und Ratingagenturen mittlerweile häufig grenzüberschreitend. Außerdem kann mithilfe von international vergleichbaren Abschlüssen mehr Vertrauen bei internationalen Kunden und Lieferanten aufgebaut werden. Vgl. IASB (2007), S. 9 (GS 16).

630 Vgl. IFRS for SME.BC 51.

631 Vgl. IFRS for SME.BC 52. Da die Ermittlung einer Basis für die Feststellung des zu versteuernden Einkommens beziehungsweise des ausschüttungsfähigen Gewinns jedoch keine eigenständige Funktion der IFRS for SME-Rechnungslegung ist, kommt diesen Aufgaben keine konstitutive Rolle bei der Entwicklung der Rechnungslegungsnormen zu. Vgl. Kirsch (2010), S. 120.

- Vereinfachungen bei der Bewertung von Sachanlagen und Finanzinstrumenten.
- Verbot der Aktivierung von selbst geschaffenen immateriellen Vermögenswerten.
- Reduzierung der erforderlichen Anhangsangaben.
- Vereinfachung der Ansatzprinzipien.
- Sprachliche Vereinfachungen.
- Dreijähriger Überarbeitungszyklus.[632]

Durch diese Erleichterungen soll KMU die Erstellung eines internationalen Abschlusses ermöglicht werden. Dieser wiederum könnte den Unternehmen die Kapitalbeschaffung sowie die Gewinnung neuer Lieferanten und Kunden erleichtern, weil die Abschlussinformationen für die Adressaten transparenter und vergleichbarer werden.[633]

4.3.3 Anwenderkreis und Adressaten des IFRS for SME-Standards

Der IFRS for SME-Standard ist ausgerichtet auf KMU, die keiner Verpflichtung zur öffentlichen Rechenschaftslegung unterliegen und die allgemein ausgerichtete Abschlüsse[634] für externe Adressaten veröffentlichen.[635] Damit werden die KMU nicht größenabhängig und positiv, sondern qualitativ und negativ abgegrenzt.[636]

---

[632] Für nähere Ausführungen zu den Unterschieden zwischen den IFRS for SME und den Full IFRS vgl. Kirsch (2010), S. 119 ff.

[633] Vgl. Funk/Rossmanith/Eha (2009), S. 156.

[634] Unter allgemein ausgerichteten Abschlüssen (general purpose) verstehen die IFRS for SME so genannte Mehrzweckabschlüsse, die auf allgemeine Informationsbedürfnisse eines weiten Adressatenkreises ausgerichtet sind. Zu diesen Adressaten gehören beispielsweise Eigen- und Fremdkapitalgeber, Arbeitnehmer und die breite Öffentlichkeit. Mehrzweckabschlüsse sind dazu gedacht, den Bedürfnissen der Adressaten, die nicht in der Lage sind, auf ihre speziellen Informationsbedürfnisse zugeschnittene Berichte einzufordern, gerecht zu werden. Vgl. IASB (2007), S. 11 (GS 28).

[635] Unter Unternehmen, die nicht zur öffentlichen Rechenschaft verpflichtet sind, verstehen die IFRS for SME solche, die nicht kapitalmarktorientiert und nicht treuhänderisch tätig sind. Vgl. IFRS for SME 1.2. Als kapitalmarktorientiert sind dabei solche Unternehmen zu verstehen, deren Schuld- oder Eigenkapitalinstrumente an einem öffentlichen Markt gehandelt werden oder die im Begriff sind, solche Instrumente an einem öffentlichen Markt einzuführen. Treuhänderisch tätig sind solche Unternehmen, die für einen großen Kreis von Dritten Vermögen treuhänderisch verwalten. Dazu gehören in erster Linie Banken, Versicherungen, Investmentfonds oder ähnliche. Vgl. Kirsch (2009), S. 4.

[636] Im ED-IFRS for SME wurde noch eine Mitarbeiterzahl von 50 als Maßstab für die Erarbeitung des neuen Standards gewählt. Vgl. ED-IFRS for SME.BC.45. Im endgültigen IFRS for SME-Standard wurde jedoch auf ein derartiges Größenkriterium verzichtet.

Die genaue Festlegung des Anwenderkreises ist jedoch Aufgabe der nationalen Gesetzgeber. Die Europäische Union oder der deutsche Gesetzgeber hätte also bei einer Anerkennung des Abschlusses nach IFRS for SME noch einmal genau festzulegen, für welche KMU die Anwendung erlaubt und für welche die Anwendung vorgeschrieben sein soll.[637] Hierbei könnten dann durchaus auch größenabhängige Merkmale zum Tragen kommen.[638]

Als Adressaten sehen die IFRS for SME in erster Linie Kredit gebende Banken, Lieferanten, Kunden, Ratingagenturen und nicht an der Unternehmensleitung beteiligte Eigentümer.[639]

4.3.4 Aufbau des IFRS for SME-Standards

Standard	Inhalt
1	Kleine und mittelgroße Unternehmen
2	Konzept und Basisgrundsätze
3	Darstellung des Abschlusses
4	Bilanz
5	Gesamtergebnisrechnung und Gewinn- und Verlustrechnung
6	Eigenkapitalveränderungsrechnung und kombinierte Gewinn- und Verlustrechnung sowie Gewinnrücklagenentwicklungsrechnung
7	Kapitalflussrechnung
8	Anhang zum Abschluss
9	Konzernabschluss und separater Einzelabschluss
10	Bilanzierungs- und Bewertungsmethoden, Schätzungen und Fehler
11	Einfache Finanzinstrumente
12	Sonstige Finanzinstrumente
13	Vorräte
14	Anteile an assoziierten Unternehmen
15	Anteile an JointVentures
16	Als Finanzinvestitionen gehaltene Immobilien
17	Sachanlagen
18	Immaterielle Vermögenswerte (mit Ausnahme des Geschäfts- oder Firmenwerts)
19	Unternehmenszusammenschlüsse und Geschäfts- oder Firmenwert
20	Leasing
21	Rückstellungen, Eventualposten
22	Schulden und Eigenkapital
23	Erträge
24	Zuwendungen der öffentlichen Hand
25	Fremdkapitalkosten
26	Anteilsbasierte Vergütung
27	Wertminderung von Vermögenswerten
28	Leistungen an Arbeitnehmer
29	Ertragsteuern
30	Währungsumrechnung
31	Rechnungslegung in Hochinflationsländern
32	Ereignisse nach dem Ende der Berichtsperiode
33	Angaben über Beziehungen zu nahe stehenden Unternehmen und Personen
34	Besonderheiten spezifischer Branchen
35	Übergang auf "IFRS for SMEs"

Abbildung 37: Aufbau des IFRS for SME-Standards[640]

Der IFRS for SME-Standard besteht aus 35 Abschnitten, die entweder eine bestimmte Bilanz- oder GuV-Position oder ein Rechnungslegungsinstrument behan-

[637] Vgl. Beiersdorf (2006), S. 1899; Janssen (2009), S. 41; IFRS for SME P 13.

[638] Die gleiche Auffassung vertritt auch Kirsch (2009), S. 5. Auf die Tatsache, dass die Voraussetzungen für eine Anwendung der IFRS for SME auf europäischer Ebene zurzeit noch nicht gegeben sind, wird in der Literatur allerdings auch hingewiesen. Vgl. Fülbier/Gassen/Ott (2010), S. 1357 ff.

[639] Vgl. IFRS for SME.BC 80.

[640] Vgl. Kirsch (2009), S. 7 f.

deln. Die folgende Abbildung 37 gibt einen Überblick über die einzelnen Abschnitte des IFRS for SME.

Neben dem Hauptstandard wurden die so genannten Basis for Conclusions, die die Überlegungen und Schlussfolgerungen des IASB bei der Standardentwicklung zusammenfassen, und eine Implementation Guidance, die einen Musterabschluss mit Erläuterungen enthält, herausgegeben.

4.3.5 Grundsätze der IFRS for SME-Rechnungslegung

Den Full IFRS entsprechend, finden sich auch bei der IFRS for SME-Rechnungslegung qualitative Grundsätze, nach denen die Abschlüsse zu erstellen sind. Im Gegensatz zu den Full IFRS, bei denen die Anforderungen auf verschiedenen Hierarchieebenen zugeordnet sind, stehen die Grundsätze hier gleichberechtigt nebeneinander.[641] Folgende qualitative Anforderungen stellt der IFRS for SME 2 an die Abschlüsse:

- *Verständlichkeit*
  Ein sachverständiger Abschlussadressat muss sich in angemessener Zeit ein Bild von der Vermögen-, Finanz- und Ertragslage des Unternehmens machen können.[642]

- *Relevanz*
  Entscheidungsrelevant sind Informationen, wenn sie geeignet sind, die wirtschaftlichen Entscheidungen der Adressaten zu beeinflussen.[643]

- *Wesentlichkeit*
  Wenn das Weglassen oder die fehlerhafte Darstellung einer Information die wirtschaftlichen Entscheidungen der Adressaten beeinflussen kann, ist eine Information als wesentlich einzustufen.[644]

---

641 Die Abbildung 36 im Abschnitt 4.2.3 hat die hierarchische Gliederung der Grundsätze der Full IFRS gezeigt. So ist beispielsweise die Wesentlichkeit eine Unter-Anforderung der Relevanz.

642 Vgl. IFRS for SME 2.4.

643 Vgl. IFRS for SME 2.5.

644 Vgl. IFRS for SME 2.6.

- *Verlässlichkeit*

  „Informationen sind dann verlässlich, wenn sie keine Fehler enthalten und frei von verzerrenden Einflüssen sind und sich die Adressaten darauf verlassen können, dass sie glaubwürdig darstellen, was sie vorgeben darzustellen.“[645]

- *Wirtschaftliche Betrachtungsweise*

  Geschäftsvorfälle und Ereignisse sind entsprechend ihrem wirtschaftlichen Gehalt und nicht allein gemäß ihrer rechtlichen Gestaltung zu bilanzieren.[646]

- *Vorsicht/Umsicht*

  Bei der Abschlusserstellung und vor allem bei der Ausübung von Ermessensentscheidungen ist die für die jeweilige Schätzung erforderliche Sorgfalt an den Tag zu legen. Die mit den Schätzungen verbundene Unsicherheit ist zu berücksichtigen.[647]

- *Vollständigkeit*

  Die Informationen des Abschlusses müssen vollständig sein. Dabei bilden die Wesentlichkeit und die Kosten für die Informationsgenerierung die Grenzen der Vollständigkeit.[648]

- *Vergleichbarkeit*

  Die Abschlussinhalte müssen sowohl mit anderen Abschlüssen des selben Unternehmens als auch mit denen anderer Unternehmen vergleichbar sein.[649]

---

645 Kirsch (2009), S. 14. Vgl. auch IFRS for SME 2.7.

646 Vgl. IFRS for SME 2.8.

647 Auf diese Weise soll ein zu hoher Ansatz von Vermögen und Erträgen sowie ein zu niedriger Ansatz von Schulden und Aufwendungen vermieden werden. Auf der anderen Seite soll aber auch die Schaffung von stillen Reserven vermieden werden. Vgl. IFRS for SME 2.9. Der Grundsatz der Vorsicht nach IFRS for SME ist also nicht mit den Prinzip der kaufmännischen Vorsicht nach deutschem Handelsrecht vergleichbar. Hierauf wurde bereits im Abschnitt 2.6.3 näher eingegangen.

648 Vgl. IFRS for SME 2.10.

649 Um die periodenübergreifende Vergleichbarkeit zu gewährleisten, fordern die IFRS for SME die Angabe der bei der Abschlusserstellung verwendeten Bilanzierungs- und Bewertungsmethoden sowie Angaben zu deren Änderungen. Vgl. IFRS for SME 2.11.

- *Zeitnähe*

  Damit die Abschlussinformationen für die Adressaten entscheidungsrelevant sind, müssen sie neben der Erfüllung der inhaltlichen Relevanz auch zeitnah zur Verfügung stehen. Hierbei ist jedoch ein Gleichgewicht zwischen der Zeitnähe und der Verlässlichkeit der Informationen zu suchen.[650]

- *Abwägung zwischen Kosten und Nutzen*

  Bei der Generierung der Abschlussinformationen ist darauf zu achten, dass das Verhältnis zwischen den Kosten der Informationsgenerierung und dem Nutzen, den die verschiedenen Adressaten aus ihr ziehen können, immer zu Gunsten des Nutzens ausfällt.[651]

Weiterhin sind auch in der Rechnungslegung nach IFRS for SME die Grundsätze der Unternehmensfortführung und der Periodenabgrenzung aufgenommen worden.[652]

4.3.6 Eigenkapital nach der IFRS for SME-Rechnungslegung

Aufgrund der im Rahmen der Full IFRS andauernden Diskussion[653] um die Problematik der Klassifizierung des Eigenkapitals von deutschen Personengesellschaften als Fremdkapital und wegen der Bedeutung dieser Gesellschaftsform im deutschen Mittelstand soll an dieser Stelle kurz auf dieses Themenfeld und den Umgang mit ihm im Rahmen der IFRS for SME-Rechnungslegung eingegangen werden.

Gemäß § 247 Abs. 1 HGB ist das Eigenkapital von allen Kaufleuten[654] gesondert auszuweisen und hinreichend aufzugliedern.[655] Eine Legaldefinition des Eigenkapitals sucht man im deutschen Handelsrecht jedoch vergeblich.[656] Allgemein anerkannt ist, dass es sich bei dem bilanziellen Eigenkapital um die Differenz zwischen dem bilanziellen Vermögen und den Schulden eines Unternehmens han-

650 Denn eine sehr schnelle Abschlusserstellung könnte auf Kosten der Verlässlichkeit der Informationen erkauft worden sein. Vgl. IFRS for SME 2.12.

651 Vgl. IFRS for SME 2.13.

652 Vgl. IFRS for SME 3.8 f. und IFRS for SME 2.36.

653 Vgl. hierzu beispielsweise die Ausführungen von Meurer/Tamm (2010), S. 269 ff.

654 Ausnahmen ergeben sich für Kleinstkaufleute aus § 241a HGB.

655 Für Kapitalgesellschaften gibt § 266 Abs. 3 HGB ein Gliederungsschema vor.

656 Vgl. Pöschke (2009), S. 13 m.w.N.

delt.[657] Mithin handelt es sich bei dem bilanziellen Eigenkapital nach HGB um eine Residualgröße.[658] Weiterhin ist anerkannt, dass es sich bei dem Eigenkapital nach HGB um solches Kapital handelt, das vorrangig am Verlust partizipiert (so genannte Nachrangigkeit des Kapitals) und das dem Unternehmen nachhaltig überlassen wurde.[659] Letzteres wird jedoch keinesfalls als zeitlich „unbegrenzt" verstanden.

Nach den Regeln der Full IFRS ist das Eigenkapital zunächst auch als Restbetrag, der nach Abzug aller Schulden von den Vermögenswerten verbleibt, definiert.[660] Konkretisiert wird diese Definition im IAS 32. Nach diesem ist die zentrale Voraussetzung dafür, dass ein Finanzinstrument als Eigenkapital klassifiziert werden kann, dass keine Verpflichtung des Unternehmens besteht, finanzielle Vermögenswerte abzugeben.[661] Aufgrund der fehlenden zeitlichen Konkretisierung wird in Wissenschaft und Praxis gleichermaßen davon ausgegangen, dass Kapital nur dann als Eigenkapital zu klassifizieren ist, wenn es dem Unternehmen dauerhaft nicht entzogen werden kann.[662] Mit der „Dauerhaftigkeit" nach IFRS wird grundsätzlich eine zeitlich unbegrenzte Überlassung verstanden.

Da Gesellschaftsanteile deutscher Personengesellschaften mit einem ordentlichen nicht abdingbaren Kündigungsrecht versehen sind[663] – so steht beispielsweise den Gesellschaftern einer Offenen Handelsgesellschaft nach den §§ 131 f. HGB ein Kündigungsrecht mit einer Frist von sechs Monaten zum Geschäftsjahresende zu – , waren diese Gesellschaften lange gezwungen, IFRS-Abschlüsse zu veröffentlichen, in denen sie kein bilanzielles Eigenkapital ausweisen konnten.[664]

---

657 Der Vollständigkeit halber sind noch die zusätzlich in Abzug zu bringenden passiven Rechnungsabgrenzungsposten zu nennen. Vgl. Baetge/Kirsch/Thiele (2009), S. 459.

658 Vgl. Müller (1995), S. 448.

659 Vgl. Pöschke (2009), S. 34.

660 Vgl. Framework 49c der Full IFRS.

661 Vgl. IAS 32.16.

662 Vgl. Schaber/Kuhn/Eichhorn (2004), S. 315 ff.; Pöschke (2009), S. 37.

663 Geregelt in § 723 Abs. 3 BGB für die Gesellschaft bürgerlichen Rechts, § 105 HGB i.V.m. § 723 Abs. 3 BGB für die Offene Handelsgesellschaft, § 161 Abs. 2 HGB i.V.m. § 105 HGB i.V.m. § 723 Abs. 3 BGB für die Kommanditgesellschaft. Vgl. hierzu auch Meurer/Tamm (2010), S. 269.

664 Es sei darauf hingewiesen, dass sich der genannte Zwang nur auf die fehlende Möglichkeit des Eigenkapitalausweises und nicht auf die Veröffentlichung eines IFRS-Abschlusses bezieht.

Dass Gesellschafter von Personengesellschaften häufig auch mit ihrem Privatvermögen für Verbindlichkeiten der Gesellschaft haften, findet in der internationalen Rechnungslegung keine Berücksichtigung. Allerdings wurde im Februar 2008[665] der IAS 32 dahingehend geändert, dass jetzt auch solche Finanzinstrumente als Eigenkapital klassifiziert werden können, die kündbar sind. IAS 32.16 A bis D beinhalten nunmehr eng begrenzte Ausnahmevorschriften für derartige Finanzinstrumente. Das Eigenkapital von deutschen Personengesellschaften ist in der Regel als kündbares Finanzinstrument zu verstehen und fällt dementsprechend unter die neuen Regelungen.[666]

Neben der Tatsache, dass die einzelnen Kriterien der IAS 32.16 A bis D allerdings mit erheblichen Auslegungs- und Interpretationsspielräumen verbunden sind, führt darüber hinaus die noch immer fehlende grundlegende Überarbeitung der Regeln der Kapitalabgrenzung dazu, dass die IAS 32.16 A bis D allenfalls als Übergangsregelungen verstanden werden können.[667]

Die Kriterien wurden für die IFRS for SME in fast identischer Form übernommen.[668] Folgende Kriterien sind kumulativ zu erfüllen, damit ein kündbares Finanzinstrument als Eigenkapital gemäß der IFRS for SME klassifiziert werden kann:[669]

- Der Inhaber des kündbaren Finanzinstruments hat im Fall der Liquidation oder im Fall der Ausübung der Kündigungsoption einen pro-rata-Anspruch auf das Nettovermögen der Gesellschaft.

---

665 Die Umsetzung auf europäischer Ebene erfolgte durch die Verordnung (EG) Nr. 53/2009 der Kommission vom 21.01.2009.

666 Vgl. Meurer/Tamm (2010), S. 270. Das im § 122 Abs. 1 HGB verankerte Recht eines jeden Gesellschafters einer Offenen Handelsgesellschaft, eine gewinnunabhängige Kapitalentnahme in Höhe von vier Prozent seines Kapitalanteils vorzunehmen, steht aufgrund der Tatsache, dass es sich hierbei um dispositives Recht handelt (der Entnahme kann durch die Gesellschafterversammlung widersprochen werden), einer Klassifizierung als Eigenkapital nicht im Wege. Vgl. Hennrichs (2009), S. 1070; Meurer/Tamm (2010), S. 273.

667 Das IASB hat zwar erkannt, dass der IAS 32 vor der 2008er Überarbeitung in bestimmten Fällen zu unerwünschten Ergebnissen führen konnte. Es war jedoch bisher nicht bereit oder nicht in der Lage, das grundsätzliche Konzept der Kapitalabgrenzung anzupassen. Die Regelungen des IAS 32.16 A bis D schaffen lediglich eine Ausnahmeregelung für nach den IFRS eigentlich als Verbindlichkeiten zu klassifizierende Finanzinstrumente. Vgl. Pöschke (2009), S. 217.

668 Aus diesem Grund kann in diesem Zusammenhang auch auf die dieses Thema in den Full IFRS betreffende Literatur zurückgegriffen werden.

669 Vgl. zu den Kriterien IFRS for SME 22.4 beziehungsweise bei den Full IFRS IAS 32.16 A (a) bis (e).

- Das kündbare Finanzinstrument muss zur nachrangigsten Klasse an Finanzinstrumenten des emittierenden Unternehmens gehören.
- Die Ausstattungsmerkmale aller der nachrangigsten Klasse zugehörigen Finanzinstrumente müssen identisch sein.[670]
- Das kündbare Finanzinstrument gewährt dem Inhaber keine über die vorstehend genannten hinausgehende Rechte beziehungsweise ist für das emittierende Unternehmen mit keinen weiteren Zahlungsverpflichtungen verbunden.
- Während der Laufzeit des Instruments hängen deren Zahlungsströme im Wesentlichen vom Periodenergebnis und den Wertänderungen des Nettovermögens beziehungsweise des Gesamtwerts des Unternehmens ab.[671]

Demnach ist der Eigenkapitalausweis von deutschen Personengesellschaften unter IFRS for SME – auch, wenn das Problem der Kapitalabgrenzung nicht abschließend gelöst ist – als regelmäßig möglich anzusehen. Es können sowohl die Einlagen von persönlich haftenden Gesellschaftern von Personenhandelsgesellschaften als auch Einlagen von Kommanditisten als Eigenkapital ausgewiesen werden.[672]

4.4 Relevanz der IFRS für den Mittelstand

Erst seit wenigen Jahren sind die IFRS überhaupt in das Blickfeld des Mittelstands gerückt.[673] Zuvor wurden sie als für den Mittelstand nicht relevant und zu komplex angesehen. Wie im Abschnitt 4.3.1 bereits erwähnt, ist der IFRS for SME-Standard in der Europäischen Union noch nicht anerkannt. Dennoch nimmt die Relevanz der internationalen Rechnungslegung auch für den Mittelstand stetig zu. Hierfür sind vor allem vier Gründe zu nennen:

---

670 Mit den Ausstattungsmerkmalen sind primär solche finanzieller Art gemeint. Unterschiedliche nichtfinanzielle Merkmale, so etwa im Bereich der Stimm- oder Informationsrechte, sind hinsichtlich der Klassifizierung als Eigenkapital als unschädlich anzusehen. Lediglich überproportionale Stimmrechte einzelner oder mehrerer Gesellschafter können als eigenkapitalschädlich angesehen werden. Die genauen Voraussetzungen sind jedoch noch umstritten. Regelmäßig dürfte aber die Klassifizierung als Eigenkapital von der Gleichartigkeit der gesellschaftsvertraglichen Regelungen zur Gewinnverteilung und Kündigung abhängen. Vgl. Meurer/Tamm (2010), S. 271 m.w.N.

671 Die Full IFRS sehen weiterhin vor, dass das Unternehmen keine weiteren nichtfinanziellen Verträge oder Finanzinstrumente haben darf, deren Zahlungen wesentlich vom Unternehmenserfolg abhängen. Dies wären beispielsweise gewinnabhängig vergütete Genussscheine. Vgl. IAS 32.16 B

672 Vgl. Kirsch (2009), S. 121.

673 Vgl. Funk/Rossmanith/Eha (2009), S. 154.

- Internationalisierung der Unternehmenstätigkeit,
- Unternehmensfinanzierung,
- Harmonisierung auf dem Gebiet der Rechnungslegung und
- Unternehmenssteuerung.

Im Folgenden wird kurz erläuternd auf die einzelnen Gründe eingegangen.

Die *Internationalisierung der Unternehmenstätigkeit* hängt eng mit der Öffnung des Binnenmarktes der Europäischen Union zusammen. Dadurch wurden die Transaktionskosten grenzüberschreitender Aktivitäten deutlich gesenkt. Weiterhin hat die Währungsunion und die Verbesserung der Kommunikationssysteme und Transportwesen dazu beigetragen, dass der grenzüberschreitende Verkehr von Waren und Dienstleistungen immer weiter zugenommen hat.[674] Diese Entwicklung ist – wenn auch in geringerem Ausmaß als bei Großunternehmen – auch bei KMU zu beobachten.[675] Das Institut für Mittelstandsforschung in Bonn hat festgestellt, dass allein in den Jahren 2000 bis 2004 die Anzahl der exportierenden Mittelständler um 7,2 % zugenommen hat. Damit waren 2004 bereits 11,4 % aller KMU im Exportgeschäft aktiv.[676] Laut einer Studie von KPMG im Jahr 2007 sind sogar 63 % der Unternehmen mit bis zu 250 Mitarbeitern und 81 % der Unternehmen mit 251 bis 500 Mitarbeitern in irgendeiner Form international tätig.[677] Die Internationalisierung der Rechnungslegung kann in diesem Zusammenhang eine nachhaltige Unterstützung für die exportierenden Unternehmen darstellen beziehungsweise Nachteile gegenüber ausländischen Konkurrenten verhindern. Vor allem für langfristige Geschäftsbeziehungen ist es wichtig, dass sich ausländische Geschäftspartner einen Eindruck von der wirtschaftlichen Leistungsfähigkeit eines Unternehmens machen können. Da es jedoch besonders im angelsächsischen Raum häufig an Verständnis für die vom Vorsichtsprinzip geprägten HGB-

---

674 BLEY (2007) stellt in diesem Zusammenhang fest, dass der internationale Waren- und Dienstleistungsverkehr in den vergangenen Dekaden deutlich stärker gewachsen ist als die globale Wirtschaftsleistung. Vgl. Bley (2007), S. 3. Zur Globalisierung vgl. auch Kahle (1999), S. 183.

675 Hierbei ist jedoch zu beobachten, dass die Exportaktivität positiv mit der Unternehmensgröße korreliert. Das heißt, mit zunehmender Unternehmensgröße steigt auch die Wahrscheinlichkeit, dass ein Mittelständler international aktiv ist. Vgl. Günterberg/Kayser (2004), S. 29.

676 Vgl. Institut für Mittelstandsforschung Bonn (2007), S. 3.

677 Neben der Export- zählen auch Import- und internationale Finanzierungstätigkeiten dazu. Vgl. KPMG (2007), S. 5. Zur internationalen Tätigkeit von KMU vgl. auch Eierle/Haller/Beiersdorf (2011), S. 1589 ff.; Mayr (2006), S. 10 ff.

Abschlüsse mangelt, können internationale Abschlüsse hier die Möglichkeiten der internationalen Aktivitäten verbessern.[678] Sowohl bei öffentlichen als auch bei privaten internationalen Ausschreibungen werden ohnehin bereits häufig Jahresabschlüsse nach internationalen Rechnungslegungsgrundsätzen erwartet.[679]

Hinsichtlich der *Unternehmensfinanzierung* hat sich in den letzten Jahren zwar die durchschnittliche Eigenkapitalquote von KMU erhöht,[680] dies hat die Bedeutung des Fremdkapitals für die Unternehmensfinanzierung jedoch nicht verringert.[681] Noch immer ist die Kreditfinanzierung über Banken eine der wichtigsten Finanzierungsformen für KMU.[682] Aufgrund der seit Januar 2007 für Banken geltenden Eigenkapitalunterlegungsvorschriften nach Basel II entscheidet sich die Vergabe und Bepreisung von Krediten an Unternehmen nicht mehr aufgrund von informellen Gesprächen – wie dies in der Vergangenheit häufig der Fall war –, sondern aufgrund standardisierter Ratingverfahren, die vor allem auf den Jahresabschlussinformationen der Unternehmen beruhen.[683] Folglich haben die mit den Jahresabschlüssen veröffentlichten beziehungsweise den Banken zur Verfügung gestellten Informationen nunmehr einen unmittelbaren Einfluss auf die Kosten, die die Unternehmen für die Aufnahme von Fremdkapital zu tragen haben.[684] Aus zwei Gründen erscheint die Rechnungslegung nach IFRS in diesem Zusammenhang vorteilhaft: Zunächst ermöglicht sie in den meisten Fällen einen erhöhten Eigen-

---

678 Vgl. Weißenberger/Stahl/Vorstius (2004), S. 7; Winkeljohann/Haenelt (2007), S. 741 ff.

679 Vgl. PricewaterhouseCoopers (2004), S. 1 ff. Verlangt werden können Abschlüsse nach internationalen Grundsätzen jedoch nicht, weil dies gegen das Vergaberecht verstoßen würde. Vgl. Krähenhorst/Wallau (2005), S. 153 f.

680 Die Eigenkapitalquote ist bei KMU in den Jahren von 1997 bis 2008 kontinuierlich von 6,0 % auf 19,2 % gestiegen. Vgl. Deutsche Bundesbank, September 2010.

681 Vgl. Janssen (2009), S. 65.

682 Die Kreditanstalt für Wiederaufbau stellt in einer Erhebung im September 2006 fest, dass die Finanzierung über kurz- und langfristige Bankkredite nach der Innenfinanzierung die wichtigste Finanzierungsquelle des Mittelstands ist. Vgl. Plattner/Plankensteiner (2006), S. 68 ff.

683 Vgl. Janssen (2009), S. 61. Die Vorschriften von Basel II wurden bereits im Abschnitt 2.2.2.4 erläutert. Dass das Rating durch Kreditinstitute vor allem auf quantitativen Informationen aus den Jahresabschlüssen der Unternehmen beruht, hat unter anderem OEHLER (2005) in einer empirischen Studie nachgewiesen. Vgl. Oehler (2005), S. 176. Für nähere Erläuterungen zu bankinternen Ratingverfahren vgl. u.a. Gramlich (2007), S. 183 ff.

684 Basel II macht jedoch eine Einschränkung: Kredite, die einen Umfang von weniger als einer Million Euro haben und von Unternehmen aufgenommen werden, die einen Jahresumsatz von weniger als 50 Mio. Euro aufweisen, können pauschal mit einem Risiko von 75 % gewichtet werden. Auf diese Weise soll die Kapitalaufnahme für kleine Unternehmen erleichtert werden. Dass durch Basel II trotzdem auch für KMU die Notwendigkeit einer erhöhten Transparenz und verbesserter Informationsvermittlung besteht, ist indes unbestritten. Vgl. Ehlers (2005), S. 11; Baxmann (2004), S. 450.

kapitalausweis.[685] Daneben wird vielfach die Meinung vertreten, dass die IFRS-Rechnungslegung einen besseren Einblick in die tatsächlichen wirtschaftlichen Verhältnisse eines Unternehmens gewährt.[686] Beides kann zu einer besseren Ratingeinstufung führen, was wiederum geringere Kreditzinsen zur Folge hat.[687] Während die Stärkung des Eigenkapitals unmittelbar das Rating verbessert[688], führt der verbesserte Einblick in die tatsächlichen wirtschaftlichen Verhältnisse zu einem Abbau der Informationsasymmetrie zwischen Unternehmen und Banken. Dies wiederum kann zu einer Reduzierung des Risikozuschlags, der aufgrund von Informationsdefiziten verrechnet wird, führen.[689]

Das Eigenkapital ist und bleibt – auch nach und gerade durch Basel II – die zentrale Größe im Rahmen von Ratingverfahren. Durch eine Stärkung der Eigenkapitalausstattung kann nicht nur die finanzielle Unabhängigkeit von Unternehmen verbessert werden, sondern können – wie eben beschrieben – auch die Kosten für das Fremdkapital gesenkt werden. Demnach hat die Bedeutung des Eigenkapitals für KMU zugenommen. Es gilt also, die Eigenkapitalbasis zu stärken, um den Zugang zum Fremdkapital zu sichern und die Kosten des Fremdkapitals zu senken.[690] Neben der Innenfinanzierung durch Gewinnthesaurierung hat auch die Akquirierung von externem Eigenkapital – zum Beispiel über Private Equity –

---

685 Dies ist vor allem auf das im HGB vorherrschende Vorsichtsprinzip zurückzuführen. Vgl. Hirschböck/Schurbohm (2003), S. B5; Jebens (2003), S. 2345; Krähenhorst/Wallau (2005), S. 140; Breimann (2007), S. 18 ff. Für nähere Erläuterungen, wie genau es bei der IFRS-Rechnungslegung zu einem höheren Eigenkapitalausweis im Vergleich zur HGB-Rechnungslegung kommt vgl. Krähenhorst/Wallau (2005), S. 140 ff.

686 So wird in der IFRS-Rechnungslegung bei der Bewertung häufig eine betriebswirtschaftlichere Sichtweise als im deutschen Handelsrecht eingenommen. Dies resultiert vor allem aus der Tatsache, dass es bei der IFRS-Rechnungslegung keine Zweckpluralität der Abschlüsse gibt. Sie dienen ausschließlich der Information der Adressaten. Vgl. Carstensen/Leibfried (2004), S. 865; von Keitz/Stibi (2004), S. 426. Zur Beurteilung von IFRS-Abschlüssen im Rahmen von Ratingverfahren bei Banken vgl. KPMG (2008), S. 37 ff. Hier wird allerdings auch darauf hingewiesen, dass die vorteilhafte Einschätzung der IFRS in der Regel erst mit dem Vorliegen eines entsprechenden Know-hows im Bereich der IFRS-Rechnungslegung in den Kreditinstituten einhergeht.

687 Zum Zusammenhang zwischen Ratingnoten und Kosten für Kredite vgl. Obermann (2011), S. 72 ff. und S. 107 ff.

688 Die Eigenkapitalquote ist in der Regel das zentrale Kriterium im Rahmen von Ratings. Vgl. Pawelzik (2006), S. 153. Die Aussage, dass eine Stärkung des Eigenkapitals das Rating verbessert ist jedoch dahingehend zu relativieren, dass Banken an einen HGB-Abschluss nicht das selbe Ratingverfahren anlegen wie an einen IFRS-Abschluss. Das heißt, bei gleich bleibender Bonität muss ein Wechsel zur IFRS-Rechnungslegung nicht zwangsläufig mit einer Verbesserung der Ratingnote einhergehen. Vgl. Kruth (2006), S. 176.

689 Vgl. Carstensen/Leibfried (2004), S. 866. Die Erstellung eines Abschlusses nach IFRS kann nach herrschender Meinung zu einem größeren Vertrauen bei Banken führen. Vgl. Hirschböck/Schurbohm (2003), S. B5.

690 Vgl. Janssen (2009), S. 65.

zugenommen.[691] In der Regel sehen externe Eigenkapitalgeber einen Vorteil in der Rechnungslegung nach IFRS, weil diese einen besseren Einblick in die tatsächlichen wirtschaftlichen Verhältnisse gewähren und auch grenzüberschreitende Vergleiche besser ermöglichen.[692]

Die *Harmonisierung auf dem Gebiet der Rechnungslegung* tangiert den deutschen Mittelstand zurzeit fast nur indirekt. So gibt es im Mittelstand nur einen sehr kleinen Kreis von Unternehmen, die einen Konzernabschluss nach den Regeln der IFRS gemäß § 315a Abs. 1 oder 2 HGB aufstellen müssen beziehungsweise gemäß § 315a Abs. 3 HGB aufstellen dürfen und damit direkt von der Harmonisierung betroffen sind.[693] Daneben ist jedoch der indirekte Einfluss der Harmonisierung der Rechnungslegung auf EU-Ebene auf deutsche KMU zu berücksichtigen. So sind die von der EU beschlossenen Rechnungslegungsrichtlinien zwingend in nationales Recht umzusetzen. Die EU versucht mit diesen Richtlinien für einheitliche Wettbewerbsbedingungen innerhalb der EU zu sorgen.[694] Langfristig dürfte eine einheitliche Bilanzierung nach IFRS für alle Unternehmen innerhalb der Europäischen Union angestrebt werden.[695] Sowohl mit dem Bilanzrechtsreformgesetz (BilReG)[696] als auch mit dem BilMoG wurden in jüngster Vergangenheit eine Reihe von EU-Richtlinien im deutschen Handelsrecht umgesetzt.[697] Der Einfluss der EU auf die nationalen Rechnungslegungssysteme und damit auch auf die Rechnungslegung deutscher KMU nimmt also weiter zu.

Auch nimmt der faktische Einfluss der internationalen Rechnungslegung auf die Einzelabschlüsse, wegen der vermeintlichen Überlegenheit grenzüberschreitend vergleichbarer Abschlüsse aus Sicht der Kapitalgeber, weiter zu. Die Nachfrage von Eigen- und Fremdkapitalgebern sowie von Kunden usw. hinsichtlich der Jah-

---

691 Für nähere Erläuterungen zu Private Equity vgl. beispielsweise Börner (2006), S. 319 ff.

692 Vgl. Köhler/Marten (2005), S. 12 f.; Oehler (2005), S. 193; Trageser (2008), S. 23. Jedoch sei an dieser Stelle auch darauf hingewiesen, dass den IFRS zum Teil auch eine bessere Informationsvermittlung im Vergleich zur HGB-Rechnungslegung abgesprochen wird. Vgl. Schildbach (2007), S. 91 ff.; Kalina-Kerschbaum/Steggewentz (2007), S. 217.

693 Dies liegt daran, dass unter den ca. 3,6 Mio. mittelständischen Unternehmen in Deutschland nur ca. 200.000 Konzerne zu finden sind. Vgl. Busse von Colbe (2004), S. 2064. Bestand an KMU in Deutschland gemäß Schätzung des IfM-Bonn (Stand: 2008). Abrufbar unter www.ifm-bonn.org (Zeitpunkt der Einsichtnahme: 12.04.2010).

694 Vgl. Jacob/Berner (2005), S. 184 f.

695 Vgl. Haller (2003), S. 413.

696 Das Bilanzrechtsreformgesetz (BilReG) trat Ende 2004 in Kraft.

697 So wurden mit dem BilReG beispielsweise die Modernisierungsrichtlinie und die Fair Value-Richtlinie und mit dem BilMoG die Abänderungsrichtlinie der EU umgesetzt.

resabschlussinformationen schafft einen gewissen Druck hin zur Internationalisierung der Abschlüsse.[698] So konnte beispielsweise die Dr. Röver & Partner KG bereits im Jahr 2004 in einer Studie nachweisen, dass bereits eine Reihe von KMU den „Wunsch" ihrer Banken zu spüren bekommen, einen Abschluss nach IFRS zu erstellen.[699]

In der wissenschaftlichen Diskussion wurde zudem wiederholt festgestellt, dass die internationale Rechnungslegung aufgrund ihrer ausschließlichen Informationsfunktion – die sich mit der Zielsetzung des internen Rechnungswesens deckt – einer Harmonisierung des internen und externen Rechnungswesens dienlich sein kann. Eine Rechnungslegung nach IFRS könnte demnach die *Unternehmenssteuerung* effizienter machen, da die bisher im deutschsprachigen Raum übliche Trennung in internes und externes Rechnungswesen zum Teil überwunden werden könnte.[700] Ob diese Ansicht auch für die IFRS for SME Gültigkeit besitzt, gilt es im weiteren Verlauf dieser Arbeit zu untersuchen.

Zusammenfassend ist festzustellen, dass die Globalisierung auch vor deutschen Mittelständlern nicht Halt macht. Der zunehmenden Internationalisierung der Geschäftstätigkeiten folgt eine Internationalisierung der Rechnungslegung um erstere zu unterstützen. Da in absehbarer Zeit nicht mit einer Verlangsamung oder gar Umkehr dieses Trends zur internationalen Verflechtung zu rechnen ist, ist auch davon auszugehen, dass die Internationalisierung der Rechnungslegung weiter voranschreiten wird.

4.5 Angleichung von Aufwendungen und Kosten

4.5.1 Möglichkeit der Verringerung von neutralen Aufwendungen

Im Abschnitt 3.3.1 wurde bereits erläutert, dass im Zuge der Überleitung von den Aufwendungen der GuV-Rechnung zu den Kosten des internen Rechnungswesens zunächst die neutralen Aufwendungen zu eliminieren sind. In diesem Abschnitt gilt es nun zu untersuchen, inwieweit bei den IFRS for SME neutrale Aufwendungen in der externen Ergebnisrechnung auftauchen und wie sie gegebenenfalls bei

---

698 Vgl. Haase (2009), S. 112.

699 Hierbei wurde von Seiten der Banken häufig der Chance auf ein besseres Rating als ein möglicher Vorteil angegeben. Vgl. Dr. Röver & Partner KG (2004), S. 6.

700 Vgl. Wagenhofer (2006), S. 12 f.; Krähenhorst/Wallau (2005), S. 154 f. m.w.N.

der Überleitung zu den Kosten eliminiert werden können. Dafür ist es zunächst notwendig, den Aufbau der Ergebnisrechnung bei der IFRS for SME-Rechnungslegung zu erläutern:

Die Gesamtergebnisrechnung und die GuV-Rechnung sind im IFRS for SME 5 geregelt. Der Bilanzierende hat die Wahl, eine ausschließliche Gesamtergebnisrechnung aufzustellen oder diese in eine GuV-Rechnung und eine Gesamtergebnisrechnung aufzuteilen – also das Periodenergebnis in zwei Abschlussinstrumenten darzustellen.[701] Die Zweiteilungsvariante sieht vor, dass nur noch bestimmte Teile der Ergebnisrechnung in der dann deutlich kleineren Gesamtergebnisrechnung verbleiben. Zu diesen Bestandteilen gehören beispielsweise versicherungsmathematische Gewinne oder Verluste aus Leistungen an Arbeitnehmern und Erträge oder Aufwendungen aus Änderungen des beizulegenden Zeitwerts von Sicherungsinstrumenten (hedge accounting). Das heißt, bei den in der im Rahmen der zweigeteilten Ergebnisrechnung erstellten Gesamtergebnisrechnung verbleibenden Bestandteilen handelt es sich um neutrale Ergebnisbestandteile. Sollte, was bei KMU durchaus der Fall sein kann, die Gesamtergebnisrechnung keine Posten enthalten, da beispielsweise kein hedge accounting durchgeführt wird, genügt die ausschließliche Erstellung der GuV-Rechnung.

Die IFRS for SME bieten – wie das deutsche Handelsrecht auch – die Möglichkeit, zwischen dem Gesamt-[702] und Umsatzkostenverfahren[703] zu wählen.[704] Hinsichtlich des Periodenergebnisses ist es jedoch irrelevant, ob das Gesamt- oder Umsatzkostenverfahren gewählt wird; das nach IFRS for SME auszuweisende Ergebnis der gewöhnlichen Geschäftstätigkeit[705] entspricht in beiden Fällen weitgehend dem der handelsrechtlichen Rechnungslegung. Wie bei Letzterer sind auch im Ergebnis der gewöhnlichen Geschäftstätigkeit nach IFRS for SME neutrale Ergebnisbestandteile enthalten. Hierzu zählen beispielsweise außerordentliche

---

701 Vgl. IFRS for SME 5.2.

702 Das Gesamtkostenverfahren ist ein produktionsorientiertes Verfahren. Die Erträge und Bestandsveränderungen werden bei diesem Verfahren den nach Aufwandsarten gegliederten Aufwendungen der Periode gegenübergestellt. Vgl. Hoke (2001), S. 111.

703 Beim Umsatzkostenverfahren werden den Umsätzen die Herstellkosten des Umsatzes gegenübergestellt. Nur die sonstigen Aufwendungen für z.B. Vertrieb und Verwaltung sowie das Finanzergebnis werden gesondert aufgeführt. Vgl. u.a. Dr. Röver & Partner (2007), S. 74 f.

704 Vgl. IFRS for SME 5.11.

705 Bei den IFRS for SME wird dieses Ergebnis in der Literatur zum Teil auch als „Ergebnis der betrieblichen Tätigkeit“ bezeichnet. Vgl. beispielsweise Kirsch (2009), S. 37.

Abschreibungen auf Sachanlagen, Abschreibungen auf Umlaufvermögen und vor allem in den sonstigen Erträgen und sonstigen Aufwendungen enthaltene neutrale Ergebnisbestandteile.[706] Diese sind also auch nach der IFRS for SME-Rechnungslegung zu eliminieren, um zu den Kosten des internen Rechnungswesens zu gelangen.

Im Gegensatz zur HGB-Ergebnisrechnung hat die Ergebnisrechnung nach IFRS for SME jedoch den Vorteil, dass das Finanzergebnis sowohl im Gesamtkostenverfahren als auch im Umsatzkostenverfahren nicht zum Ergebnis der betrieblichen Tätigkeit gezählt wird.[707] Da es sich beim Finanzergebnis bis auf die Aufwendungen für Fremdkapital in der Regel tatsächlich um neutrale Ergebnisbestandteile handelt,[708] erleichtert die Gliederung der Ergebnisrechnung nach IFRS for SME somit die Harmonisierung. Dass damit auch die Fremdkapitalzinsen ins „neutrale“ Finanzergebnis ausgelagert und nicht als Teil des Ergebnisses der betrieblichen Tätigkeit geführt werden, ist unproblematisch, da sie im Zuge der Berechnung der kalkulatorischen Zinsen in der Regel sowieso einer Sonderbehandlung unterzogen werden. Hierauf wird weiter unten noch näher eingegangen.

Allein die Struktur der Erfolgsrechnung nach IFRS for SME leistet also einen – wenn auch nur kleinen – Beitrag zur besseren Harmonisierbarkeit mit dem internen Rechnungswesen. Die zweiteilige Variante der Ergebnisrechnung ist dabei zu empfehlen, da auf diese Weise unter Umständen bereits ein kleiner Teil der neutralen Aufwendungen aus der GuV-Rechnung ausgelagert werden kann und somit die noch zu eliminierenden neutralen Ergebnisbestandteile reduziert werden können.

Die Gefahr, dass Aufwandsrückstellungen als rechnungslegungspolitisches Instrument eingesetzt werden und damit zu neutralen Aufwendungen führen könnten (wie es im HGB vor dem BilMoG noch der Fall gewesen ist), bestand und besteht nach IFRS for SME nicht, denn wie auch in den Full IFRS existiert hier keine Möglichkeit zur Bildung von Aufwandsrückstellungen. Rückstellungen dür-

---

706 Hierzu zählen wiederum beispielsweise Zuschreibungen, Abschreibungen auf Forderungen oder Veräußerungsgewinne.

707 Nach § 275 Abs. 2 und 3 HGB ist das Finanzergebnis Teil des Ergebnisses der gewöhnlichen Geschäftstätigkeit.

708 Zum Finanzergebnis gehören beispielsweise auch Zinserträge und Erträge aus Beteiligungen, die in der Regel nicht zum Ergebnis aus dem Kerngeschäft gezählt werden.

fen nach IFRS for SME nur aufgrund von Außenverpflichtungen, das heißt Verpflichtungen gegenüber Dritten, gebildet werden.[709]

Um eine bessere Harmonisierbarkeit der internen und externen Ergebnisrechnungen zu gewährleisten, bietet sich in der externen Ergebnisrechnung außerdem die Verwendung des Umsatzkostenverfahrens an. Hierbei handelt es sich um eine Absatzerfolgsrechnung, bei der die Aufwendungen für Bestandserhöhungen, welche erst in späteren Perioden zu Umsätzen führen, außer Acht gelassen werden.[710] Es werden nur jene Aufwendungen den Umsatzerlösen zugeordnet, die auch durch letztere verursacht wurden. Die Aufwendungen sind dabei auf die einzelnen Funktionsbereiche des Unternehmens zu verteilen. Das Umsatzkostenverfahren ist durch die für die Zuordnung der Aufwendungen auf die verschiedenen Funktionsbereiche notwendigen Schlüsselungen zwar aufwendiger als das Gesamtkostenverfahren, es bietet jedoch ein ökonomisch wesentlich aussagekräftigeres Ergebnis, welches auch für interne Steuerungszwecke besser genutzt werden kann.[711]

4.5.2 Möglichkeiten des Verzichts auf kalkulatorische Kosten im internen Rechnungswesen

4.5.2.1 Kalkulatorische Abschreibungen

Wie bereits im Abschnitt 3.3.2.2 erläutert, hängt die Höhe der in den Erfolgsrechnungen angesetzten Abschreibungsbeträge von der Abschreibungsbasis, dem Abschreibungsverfahren und der Nutzungsdauer ab. Zu untersuchen ist nun also, inwieweit die Abschreibungen nach IFRS for SME durch die Vorschriften zur Festlegung dieser drei Komponenten dem tatsächlichen Wertverzehr nahe kommen.

Der HGB-Rechnungslegung entsprechend sind Sachanlagen bei der erstmaligen Erfassung gemäß IFRS for SME 17.9 zu Anschaffungs- oder Herstellungskosten anzusetzen. Eine Aktivierung zu Wiederbeschaffungskosten ist auch nach den IFRS for SME nicht möglich. Demnach bilden auch hier die Anschaffungs- oder Herstellungskosten die Abschreibungsbasis. Obwohl die IFRS for SME – genau

---

709 Vgl. Kirsch (2009), S. 143; IFRS for SME 21, insbesondere 21.6. Auf die Möglichkeiten beziehungsweise Pflicht zur Passivierung von Rückstellungen wird im Rahmen der Erläuterungen zu den kalkulatorischen Wagnissen im Abschnitt 4.5.2.3 noch näher eingegangen.

710 Vgl. Baetge/Kirsch/Thiele (2009), S. 577 ff.

711 Vgl. Lühr (2010), S. 152.

wie das HGB nach BilMoG – den Vollkostenasatz vorschreibt,[712] gibt es Unterschiede bei der Ermittlung der Herstellungskosten.

<table>
<tr><th>Kosten</th><th>HGB nach BilMoG</th><th>IFRS for SME</th></tr>
<tr><td>Materialeinzelkosten</td><td rowspan="6">Pflicht</td><td rowspan="6">Pflicht</td></tr>
<tr><td>Fertigungseinzelkosten</td></tr>
<tr><td>Sondereinzelkosten der Fertigung</td></tr>
<tr><td>Materialgemeinkosten</td></tr>
<tr><td>Fertigungsgemeinkosten</td></tr>
<tr><td>Wertverzehr des Anlagevermögens</td></tr>
<tr><td>Kosten der allgemeinen Verwaltung</td><td rowspan="3">Wahlrecht</td><td rowspan="5">Verbot</td></tr>
<tr><td>Allgemeine Sozialaufwendungen</td></tr>
<tr><td>Fremdkapitalzinsen</td></tr>
<tr><td>Vertriebskosten</td><td rowspan="2">Verbot</td></tr>
<tr><td>Forschungskosten</td></tr>
</table>

Abbildung 38: Bestandteile der Herstellungskosten nach HGB (nach BilMoG) und IFRS for SME

Es dürfen nach den IFRS for SME keine Fremdkapitalkosten in die Herstellungskosten mit einbezogen werden.[713] Auch nicht, wenn sie der Herstellung direkt zugerechnet werden können. Außerdem dürfen Kosten der allgemeinen Verwaltung und für allgemeine Sozialleistungen nicht – wie im HGB – mit einbezogen werden.[714] Einzubeziehen sind nur solche Verwaltungskosten, die direkt dem Produktionsvorgang zugeordnet werden können oder die dazu dienen, den Vermögenswert in einen betriebsbereiten Zustand zu versetzten.[715] Für Forschungs- und Vertriebskosten gilt auch nach den IFRS for SME ein

---

712 Zu den Pflichtbestandteilen der Herstellungskosten gehören die Material- und Fertigungseinzelkosten, die Material- und Fertigungsgemeinkosten sowie Verwaltungskosten, sofern sie dem Produktionsvorgang zugeordnet werden können. Vgl. Kirsch (2009), S. 57 f. Der Begriff der Herstellungskosten wird in den IFRS for SME nicht in einem eigenen Standard definiert. Er wird im IFRS for SME 13, der sich mit den Vorräten beschäftigt, umschrieben. Vgl. IFRS for SME 13.8.

713 Vgl. IFRS for SME 25.2. Nach HGB besteht ein Aktivierungswahlrecht für Fremdkapitalzinsen, wenn das Fremdkapital zur Finanzierung der Herstellung des Vermögensgegenstands verwendet wird und die Zinsen auf den Zeitraum der Herstellung entfallen. Vgl. § 255 Abs. 3 Satz 2 HGB.

714 Zu den Kosten der allgemeinen Verwaltung gehören beispielsweise Aufwendungen für die Geschäftsleitung, den Betriebsrat, das Personalbüro, das Ausbildungswesen, die Buchführung usw. Vgl. Küting/Pfitzer/Weber (2009), S. 175.

715 Vgl. IFRS for SME 13.13 c. Selbiges gilt auch für die Sozialaufwendungen. Vgl. Kirsch (2009), S. 88 f.

Einbeziehungsverbot. Sie dürfen nicht aktiviert werden. Im Gegensatz zur HGB-Rechnungslegung gibt es also bei der Rechnungslegung nach IFRS for SME keine Wahlrechte bei der Ermittlung der Herstellungskosten.

Als Abschreibungsverfahren schreiben die IFRS for SME das Verfahren vor, welches dem erwarteten wirtschaftlichen Nutzenverlauf am besten entspricht. IFRS for SME 17.22 Satz 2 sieht insbesondere die lineare, die degressive und die leistungsabhängige Abschreibung vor. Diese Aufzählung ist jedoch nicht abschließend.[716] Jedes Verfahren, was den tatsächlichen Wertverzehr widerspiegelt, ist zulässig. Damit entsprechen die Regelungen zu den Abschreibungsverfahren im Grunde denen des Handelsrechts.[717]

Auch die Nutzungsdauer ist dem HGB entsprechend anhand der tatsächlichen Verhältnisse festzulegen. Der IFRS for SME 17.21 gibt explizite Anhaltspunkte für die Ermittlung der Nutzungsdauer. Vor allem die Gesamtkapazität beziehungsweise Gesamtausbringungsmenge, der erwartete Verschleiß sowie die geplanten (laufenden) Reparatur- und Instandhaltungsmaßnahmen sind hierbei zu berücksichtigen.[718]

Eine Besonderheit der IFRS-Rechnungslegung ist der so genannte Komponentenansatz. Nach ihm ist ein Vermögensgegenstand, dessen Bestandteile eine signifikant unterschiedliche Nutzungsdauer aufweisen, abschreibungstechnisch in seine Bestandteile zu zerlegen. Jede Komponente erhält dann einen eigenen Abschreibungsplan.[719] Als Beispiel nennen die IFRS for SME die separate Abschreibung des Dachs eines Gebäudes.[720]

Eine Harmonisierung im Bereich der kalkulatorischen Abschreibungen entspricht also in weiten Teilen der unter der HGB-Rechnungslegung. Das Abschreibungsverfahren darf auch hier nicht aus rechnungslegungspolitischen Erwägungen gewählt werden. Es muss den tatsächlichen Nutzenverlauf widerspiegeln, damit die bilanziellen Abschreibungen auch zu internen Steuerungszwecken genutzt

716 Die Regelungen entsprechen hier den Full IFRS. Vgl. hierzu Ballwieser (2002), Rn. 46.

717 Vgl. § 253 Abs. 3 Satz 2 HGB.

718 Vgl. IFRS 17.21 (a) und (b).

719 Vgl. IFRS for SME 17.16 i.V.m. 17.6.

720 So kann ein Dach z.B. über 20 Jahre abgeschrieben werden, während die übrigen Gebäudeteile über 45 Jahre abgeschrieben werden. Wird die separat abgeschriebene Komponente schließlich nach Ablauf der Nutzungsdauer ersetzt, werden die Kosten für den Ersatz im Buchwert der Sachanlage aktiviert. Vgl. IFRS for SME 17.6 Satz 2.

werden können. Das gleiche gilt für die Nutzungsdauer. Es kann also für die Bilanzierung jeweils auf die Daten des internen Rechnungswesens zurückgegriffen werden. Hinsichtlich der Abschreibungsbasis sei auf die Ausführungen im Abschnitt 3.3.2.2 verwiesen, die den Umgang mit dem Verzicht auf die Wiederbeschaffungskosten als Abschreibungsbasis im internen Rechnungswesen erläutern. Denn auch unter IFRS for SME wäre eine Harmonisierung im Bereich der kalkulatorischen Abschreibung nur unter Verzicht auf den Ansatz der Wiederbeschaffungskosten als Abschreibungsbasis im internen Rechnungswesen möglich.

Die zentrale Besonderheit im Vergleich zum HGB ist der Komponentenansatz. Im HGB vor dem BilMoG wurde das Problem unterschiedlicher Nutzungdauern verschiedener Komponenten eines Vermögensgegenstandes beispielsweise durch den Ansatz von Aufwandsrückstellungen gelöst. Diese konnten, bei Fehlen einer rechnungslegungspolitischen Motivation, auch den tatsächlichen Verzehr an Produktionsfaktoren wiedergeben und damit auch im internen Rechnungswesen zu Steuerungszwecken genutzt werden. Diese Möglichkeit gibt es seit der Streichung fakultativer Aufwandsrückstellungen durch das BilMoG im HGB nicht mehr. In der Rechnungslegung nach IFRS for SME besteht durch den Komponentenansatz die Möglichkeit, den Bestandteilen eines Vermögensgegenstandes, die nach einer absehbaren Zeit einer Großreparatur oder eines Ersatzes bedürfen (z.B. Dach eines Gebäudes), von vornherein eine kürzere Nutzungsdauer zuzuordnen. Damit können die Abschreibungsbeträge dem tatsächlichen Wertverzehr sehr nahe kommen. In dieser Hinsicht ist die Rechnungslegung nach IFRS for SME also dem HGB – was die Harmonisierungsmöglichkeiten betrifft – überlegen.

Weiterhin sind die Unterschiede bei der Ermittlung der Herstellungskosten selbst geschaffener Sachanlagen zu beachten. Hier bietet das HGB selbst nach dem BilMoG noch einen gewissen rechnungslegungspolitischen Spielraum. Dieser besteht bei der IFRS for SME-Rechnungslegung nicht. Die Bestandteile sind entweder zwingend anzusetzen oder nicht zu berücksichtigen beziehungsweise direkt als Aufwand zu verrechnen. Diese Tatsache sorgt dafür, dass die Abschreibungsbasis im externen Rechnungswesen eindeutig zu bestimmen ist. Grundsätzlich ist damit eine sinnvolle Nutzung der Daten auch im internen

Rechnungswesen möglich, da die Daten nicht das Resultat rechnungslegungspolitischer Erwägungen, sondern das Ergebnis einer weitgehend objektivierten Ermittlung sind.[721] Jedoch umfassen die Vollkosten nach IFRS for SME nicht alle Kostenbestandteile, die nach dem HGB einbezogen werden können. So dürfen Fremdkapitalzinsen, auch wenn sie der Herstellung direkt zugerechnet werden können, nicht mit in die Herstellungskosten und damit nicht mit in die Abschreibungsbasis einbezogen werden. Auch eine unter Umständen ökonomisch sinnvolle indirekte Zurechnung von allgemeinen Kosten zu den Herstellungskosten lässt die IFRS for SME-Rechnungslegung nicht zu. In dieser Hinsicht entfernt sich das externe vom internen Rechnungswesen, weil eine Einbeziehung sämtlicher (direkt oder indirekt) zurechenbarer Kosten aus Sicht des internen Rechnungswesens notwendig erscheint. Denn nur dann können ökonomisch korrekte Abschreibungsbeträge ermittelt und sinnvolle Entscheidungen getroffen werden.[722] In diesem Zusammenhang ist auch noch einmal darauf hinzuweisen, dass bei einem Rückgriff auf die Herstellungskosten des externen Rechnungswesens ausschließlich pagatorische Kosten in die Abschreibungsbasis einfließen. Kalkulatorische Kosten bleiben völlig unberücksichtigt. Dies kann – je nach Umfang der kalkulatorischen Kosten – zu erheblichen Unterschieden zwischen den Abschreibungsbasen des externen und internen Rechnungswesens führen und damit eine Harmonisierung erschweren.

4.5.2.2 Kalkulatorische Zinsen

Die im Zuge der Analyse der Harmonisierbarkeit des Rechnungswesens unter der HGB-Rechnungslegung erarbeiteten Erkenntnisse gelten auch für den Versuch, unter der IFRS for SME-Rechnungslegung eine Harmonisierung im Bereich der kalkulatorischen Zinsen zu erreichen. Hierzu gehört vor allem die Erkenntnis, dass die in der Kalkulation und der Ergebnisrechnung zu berücksichtigenden Eigenkapitalzinsen zwar in eine gesonderte Mindestgewinnrechnung ausgelagert werden können, um die interne und externe Ergebnisrechnung einander annähern zu können. Dabei ergibt sich jedoch die Problematik, dass eine ökonomisch sinnvolle

---

721 Selbstverständlich bleiben dem Bilanzierenden gewisse Spielräume bei der Bewertung – vor allem bei der Ermittlung der zurechenbaren Gemeinkosten.

722 KLEIN (1999) weißt in diesem Zusammenhang darauf hin, dass ein Verzicht auf den Ansatz von Fremdkapitalkosten im Rahmen der Herstellungskosten durchaus sinnvoll sein kann, weil der Wertansatz auf diese Weise nicht von der Art der Finanzierung abhängig ist. Vgl. Klein (1999), S. 110.

Ressourcenallokation im Unternehmen beeinträchtigt werden könnte, weil zum einen nicht alle Kapitalkosten bei der Kalkulation innerbetrieblicher Leistungen berücksichtigt würden und sich zum anderen die Kapitalkosten der Leistungen für den unternehmensexternen Markt nicht in den Preisuntergrenzen wieder fänden. Deshalb empfiehlt es sich in der Regel, auf eine derartige Harmonisierung im Bereich der kalkulatorischen Zinsen zu verzichten.

Es gilt deshalb zu untersuchen, inwieweit die Rechnungslegung nach IFRS for SME eine sinnvolle Zinsermittlung (im Vergleich zum HGB) ermöglicht. Dies könnte die Arbeit im internen Rechnungswesen zumindest erleichtern, weil auf die Daten des externen Rechnungswesens zurückgegriffen werden könnte.

Das externe Rechnungswesen liefert unmittelbare Informationen über die zu zahlenden Fremdkapitalzinsen, jedoch nicht über die zu berücksichtigenden Eigenkapitalzinsen. Deshalb ist – wie bereits im Abschnitt 3.3.2.3 erläutert – auf das betriebsnotwendige Kapital abzustellen, welches mit einem Mischzinssatz zu verzinsen ist. Die Frage ist also, inwieweit liefert das externe Rechnungswesen nach IFRS for SME ökonomisch korrekte Informationen über das im Unternehmen gebundene betriebsnotwendige Kapital und wie unterscheiden sich diese Informationen von denen der HGB-Rechnungslegung.

Die Rechnungslegung nach IFRS for SME kennt sechs unterschiedliche Bewertungsmaßstäbe:

- historische Anschaffungs- oder Herstellungskosten,
- fortgeführte Anschaffungs- oder Herstellungskosten,
- beizulegender Zeitwert,
- beizulegender Zeitwert abzüglich Verkaufskosten,
- erzielbarer Betrag und
- Nutzungswert.

Gemäß IFRS for SME 2.46 sind Vermögensgegenstände[723] beim Zugang grundsätzlich zu Anschaffungs- oder Herstellungskosten zu bewerten.[724] Die Herstel-

723 Selbiges gilt für die Schulden.

724 Vgl. Kirsch (2009), S. 25 f.

lungskosten wurden oben bereits erläutert.[725] Die Anschaffungskosten setzen sich aus dem Anschaffungspreis und den Anschaffungsnebenkosten[726] abzüglich Anschaffungskostenminderungen[727] zusammen.[728] Die Folgebewertung von nicht finanziellen Vermögenswerten erfolgt dann zum Minimum aus den fortgeführten Anschaffungs- oder Herstellungskosten[729] und dem erzielbaren Betrag. Der erzielbare Betrag ist wiederum das Maximum aus dem beizulegenden Zeitwert abzüglich der Verkaufskosten und dem Nutzungswert.[730] [731] Eine Bewertung über die fortgeführten Anschaffungs- oder Herstellungskosten hinaus, wie es die Full IFRS über die Neubewertungsrücklage zulassen, gibt es für nicht finanzielles Vermögen nach den IFRS for SME nicht.

Eine Bewertung zum beizulegenden Zeitwert, das heißt zum Fair Value, sehen die IFRS for SME nur für bestimmte Finanzinstrumente, Anteile an assoziierten Unternehmen, Joint Ventures sowie landwirtschaftliches und biologisches Vermögen vor.[732]

Als beizulegender Zeitwert abzüglich Verkaufskosten ist der Betrag zu verstehen, der durch den Verkauf des Vermögenswerts zu Marktbedingungen zwischen sachverständigen vertragswilligen Parteien nach Abzug der Verkaufskosten erzielt werden könnte.[733] Der Nutzungswert ist gemäß IFRS for SME definiert als Barwert der künftigen Cashflows, der voraussichtlich mit einem Vermögenswert erzielt werden kann.[734] Aus dem durch Verkauf und dem durch Weiternutzung des Vermögenswerts zu generierenden Betrag ist der erzielbare Betrag nach IFRS for SME also der höhere Betrag.

---

725 Vgl. Abschnitt 4.5.2.1.

726 Zu den Anschaffungsnebenkosten gehören neben Zöllen und Transportkosten all jene Kosten, die anfallen, um den Vermögensgegenstand in einen betriebsbereiten Zustand zu versetzen. Vgl. IFRS for SME 13.6 und 17.10 b.

727 Vgl. IFRS for SME 17.10 a.

728 Bei Sachanlagen kommen unter Umständen noch die geschätzten Kosten für den Abbruch und das Abräumen des Vermögensgegenstandes und die Wiederherstellung des Standorts, an dem er sich befindet, hinzu. Vgl. IFRS for SME 17.10 c.

729 Das heißt, die historischen Anschaffungs- oder Herstellungskosten abzüglich der planmäßigen Abschreibungen.

730 Vgl. IFRS for SME 27.11.

731 Die grundsätzliche Bewertung von nicht finanziellem Vermögen nach IFRS for SME wird in Abbildung 39 noch einmal übersichtlich dargestellt.

732 Vgl. IFRS for SME 2.47 f. und 2.50.

733 Vgl. IFRS for SME 27.14 S. 1; Kirsch (2009), S. 61.

734 Vgl. IFRS for SME 27.15.

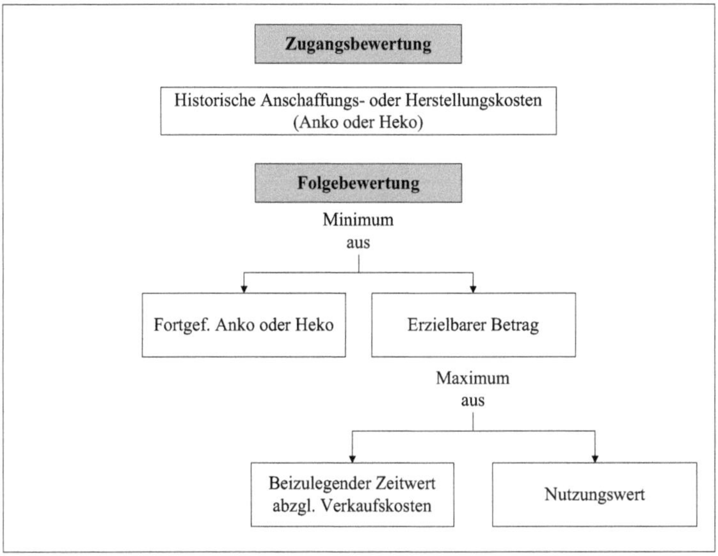

Abbildung 39: Grundsätzliche Bewertung von nicht finanziellem Vermögen nach IFRS for SME

Sowohl nach HGB als auch nach IFRS for SME ist im Rahmen der Folgebewertung eine Wertaufholung beziehungsweise Zuschreibung bis zu den ursprünglichen planmäßigen fortgeführten Anschaffungs- oder Herstellungskosten vorzunehmen, wenn der Grund für eine außerplanmäßige Abschreibung entfallen ist.[735]

Damit entspricht die Bewertung des abnutzbaren Anlagevermögens weitestgehend der nach dem HGB. Auch dort ist der Zugang zu historischen Anschaffungs- oder Herstellungskosten und in der Folge ist zum Minimum aus fortgeführten Anschaffungs- oder Herstellungskosten und beizulegenden Zeitwert[736] zu bewerten. Nach der IFRS for SME-Rechnungslegung ist eine Abwertung unter die fortgeführten Anschaffungs- oder Herstellungskosten jedoch nur vorzunehmen, wenn auch der unternehmensinterne Nutzungswert gesunken ist. Dieser Nutzungswert bleibt bei der Rechnungslegung nach HGB unberücksichtigt, obwohl auch das HGB nach dem Going-Concern-Prinzip[737] bilanziert. Diese Tatsache sorgt dafür, dass die

[735] Vgl. IFRS for SME 27.30 b und c sowie § 253 Abs. 5 HGB.

[736] Vgl. § 255 Abs. 4 Satz 1 und 2 HGB.

[737] Vgl. § 252 Abs. 1 Nr. 2 HGB.

Folgebewertung des abnutzbaren Anlagevermögens nach IFRS for SME eher höher ausfällt als nach dem HGB.

Ein weiterer Unterschied ist der oben bereits beschriebene geringere Umfang der Herstellungskosten in der IFRS for SME-Rechnungslegung.[738] Selbst geschaffene Vermögenswerte des Anlagevermögens werden hierdurch tendenziell niedriger bewertet als nach dem HGB.

Eine klare Aussage darüber, ob die Bewertung des abnutzbaren Anlagevermögens höher oder niedriger ausfällt als nach der HGB-Rechnungslegung ist damit nicht eindeutig möglich. Weiterhin ist auch keine eindeutige Aussage über die ökonomisch korrektere Bewertung möglich. Selbst geschaffene Vermögenswerte werden im Vergleich zum HGB eher zu niedrig, extern angeschaffte Vermögenswerte eher höher als nach deutschem Handelsrecht bewertet. Insbesondere eine Bilanzierung zum Fair Value über eine Neubewertungsrücklage würde ein realistischeres Bild der Vermögenslage zeichnen. Diese Bilanzierung ist jedoch nach den IFRS for SME – im Gegensatz zu den Full IFRS – nicht zulässig.

Hinsichtlich der Bewertung des Umlaufvermögens – insbesondere der Vorräte – sind die Unterschiede zwischen der IFRS for SME- und der HGB-Rechnungslegung vernachlässigbar gering. Bei beiden ist eine Bilanzierung zu aktuellen Werten möglich.[739]

Da aber nach IFRS for SME selbst geschaffene immaterielle Vermögenswerte nicht aktiviert werden dürfen[740], bietet das HGB, sofern dort das Wahlrecht zur Aktivierung von selbst geschaffenen immateriellen Vermögenswerten ausgeübt wird, sogar die Möglichkeit, ein ökonomisch zutreffenderes Vermögen auszuweisen. Somit bietet die IFRS for SME-Rechnungslegung keine ökonomisch sinnvol-

---

738 Vgl. Abschnitt 4.5.2.1.

739 Gemäß § 253 Abs. 4 HGB sind Vermögensgegenstände des Umlaufvermögens – also vor allem Vorräte – nach dem strengen Niederstwertprinzip zu bewerten. Auch nach den IFRS for SME ist an den Bilanzstichtagen ein so genannter Niederstwerttest durchzuführen. Hierbei wird der aktuelle Buchwert mit dem Verkaufspreis abzüglich der geschätzten Kosten für die Fertigstellung und der Verkaufskosten verglichen. Zum niedrigeren der beiden Werte ist dann zu bilanzieren (vgl. IFRS for SME 27.2). Eine den tatsächlichen Gegebenheiten entsprechende Bewertung bei gestiegenen Marktpreisen ist jedoch nicht möglich. Bei beiden Rechnungslegungssystemen ist eine Bewertung über den Anschaffungs- oder Herstellungskosten ausgeschlossen.

740 Auf die Aktivierung beziehungsweise Nichtaktivierung von selbst geschaffenen immateriellen Vermögenswerten wurde und wird an anderer Stelle näher eingegangen (vgl. Abschnitt 2.2.3.4.2.1 sowie die Abschnitte 3.4.2 und 4.6.2).

lere Basis zur Ermittlung der kalkulatorischen Zinsen als die HGB-Rechnungslegung. Ein Vorteil ist lediglich darin zu sehen, dass die IFRS for SME-Rechnungslegung im Rahmen der Bewertung deutlich weniger Wahlrechte zulässt als das HGB. Das nach HGB ausgewiesene Vermögen kann also eher den ökonomischen Tatsachen entsprechen als das nach IFRS for SME – dies jedoch nur unter der Prämisse, dass die Bewertungs- und Bilanzierungswahlrechte nicht aus rechnungslegungspolitischen Erwägungen, sondern den ökonomischen Realitäten entsprechend ausgeübt werden.

4.5.2.3 Kalkulatorische Wagnisse

Oben wurde bereits festgestellt, dass eine Harmonisierung im Bereich der kalkulatorischen Wagnisse nur insoweit möglich ist, wie ihnen die Bildung von Rückstellungen im externen Rechnungswesen gegenübersteht.[741] Rückstellungen für Außenverpflichtungen sind – dem HGB entsprechend – auch im IFRS for SME-Abschluss zu bilden. Folgende Bedingungen müssen kumulativ erfüllt sein, damit eine Rückstellung nach IFRS for SME anzusetzen ist:

- Es besteht eine gegenwärtige Verpflichtung aus einem Ereignis der Vergangenheit.
- Es ist wahrscheinlich[742], dass Ressourcen mit wirtschaftlichem Nutzen zur Erfüllung dieser Verpflichtung abfließen werden.
- Die Höhe der Verpflichtung ist zuverlässig schätzbar.[743]

Dabei muss die Verpflichtung nicht unbedingt rechtlich einklagbar sein. Auch für wirtschaftliche Verpflichtungen, die aus dem Verhalten eines Unternehmens in der Vergangenheit resultieren, müssen Rückstellungen gebildet werden. Solche Verpflichtungen können beispielsweise entstehen, wenn in der Vergangenheit aus Kulanz regelmäßig Gewährleistungen über die gesetzliche Frist hinaus gewährt wurden und von den Kunden für die Zukunft selbiges erwartet wird beziehungsweise erwartet werden kann.[744] In solchen Fällen können die Aufwendungen für die Bildung von Gewährleistungsrückstellungen, wie auch bei der HGB-

---

741 Vgl. Abschnitt 3.3.2.4.

742 Wahrscheinlich im Sinne der Rechnungslegung nach IFRS for SME bedeutet, dass die Eintrittswahrscheinlichkeit über 50 % liegt. Vgl. IFRS for SME 21.4 b.

743 Vgl. IFRS for SME 21.4; Kirsch (2010a), S. 4.

744 Vgl. Kirsch (2009), S. 143.

Rechnungslegung, unproblematisch als Grundkosten in die Kostenrechnung übernommen werden.

Da es sich bei den oben genannten Verpflichtungen ausschließlich um Verpflichtungen gegenüber Dritten handelt, sind Aufwandsrückstellungen in der IFRS for SME-Rechnungslegung in keiner Form zulässig. Für regelmäßig wiederkehrende Großreparaturen können demnach über die Jahre – wie im neuen HGB auch – keine Aufwandsrückstellungen gebildet werden. Eine Harmonisierung in diesem Bereich ist aber unter Umständen doch möglich, wenn die Großreparaturen (zum Beispiel von Dächern) im Rahmen des Komponentenansatzes über eine kürzere Nutzungsdauer und damit über höhere Abschreibungen Berücksichtigung im externen und internen Rechnungswesen finden können.[745] Dementsprechend bietet die IFRS for SME-Rechnungslegung im Bereich der kalkulatorischen Wagnisse eine mindestens gleichgute – wenn nicht gar eine etwas bessere – Harmonisierbarkeit als die HGB-Rechnungslegung.[746]

4.5.2.4 Kalkulatorische Miete und kalkulatorischer Unternehmerlohn

Weder bei der kalkulatorischen Miete noch bei dem kalkulatorischen Unternehmerlohn bietet die Rechnungslegung nach IFRS for SME von der HGB-Rechnungslegung abweichende Möglichkeiten der Erfassung im externen Rechnungswesen. Jeweils steht einem Ansatz das Selbstkontrahierungsverbot im Wege. Die einzige Möglichkeit der Harmonisierung in diesen Bereichen ist der Rückgriff auf die differenzierende Gewinnkalkulation.

4.5.2.5 Kalkulatorische Materialkosten

Gemäß IFRS for SME 13.18 steht dem Bilanzierenden neben der Durchschnittsmethode ausschließlich die Fifo-Methode als Verbrauchsfolgeverfahren im externen Rechnungswesen zur Verfügung. Im Gegensatz zur Rechnungslegung nach HGB ist die Lifo-Methode nach den IFRS for SME explizit als Verbrauchsfolgeverfahren nicht zugelassen.[747]

---

745 Vgl. Abschnitt 4.5.2.1.

746 Dies jedoch nicht originär über kalkulatorische Wagnisse, sondern über den Komponentenansatz im Bereich der Abschreibungsermittlung. Es macht allerdings in gewissem Umfang den Ansatz von kalkulatorischen Wagniskosten unnötig.

747 Vgl. IFRS for SME 13.18 S. 4.

Im Abschnitt 3.3.2.6 wurde bereits erläutert, dass im internen Rechnungswesen die Bewertung von Materialverbräuchen zu aktuellen Marktpreisen angeraten ist, um nicht nur eine zeitmaßstabsgerechte Bewertung von Absatzleistungen, sondern auch von Einsatzgütern und somit eine ökonomisch sinnvolle Periodenerfolgsermittlung zu gewährleisten. Dies führte zu der Erkenntnis, dass die Anwendung der Lifo-Methode im externen Rechnungswesen einer Harmonisierung am dienlichsten ist, weil hier angenommen wird, dass die zuletzt beschafften Vorräte als erstes verbraucht werden. Dies führt wiederum dazu, dass sehr aktuelle Beschaffungspreise in der internen Erfolgsrechnung zum Ansatz kommen und somit ein ökonomisch sinnvolles Periodenergebnis berechnet werden kann.

Der Nachteil der Wahl der Lifo-Methode ist die Tatsache, dass in den Bilanzpositionen der Vorräte und Rohstoffe im Laufe der Zeit immer mehr stille Reserven aufgebaut werden. Je größer die eisernen Reserven beziehungsweise der Sicherheitsbestand[748] an Vorräten und Rohstoffen und deren monetärer Wert ist, desto größer ist auch der Fehler, der bei der bilanziellen Bewertung dieser Positionen im Laufe der Jahre entsteht.

Die nach IFRS for SME zulässige Fifo-Methode dreht diese Vorteilhaftigkeit um. Im Rahmen der Erfolgsrechnung werden bei ihr Anschaffungspreise als Aufwand verrechnet, die mitunter lange in der Vergangenheit aktuell waren. Geht man von der realistischen Annahme einer Inflationsrate von ein bis drei Prozent aus, weichen die dann als Aufwand verrechneten Beträge bereits nach wenigen Perioden deutlich von den aktuellen Marktpreisen ab. Wie in Abschnitt 3.3.2.6 (kalk. Mat.kosten HGB) bereits erläutert, führt eine geringe Lagerumschlagshäufigkeit zu besonders hohen Abweichungen, weil dann der Zeitpunkt der Anschaffung und damit der Zeitpunkt der Festlegung der Anschaffungs- oder Herstellungskosten weit in der Vergangenheit liegt.

Im Gegenzug führt die Anwendung der Fifo-Methode jedoch in der Bilanz zu einer Bewertung von Vorräten und Rohstoffen zu den aktuellen Marktpreisen sehr nahe kommenden Werten. Dies liegt daran, dass bei der Anwendung dieser Me-

---

748 Mit der eisernen Reserve – auch Sicherheitsbestand genannt – ist ein ständiger Mindestbestand gemeint, der im normalen Geschäftszyklus nicht unterschritten werden soll. Er dient als Puffer bei unvorhergesehenen Ereignissen wie Lieferengpässen aufgrund höherer Gewalt (z.B. Unwetter). Vgl. hierzu beispielsweise Vahrenkamp (2007), S. 191 ff.

thode nur die zuletzt beschafften Materialen und Vorprodukte und dessen Beschaffungspreise in den Bewertungen berücksichtigt werden.

Ein Kompromiss würde sicher die Anwendung der Durchschnittsmethode darstellen. Ihre Anwendung würde allerdings dazu führen, dass weder im Rahmen der Periodenerfolgsrechnung noch bei der Bewertung der Bestände ökonomisch sinnvolle Werte angesetzt würden. Demnach ist die Wahl der Durchschnittsmethode vor dem Hintergrund der Harmonisierung abzulehnen.

Es wird deutlich, dass die fehlende Zulässigkeit der Lifo-Methode bei der Rechnungslegung nach IFRS for SME und die damit zur Anwendung kommende Fifo-Methode zwar auf der einen Seite zu einem Nachteil bei der Harmonisierung der internen und externen Periodenerfolgsrechnung führen, dem steht jedoch auf der anderen Seite eine realistischere Bewertung des Umlaufvermögens gegenüber. Entsprechend der Argumentation im Abschnitt 3.3.2.6 ist hier nun festzustellen, dass, sofern auf der Grundlage einer IFRS for SME-Rechnungslegung harmonisiert werden soll, im Bereich der kalkulatorischen Materialkosten die Anforderung der Periodenabgrenzung nur unzureichend erfüllt wird. Ob der Vorteil auf der Seite der Bestandsbewertung diesen Nachteil ausgleicht, hängt von dem relativen Wert ab, den der Vorratsbestand im Verhältnis zum Gesamtvermögen eines Unternehmens einnimmt (Anforderung der Wesentlichkeit). Allerdings dürfte der Fehler bei der Ermittlung des Periodenergebnisses im Vergleich zum HGB in der Regel größer sein, da die Vorteile bei der Berechnung des betriebsnotwendigen Vermögens und damit der kalkulatorischen Zinsen durch den Nachteil bei der Berechnung der Kosten beziehungsweise Aufwendungen für den Materialverbrauch überkompensiert werden dürften.[749]

4.5.3 Zusammenfassung und Auswertung der Ergebnisse

Die Ausführungen haben deutlich gemacht, dass die Unterschiede zwischen der IFRS for SME- und der HGB-Rechnungslegung im Bereich der Harmonisierbarkeit von Aufwendungen und Kosten zwar vorhanden sind, aber recht gering ausfallen. Die IFRS for SME bieten – trotz ihrer ausschließlichen Ausrichtung auf die

[749] Dies resultiert daraus, dass der falsche Ansatz von Kosten für den Materialverbrauch unmittelbar und die korrekte Ermittlung des betriebsnotwendigen Vermögens nur mittelbar über die sich daran anschließende Berechnung der kalkulatorischen Zinsen in die Ergebnisrechnung mit einfließen.

Informationsfunktion – nur wenige Vorteile und zum Teil sogar Nachteile im Vergleich zum HGB.

	Harmonisierungspotentiale	**Harmonisierungshemmnisse**
Neutrale Aufwendungen	• Auslagerung von neutralen Aufwendungen in die gesonderte Gesamtergebnisrechnung durch Zweiteilung der Ergebnisrechnung • Komponentenansatz • Behandlung des Finanzergebnisses	• Viele betriebsfremde, außergewöhnliche und periodenfremde Aufwendungen sind noch im Ergebniss der externen Erfolgsrechnung enthalten • U.U. keine Ergebnisbestandteile in die gesonderte Gesamtergebnisrechnung auslagerbar • Umfang der Herstellungskosten
Kalkulatorische Abschreibungen	• Harmonisierungspotential vor allem im Bereich der Nutzungsdauern und Abschreibungsmethoden • Verzicht auf Wiederbeschaffungskosten als Abschreibungsbasis im int. Rechnungswesen • Komponentenansatz • Differenzierende Gewinnkalkulation	• Bei Verwendung der differenzierenden Gewinnkalkulation: Probleme bei der Ermittlung von Preisuntergrenzen
Kalkulatorische Zinsen	• Differenzierende Gewinnkalkulation	• Aktivierungsverbot für selbst erstellte imm. Vermögenswerte des Anlagevermögens • Bei Verwendung der differenzierenden Gewinnkalkulation: Probleme bei der Ermittlung von Preisuntergrenzen
Kalkulatorische Wagnisse	• Harmonisierungspotentiale vor allem dort, wo den Wagniskosten Rückstellungsbildungen in gleicher Höhe gegenüberstehen • Komponentenansatz	• Bildung von Aufwandsrückstellungen unmöglich
Kalkulatorische/r Miete und Unternehmerlohn	• Differenzierende Gewinnkalkulation	• Bei Verwendung der differenzierenden Gewinnkalkulation: Probleme bei der Ermittlung von Preisuntergrenzen
Kalkulatorische Materialkosten		• Verbot der Anwendung der Lifo-Methode als Verbrauchsfolgeverfahren

Abbildung 40: Harmonisierungspotentiale und -hemmnisse bei der Angleichung von Aufwendungen und Kosten nach IFRS for SME

Zu den Vorteilen gehört zunächst die Möglichkeit der Zweiteilung der externen Ergebnisrechnung, welche dafür sorgt, dass bereits ein Teil der neutralen Aufwendungen aus der GuV-Rechnung ausgelagert werden kann. Des Weiteren bietet der Komponentenansatz die Möglichkeit, die tatsächlichen Nutzungsdauern verschiedener Bestandteile von Vermögenswerten im Rahmen der Ermittlung der Abschreibungsaufwendungen im externen Rechnungswesen zu berücksichtigen, was einer Harmonisierung sehr dienlich ist, da die Abschreibungsbeträge den tatsächlichen Verhältnissen entsprechend ermittelt werden können und gleichzeitig der Bedarf des Ansatzes kalkulatorischer Wagnisse sinkt.

Zu den Nachteilen im Vergleich zum HGB zählt die Tatsache, dass der Umfang der im Rahmen der Vollkosten anzusetzenden Herstellungskosten durch das Verbot des Ansatzes von zum Beispiel Fremdkapitalkosten geringer ausfällt. Selbst geschaffene Vermögensgegenstände werden also nicht mit der ökonomisch korrekten Abschreibungsbasis im externen Rechnungswesen erfasst und können demnach mit dieser auch schlechter in die interne Erfolgsrechnung übernommen werden. Es kann jedoch hinsichtlich der Harmonisierbarkeit auch als Vorteil gesehen werden, dass durch die fehlenden Wahlrechte bei der Ermittlung der Herstellungskosten im externen Rechnungswesen eindeutige Werte ermittelt werden.

Soll das bilanziell ausgewiesene Vermögen als Basis für die Ermittlung der kalkulatorischen Zinsen dienen, ist das Verbot der Aktivierung von selbst geschaffenen immateriellen Vermögenswerten des Anlagevermögens im IFRS for SME-Abschluss definitiv als Nachteil zu sehen. Denn Teile des vorhandenen Vermögens können somit nicht ausgewiesen werden. Erstaunlicherweise bietet hier das vom Vorsichtsprinzip geprägte HGB nach dem BilMoG eine sinnvollere Zinsbasis. Hierzu trägt auch die im Gegensatz zu den Full IFRS in der IFRS for SME-Rechnungslegung in weiten Teilen fehlende Fair Value-Bewertung bei.[750] Anders sieht es im Umlaufvermögen aus. Hier führt die Anwendung der Fifo-Methode als Verbrauchsfolgeverfahren zu einer realistischeren Bewertung des Umlaufvermögens, als es die Lifo-Methode vermag. Der Preis ist allerdings eine schlechtere Erfüllung der Anforderung der Periodenabgrenzung.

---

750 Auf die Ausnahmen, bei denen auch unter der Rechnungslegung nach den IFRS for SME eine Fair Value-Bewertung möglich ist, wurde im Abschnitt 4.5.2.2 bereits eingegangen. Für nichtfinanzielles Vermögen gilt aber in der Regel ein Verbot der Fair Value-Bewertung.

Genau wie unter der HGB-Rechnungslegung müsste trotz allem auch unter der IFRS for SME-Rechnungslegung in vielen Fällen auf eine differenzierende Gewinnkalkulation beziehungsweise Mindestgewinnrechnung zurückgegriffen werden, um eine Harmonisierung von Aufwendungen und Kosten zu ermöglichen.

Es kann also festgestellt werden, dass ein harmonisiertes Rechnungswesen auf Basis der IFRS for SME im Vergleich zum HGB wegen der fehlenden Wahlrechte in weiten Teilen für eine bessere **Verlässlichkeit** der Daten sorgt. Die **Anreizverträglichkeit** kann hingegen als ein Stück weit eingeschränkt angesehen werden. Dies liegt daran, dass das betriebliche Vermögen im externen Rechnungswesen nach IFRS for SME nicht vollumfänglich ausgewiesen werden kann. Vor allem das Verbot der Aktivierung von selbst geschaffenen immateriellen Vermögensgegenständen des Anlagevermögens und das Verbot der Berücksichtigung der Fremdkapitalzinsen in den Herstellkosten tragen dazu bei. Würde also auf Basis der extern berichteten Zahlen vergütet, bestünde beispielsweise zumindest in der kurzen Frist kaum ein Anreiz in selbst geschaffene immaterielle Vermögenswerte zu investieren, weil diese Investitionen im Abschluss zu Aufwendungen führten und damit unmittelbar den Gewinn schmälerten. Auf der anderen Seite sorgt die weitgehend fehlende Fair Value-Bewertung dafür, dass der Einblick in die Ertragslage des Unternehmens nicht durch zufallsbedingte Vermögensänderungen gestört wird.[751]

Somit ist nicht vollumfänglich gewährleistet, dass die extern berichteten Daten auch immer eine **Relevanz** für interne Steuerungszwecke haben. Die im Gegensatz zum HGB fehlenden Wahlrechte sorgen also zwar – wie oben bereits erwähnt – für ein Mehr an Verlässlichkeit, jedoch unter Umständen auch für ein Weniger an Relevanz.[752]

Hinsichtlich der **Wirtschaftlichkeit** kann im Vergleich zum HGB keine eindeutige Aussage getroffen werde, denn die Vor- und Nachteile können sich – abhängig vom betrachteten Unternehmen – mit unterschiedlicher Gewichtung gegenüberstehen.

751 Dies darf jedoch nicht als Vorteil gegenüber der HGB-Rechnungslegung verstanden werden, weil es bei Letzterer auch keine Fair Value-Bewertung gibt.

752 Diese Feststellung hat jedoch nur Gültigkeit, wenn die Wahlrechte im HGB entsprechend ausgeübt werden. Das heißt, dass selbst geschaffene immaterielle Vermögensgegenstände des Anlagevermögens bilanziert und die Wahlbestandteile der Herstellkosten aktiviert werden.

4.6 Eignung der Daten der IFRS for SME-Rechnungslegung als Basis für die Unternehmenssteuerung mithilfe des Economic Value Added

4.6.1 Vorbemerkungen

Im Abschnitt 3.4 wurde bereits untersucht, inwieweit das BilMoG dazu beigetragen hat, dass das externe Rechnungswesen auf Basis des deutschen Handelsrechts eine sinnvolle Basis für die Berechnung des EVA sein kann. Im Folgenden wird nun untersucht, in welchen Bereichen die Rechnungslegungsvorschriften nach IFRS for SME einer Harmonisierung dienlicher sein können und in welchen Bereichen sie Nachteile im Vergleich zur HGB-Rechnungslegung aufweisen.

Für die Berechnung des WACC gelten die im Abschnitt 3.4.1 gewonnenen Erkenntnisse entsprechend: Da der WACC nur marginal durch das Rechnungslegungssystem beeinflusst wird, sind in der Folge erneut ausschließlich die Einflüsse auf die Ermittlung des betriebsnotwendigen Vermögens und das operative Ergebnis zu analysieren.

4.6.2 Ermittlung des betriebsnotwendigen Vermögens

Hinsichtlich der bilanziellen Bewertung des Umlaufvermögens gibt es zwischen dem deutschen Handelsrecht und den IFRS for SME nur wenige Unterschiede.[753] Bei der Folgebewertung greift bei beiden Systemen das strenge Niederstwertprinzip. Auch nach IFRS for SME ist dabei zu prüfen, ob der aktuelle Wert unter dem Bilanzwert liegt.[754] Im Zeitpunkt des Zugangs ist auch die Bewertung zu Anschaffungskosten nach der HGB- und der IFRS for SME-Rechnungslegung vergleichbar. Lediglich bei selbst geschaffenen Vermögensgegenständen des Umlaufvermögens kann der Umfang der Herstellungskosten nach IFRS for SME geringer ausfallen als nach HGB. Das HGB bietet neben den Pflichtbestandteilen auch wahlweise einzubeziehende Bestandteile.[755] Diese müssten unter der IFRS for SME-Rechnungslegung, sofern damit eine ökonomisch sinnvollere Bewertung

[753] Vgl. Pellens et al. (2008), S. 402 ; Janssen (2009), S. 161.

[754] Sowohl nach HGB als auch nach IFRS for SME ist der Bilanzwert mit dem jeweils aktuellen Marktpreis beziehungsweise dem Nettoveräußerungspreis oder den Wiederbeschaffungskosten zu vergleichen (je nach dem, ob es sich um absatznahe oder absatzferne Erzeugnisse handelt). Vgl. Brembt (2010), S. 32 ff.

[755] Auf die Unterschiede bei der Ermittlung der Herstellungskosten wurde bereits im Abschnitt 4.5.2.1 eingegangen.

geschaffen werden kann – wovon aber bei einer Zurechenbarkeit der Kosten auszugehen ist – für die Ermittlung des EVA nachaktiviert werden. Die aus der Bewertung zu Herstellungskosten resultierenden Unterschiede bestehen aber vor allem in der Herstellungsperiode. Sobald eine Neubewertung zu einem niedrigeren aktuellen Wert nötig ist, entsprechen die Werte nach HGB und IFRS for SME einander wieder. Das betriebsnotwendige Umlaufvermögen nach IFRS for SME ist also aus diesem Grund unter Umständen zu niedrig bewertet und muss durch Nachaktivierungen angepasst werden. Auf der anderen Seite sorgt die als einzige Alternative zur Durchschnittsmethode zugelassene Fifo-Methode als Verbrauchsfolgeverfahren im Vergleich zur nach HGB zulässigen Lifo-Methode für weniger stillen Reserven im Umlaufvermögen. Im Bereich des Umlaufvermögens lässt sich demnach in Summe weder ein Vor- noch ein Nachteil gegenüber der Bilanzierung nach HGB feststellen.

Das Sachanlagevermögen nach IFRS for SME unterscheidet sich in der Hinsicht vom HGB, dass nach Letzterem der Komponentenansatz grundsätzlich nicht anwendbar ist. Nach IFRS for SME können hingegen verschiedenen Komponenten eines Vermögensgegenstandes unterschiedliche Nutzungsdauern beigemessen werden.[756] Aufgrund dieser Tatsache ist es bei den Sachanlagen nach der IFRS for SME-Rechnungslegung grundsätzlich leichter, ein den tatsächlichen Verhältnissen entsprechendes Sachanlagevermögen auszuweisen. Mithin ist hier eine bessere Harmonisierbarkeit als nach HGB gegeben, obwohl auch die IFRS for SME-Rechnungslegung nicht die Möglichkeit einer Fair Value-Bewertung bietet.[757]

Problematisch ist die Bewertung von selbst geschaffenen Vermögensgegenständen des Anlagevermögens. Dem Umlaufvermögen entsprechend können auch hier einige Bestandteile der Herstellungskosten, die nach deutschem Handelsrecht aktivierbar sind, nicht aktiviert werden. Der Umfang der Herstellungskosten und damit der aktivierbare Betrag liegen somit unter Umständen deutlich unter dem dem Gegenstand tatsächlich beizumessenden Wert. Der Unterschied zu dem nach HGB aktivierten Betrag (sofern die Wahlbestandteile dort aktiviert werden) löst sich erst über die Nutzungsdauer durch die dann abweichenden Abschreibungsbeträge auf.

---

[756] Siehe auch die Ausführungen zum Komponentenansatz im Abschnitt 4.5.2.1.

[757] Auf die Vor- und Nachteile einer Fair Value-Bewertung wurde bereits im Abschnitt 3.4.2 eingegangen.

Als nachteilig erweist sich auch die fehlende Aktivierungsmöglichkeit der Entwicklungskosten von selbst geschaffenen immateriellen Vermögensgegenständen des Anlagevermögens.[758] Das hier mit dem BilMoG eingeführte Wahlrecht zur Aktivierung der Herstellungskosten der Entwicklungsphase bietet die IFRS for SME-Rechnungslegung nicht. Nach Letzterer gilt vielmehr ein Aktivierungsverbot für derartige Vermögensgegenstände.[759] Demnach ist der Umfang der für das EVA-Konzept nachzuaktivierenden Vermögensgegenstände nach IFRS for SME größer als nach HGB, was eine Harmonisierung erschwert.

Der HGB-Rechnungslegung entsprechend sind auch bei der Nutzung der IFRS for SME-Rechnungslegungsdaten für die Ermittlung des EVA die zwar bilanzierten, aber nicht dem Betriebszweck dienenden Vermögensbestandteile herauszurechnen. Gemäß IFRS for SME 2.15a ist ein Vermögenswert grundsätzlich zu bilanzieren, wenn er die folgenden abstrakten Ansatzkriterien erfüllt:

- Verfügungsmacht des Unternehmens über die Ressource,[760]
- die Ressource resultiert aus einem Ereignis in der Vergangenheit[761] und
- aus der Ressource wird ein Zufluss künftigen wirtschaftlichen Nutzens erwartet.[762]

Zusätzlich müssen noch spezielle Ansatzkriterien erfüllt sein: Der Zufluss des wirtschaftlichen Nutzens muss wahrscheinlich sein und der Wert des Vermögenswerts muss zuverlässig ermittelbar sein.[763] All diese Voraussetzungen lassen jedoch die Betriebsbedingtheit der Vermögenswerte außer Acht. Demnach enthält die Aktivseite der Bilanz nach IFRS for SME – wie die HGB-Bilanz – unter Umständen auch nicht betriebsnotwendiges Vermögen, welches für die EVA-Berechnung herauszurechnen ist. An dieser Stelle sorgt die IFRS for SME-

---

758 Hinsichtlich der bilanziellen Behandlung von *entgeltlich* erworbenen immateriellen Vermögensgegenständen entspricht die Rechnungslegung nach IFRS for SME der nach HGB.

759 Nach IFRS for SME 18.14 sind sowohl die Forschungs- als auch die Entwicklungskosten von selbst geschaffenen immateriellen Vermögenswerten in der Periode ihres Anfalls als Aufwand zu verrechnen.

760 Wenn zivilrechtliches Eigentum besteht, ist in der Regel davon auszugehen, dass auch die Verfügungsmacht über die Ressource besteht.

761 Damit sind schwebende Geschäfte nach IFRS for SME von der Bilanzierung ausgeschlossen.

762 Ein künftiger wirtschaftlicher Nutzen kann entweder direkt aus dem Verkauf des Vermögenswertes oder indirekt aus der Nutzung des Vermögenswertes für die Produktion (und den Absatz) von Unternehmensleistungen resultieren.

763 Vgl. IFRS for SME 2.27 und 2.37. Zur Definition von Vermögenswerten nach IFRS for SME vgl. Kirsch (2009), S. 20 ff.

Rechnungslegung also für keine bessere Harmonisierbarkeit als das deutsche Handelsrecht.

Insgesamt bietet die Rechnungslegung nach IFRS for SME also bei der Nutzung der Daten des externen Rechnungswesens für die Ermittlung des betriebsnotwendigen Vermögens nach EVA im Vergleich zum HGB sowohl die Vorteile des Komponentenansatzes im Anlagevermögen und der Fifo-Methode im Umlaufvermögen als auch die Nachteile des geringeren Umfangs der aktivierbaren Herstellungskosten und der fehlenden Aktivierbarkeit von selbst geschaffenen immateriellen Vermögensgegenständen des Anlagevermögens. Ob sich in Summe eine Vorteilhaftigkeit ergibt, hängt vom Einzelfall ab. Vorteilhaft wären die IFRS for SME beispielsweise unter den Voraussetzungen, dass ein Unternehmen keine oder nur sehr wenige Vermögensgegenstände des Anlagevermögens selbst erstellt (sowohl materielle als auch immaterielle) und gleichzeitig den Komponentenansatz für zu bilanzierende Vermögensgegenstände nutzen kann.

4.6.3 Ermittlung des operativen Ergebnisses vor Zinsen nach Steuern

Wird die extern berichtete Ergebnisrechnung als Basis zur Ermittlung des operativen Ergebnisses nach EVA herangezogen, so sind zunächst auch nach der IFRS for SME-Rechnungslegung sämtliche neutralen Ergebnisbestandteile zu eliminieren. Im Abschnitt 4.5.1 wurde bereits erläutert, dass die zweigeteilte Ergebnisrechnung hierbei hilfreich sein kann. Die in der dann deutlich kleineren Gesamtergebnisrechnung enthaltenen ausschließlich neutralen Ergebnisbestandteile finden keine Berücksichtigung bei der Ermittlung des operativen Ergebnisses nach EVA. Allerdings werden damit bei Weitem nicht alle neutralen Ergebnisbestandteile der Ergebnisrechnungen entfernt. Die in der GuV-Rechnung verbleibenden neutralen Aufwendungen und Erträge sind also außerdem zu eliminieren. Wie in der HGB-Rechnungslegung können auch in der Rechnungslegung nach IFRS for SME neutrale Bestandteile beispielsweise in den sonstigen Erträgen und sonstigen Aufwendungen enthalten sein. Ein gesonderter Hinweis auf die aus Sondereffekten resultierenden Ergebnisbestandteile wird – im Gegensatz zu den Full IFRS[764] – von IFRS for SME 5 nicht gefordert. Hier bietet die IFRS for SME-Rechnungslegung also keine Vorteile gegenüber der HGB-Rechnungslegung.

---

764 Vgl. IAS 1.97 f.

Dem Vorgehen bei der HGB-Rechnungslegung entsprechend sind auch bei der IFRS for SME-Rechnungslegung die Aufwendungen zu korrigieren, die mit Nachaktivierungen im betriebsnotwendigen Vermögen in Verbindung stehen. Diese fallen bei der Rechnungslegung nach IFRS for SME umfangreicher aus, weil eine Aktivierung von selbst geschaffenen Vermögensgegenständen des Anlagevermögens hier nicht zugelassen ist. Außerdem müssen, wegen der fehlenden Aktivierbarkeit von zum Beispiel Fremdkapitalzinsen, unter Umständen die aktivierten Herstellungskosten von selbst geschaffenen (materiellen) Vermögensgegenständen für die Berechnung des EVA korrigiert werden, was nicht nur eine Korrektur im betriebsnotwendigen Vermögen, sondern auch im operativen Ergebnis nach sich zöge.

Da die Möglichkeiten zur Bildung und Auflösung von stillen Reserven durch das BilMoG im deutschen Handelsrecht deutlich reduziert wurden, ist in diesem Bereich der Unterschied zur IFRS for SME-Rechnungslegung deutlich geringer geworden. Auch die IFRS for SME bieten wenige Wahlrechte und Ermessensspielräume. Dennoch ist zu überprüfen, ob im operativen Ergebnis Bildungen oder Auflösungen von stillen Reserven enthalten sind.

Bei der bilanziellen Behandlung von langfristigen Fertigungsaufträgen unterscheidet sich die IFRS for SME-Rechnungslegung von den Vorgaben des HGB. Während beim HGB das Realisationsprinzip und die damit zur Anwendung kommende completed-contract-Methode[765] häufig einer ökonomisch realistischen Bilanzierung und Gewinnermittlung im Weg stehen, schreiben die IFRS for SME die Anwendung der so genannte percentage-of-completion-Methode vor.[766] Nach dieser Methode müssen Umsätze und Gewinne anteilig realisiert werden. Voraussetzung ist jedoch, dass die gesamten Auftragserlöse und -aufwendungen sowie der Fertigstellungsgrad verlässlich geschätzt werden können.[767] Die Umsatz- und Gewinnrealisierung erfolgt nach IFRS for SME dann also entsprechend des Auftragsfortschritts. Die Abbildung 41 zeigt für das Beispiel aus dem Abschnitt 3.4.3 wie sich die Erfolgsrealisation unter Verwendung der percentage-of-completion-

[765] Auf mögliche Ausnahmen von der completed-contract-Methode wurde in Abschnitt 3.4.3 eingegangen.

[766] Die percentage-of-completion-Methode wird in den IFRS for SME 23.21 - 23.27 erläutert. Vgl. hierzu auch Brösel/Müller/Homburg (2009), S. 137.

[767] Vgl. IFRS for SME 23.17.

Methode im Zeitablauf darstellen kann. Hierbei wird davon ausgegangen, dass die Fertigstellung gleichmäßig über die drei Jahre erfolgt. Die Höhe, des realisierbaren Teilgewinns orientiert sich dann jeweils am Fertigstellungsgrad.[768]

Die Auftragskalkulation für den langfristigen Fertigungsauftrag enthält unter anderem folgende Informationen:

- Verkaufspreis bei Fertigstellung	15.000
Jährliche Kosten:	
- Material- und Fertigungskosten	3.500
- einbeziehbare Verwaltungskosten	200
- Vertriebs- und Forschungskosten	300

	Jahr 1	**Jahr 2**	**Jahr 3**	**Summe**
Umsatzerlöse	5.000	5.000	5.000	15.000
Aufwendungen	4.000	4.000	4.000	12.000
Erfolgsbeitrag	1.000	1.000	1.000	3.000

Abbildung 41: Bilanzierung von langfristigen Fertigungsaufträgen nach der percentage-of-completion-Methode[769]

Die Anwendung der completed-contract-Methode ist nach IFRS for SME nicht zulässig.[770] Sind bei einer Auftragsfertigung die gesamten Auftragserlöse oder -aufwendungen oder der Fertigstellungsgrad nicht verlässlich schätzbar, sind gemäß IFRS for SME 23.25 Erlöse in Höhe der bisher entstandenen Auftragsaufwendungen zu realisieren. Eine anteilige Gewinnrealisierung wäre in einem solchen Fall nicht möglich. Da die Schwierigkeiten der Generierung von verlässlichen Daten in einem solchen Fall auch im internen Rechnungswesen bestehen, dürfte sich eine nachträgliche interne Gewinnrealisierung für die Ermittlung des EVA auch als problematisch und nicht zielführend erweisen. Dennoch ist auch die Verbuchung von Erlösen in Höhe der bisher entstandenen Auftragsaufwendungen bei der Nutzung der Daten für die EVA-Berechnung sinnvoller als das Vorgehen nach HGB. Denn bei Letzterem kommt es bereits aufgrund der Tatsache, dass

768 Üblicherweise wird der Fertigstellungsgrad nach der so genannten Cost-to-Cost-Methode ermittelt. Hierbei wird angenommen, dass der Gesamterfolg eines Auftrags proportional zum Anfall der Aufwendungen entsteht. Vgl. von Keitz/Schmieszek (2004), S. 123.

769 Ähnlich bei Baetge/Kirsch/Thiele (2009), S. 367.

770 Vgl. Bremdt (2010), S. 164 f.

nicht alle zurechenbaren Kosten aktivierbar sind, zu ökonomisch wenig sinnvollen Gewinnverschiebungen zwischen den Perioden.

Letztendlich ist also festzuhalten, dass die percentage-of-completion-Methode aus betriebswirtschaftlicher Sicht die sinnvollste Erfolgsverrechnung bei langfristigen Fertigungsaufträgen vornimmt.[771] Damit ist auf diesem Gebiet im Hinblick auf die Harmonisierbarkeit die IFRS for SME- der HGB-Rechnungslegung deutlich überlegen.

4.6.4 Zusammenfassung der Ergebnisse

Harmonisierbarkeit der IFRS for SME-Rechnungslegung mit dem EVA-Konzept		
Werttreiber des EVA	**Harmonisierungspotential**	
Betriebsnotwendiges Vermögen	• Anlagevermögen	
	- Umfang der Herstellkosten	(-)
	- Keine Aktivierung von Entwicklungskosten	(-)
	- Komponentenansatz	(+)
	• Umlaufvermögen	(+)
Operatives Ergebnis	• Percentage-of-completion-Methode	(+)
	• Wenig stille Reserven	(+)
WACC	• kaum Harmonisierungspotential	(-)

Legende		
	(++)	viel nutzbares Harmonisierungspotential
	(+)	nutzbares Harmonisierungspotential
	(o)	bedingtes Harmonisierungspotential
	(-)	wenig Harmonisierungspotential
	(--)	sehr wenig bis kein Harmonisierungspotential

Abbildung 42: Harmonisierbarkeit der IFRS for SME-Rechnungslegung mit dem EVA-Konzept

Die Antwort auf die Frage, ob die IFRS for SME-Rechnungslegung bessere Daten zur Unternehmenssteuerung mithilfe des EVA-Konzeptes liefert als die Rechnungslegung nach HGB, ist pauschal nicht zu beantworten. Der Umfang des für die Berechnung des EVA nachzuaktivierenden Vermögens ist im Vergleich zur HGB-Rechnungslegung aufgrund der in der IFRS for SME-Rechnungslegung fehlenden Wahlrechte zur Aktivierung von zum Beispiel Fremdkapital- und all-

771 Vgl. Baetge/Kirsch/Thiele (2009), S. 366.

gemeinen Verwaltungskosten als Bestandteile der Herstellungskosten größer. Auch die fehlende Möglichkeit zur Aktivierung der Entwicklungskosten von selbst geschaffenen immateriellen Vermögenswerten des Anlagevermögens machen unter Umständen umfangreiche Nachaktivierungen nötig. Damit ergibt sich für die Ermittlung des betriebsnotwendigen Vermögens und des operative Ergebnisses eine geringere Objektivität als bei der Verwendung der Daten der HGB-Rechnungslegung, weil zum Teil intern nachaktiviert werden muss und die Daten damit in geringerem Umfang der Kontrolle eines externen Regelungssystems unterliegen. Demgegenüber bietet das Anlagevermögen im Vergleich zur HGB-Rechnungslegung aufgrund des Komponentenansatzes und der mit ihm verbundenen Möglichkeit, die Vermögenswerte des Anlagevermögens sehr realitätsnah zu bewerten, eine bessere Harmonisierbarkeit.

Somit kann die Berechnung des EVA auf der Grundlage der Daten der IFRS for SME-Rechnungslegung nur periodengerecht und damit anreizverträglich sein, wenn auch hier – wie auch bei der Verwendung der Daten der Rechnungslegung nach deutschem Handelsrecht – intern klare Vorgaben für die Bilanzierenden bestehen, die festlegen, wann welche Vermögenswerte beziehungsweise Vermögensbestandteile nachzuaktivieren sind. Auf diese Weise kann auch intern für eine gewisse Objektivität der Daten gesorgt werden.

Weder Vor- noch Nachteile gegenüber der HGB-Rechnungslegung bieten die IFRS for SME bei der Frage der bilanzierten nicht betriebsnotwendigen Vermögensgegenstände. Bei beiden Rechnungslegungssystemen wird die Aktivierung nicht von der Betriebsnotwendigkeit, sondern von der wirtschaftlichen Zurechenbarkeit abhängig gemacht.

Bei der Ermittlung des operativen Ergebnisses nach EVA bietet die IFRS for SME-Rechnungslegung weder im Bereich der neutralen Ergebnisbestandteile noch im Bereich der Bildung und Auflösung von stillen Reserven klare Vorteile gegenüber der HGB-Rechnungslegung. Insbesondere das BilMoG hat hierzu beigetragen, da viele Wahlrechte und Ermessensspielräume im deutschen Handelsrecht weggefallen sind und es sich damit der internationalen Rechnungslegung angenähert hat.

Lediglich bei der Behandlung von langfristigen Fertigungsaufträgen bieten die IFRS for SME deutliche Vorteile gegenüber der HGB-Rechnungslegung. Die nach internationaler Rechnungslegung für langfristige Fertigungsaufträge vorgeschriebene percentage-of-completion-Methode sorgt für eine betriebswirtschaftlich deutlich sinnvollere Erfolgsermittlung als die nach HGB vorgeschriebene completed-contract-Methode, welche aus ökonomischer Sicht wenig sinnvolle Ergebnisverschiebungen zwischen den Abrechnungsperioden verursacht. Selbst wenn die Voraussetzungen für die Anwendung der percentage-of-completion-Methode nach IFRS for SME nicht gegeben sind und die Umsätze nach Maßgabe der bisher angefallenen Auftragsaufwendungen zu realisieren sind, hat die IFRS for SME-Rechnungslegung noch Vorteile gegenüber der Ergebnisrechnung nach HGB.

Insgesamt bietet die IFRS for SME-Rechnungslegung im Vergleich zur HGB-Rechnungslegung also Vorteile im Bereich

- des Komponentenansatzes und
- der langfristigen Fertigungsaufträge

und Nachteile im Bereich

- der aktivierbaren Herstellungskosten und
- der selbst geschaffenen immateriellen Vermögenswerte.

Die Vorteile sorgen für eine ökonomisch sinnvollere **Periodenabgrenzung** im externen Rechnungswesen und damit für weniger Aufwand bei der „Übersetzung" der Daten für deren Verwendung im EVA-Konzept. Dies wiederum verbessert die **Wirtschaftlichkeit** eines harmonisierten Rechnungswesens. Umgekehrt verhält es sich mit den Nachteilen im Bereich der aktivierbaren Herstellungskosten und der selbst geschaffenen immateriellen Vermögenswerte. Die nötigen Nachaktivierungen müssen für eine sinnvolle Periodenabgrenzung vorgenommen werden und sorgen damit für eine schlechtere Wirtschaftlichkeit im Rechnungswesen, da die Daten nicht einfach aus dem externen Rechnungswesen übernommen werden können.

Es ist nun vom bilanzierenden Unternehmen abhängig, ob die Rechnungslegung nach IFRS for SME insgesamt vorteilhaft bei der Harmonisierung des Rechnungswesens ist. Handelt es sich beispielsweise um ein Handels- oder Dienstleistungsunternehmen, welches nur sehr wenige selbst geschaffene Vermögenswerte und damit wenig Probleme mit der eingeschränkten Aktivierbarkeit der Herstellungskosten hat und gleichzeitig den Komponentenansatz für verschiedene Anlagegüter – zum Beispiel eigene Gebäude – nutzen kann, ist in Summe von einer Vorteilhaftigkeit der Rechnungslegung nach IFRS for SME auszugehen. Auch bei einem Auftragsfertiger, der es häufig mit periodenübergreifenden Fertigungen zu tun hat, bietet die Rechnungslegung nach IFRS for SME im Vergleich zum HGB klare Vorteile hinsichtlich einer Harmonisierung des Rechnungswesens.

In den genannten Fällen würde die Verwendung der Rechnungslegung nach IFRS for SME auch für eine bessere **Verständlichkeit** der Daten des Rechnungswesens sorgen, da die Überleitungsrechnungen zwischen den externen und internen Daten deutlich reduziert und damit wesentlich besser nachzuvollziehen wären.

4.7 Eignung der Daten der IFRS for SME-Rechnungslegung als Basis für die Unternehmenssteuerung mithilfe der DCF-Methode

Bei der Analyse der Eignung der Daten der HGB-Rechnungslegung als Basis für die Unternehmenssteuerung mithilfe der DCF-Methode[772] wurden verschiedene Hemmnisse ersichtlich, die einer Harmonisierung des Rechnungswesens in diesem Bereich im Wege stehen. Neben dem Vergangenheitsbezug des HGB-basierten externen Rechnungswesens – insbesondere auch der Kapitalflussrechnung, die als primärer Datenlieferant für die DCF-Methode dienen könnte – bietet es auch nur sehr wenige Daten, die für die DCF-Methode von Nutzen sein könnten. So sind beispielsweise die Daten zur Berechnung des WACC bis auf wenige Ausnahmen nicht dem externen Rechnungswesen zu entnehmen.[773] Lediglich die Free Cash Flows der Vergangenheit und deren Zusammensetzung lassen sich mit den Daten des externen Rechnungswesens ermitteln.

Darüber hinaus stellt die Kapitalflussrechnung für die meisten KMU, die nach HGB bilanzieren, keinen Pflichtbestandteil der Rechnungslegung dar. KMU müssten die Kapitalflussrechnung unter anderem für Zwecke der Harmonisierung freiwillig erstellen und veröffentlichen.

---

[772] Vgl. Abschnitt 3.5.

[773] Vgl. auch hierzu die Ausführungen im Abschnitt 3.5.

Letzteres greift bei der Rechnungslegung nach IFRS for SME allerdings nicht. Hier ist die Kapitalflussrechnung ein Pflichtbestandteil des Abschlusses für alle nach diesem Standard bilanzierenden Unternehmen. Wird nach IFRS for SME bilanziert, liegen die Daten der Kapitalflussrechnung also in jedem Fall vor und können auch als Basis für die Ermittlung der Free Cash Flows für die DCF-Methode herangezogen werden. Die Struktur der Kapitalflussrechnung nach IFRS for SME weicht nur marginal von der des DRS 2 ab. Hervorzuheben ist bei der Kapitalflussrechnung nach IFRS for SME jedoch das Wahlrecht, die Zinszahlungen aus dem Cash Flow aus betrieblicher Tätigkeit[774] in den Cash Flow aus Finanzierungstätigkeit zu verschieben.[775] Wird dieses Wahlrecht in dieser Form ausgeübt, ergibt sich auch hier der Free Cash Flow als Summe aus dem Cash Flow der betrieblichen Tätigkeit und dem Cash Flow aus Investitionstätigkeit. Im Gegensatz zum HGB-basierten Rechnungswesen bedarf es hier dann nur noch der Korrektur der im Cash Flow aus betrieblicher Tätigkeit enthaltenen Unternehmenssteuern.[776] Eine Harmonisierung im Bereich der Ermittlung der Free Cash Flows wird also im Vergleich zur HGB-Rechnungslegung durch die ohnehin zu veröffentlichende Kapitalflussrechnung erleichtert.

Ein Problem, welches auch unter der IFRS for SME-Rechnungslegung bestehen bleibt, ist der Vergangenheitsbezug des externen Rechnungswesens. Auch die Kapitalflussrechnung nach IFRS for SME bezieht sich ausschließlich auf die vergangene Periode und kann demnach auch nur bei der Ermittlung der Free Cash Flows der Vergangenheit helfen. Diese können jedoch, wie bereits im Abschnitt 3.5 erläutert, als Anhaltspunkte für die Ermittlung der Free Cash Flows des Planungszeitraums dienen und somit dennoch einen Beitrag zu einer gewissen Harmonisierung des Rechnungswesens leisten.

Auch hinsichtlich der WACC-Berechnung gilt unter der IFRS for SME-Rechnungslegung das Gleiche wie bei dem deutschen Handelsrecht. Die für die Berechnung des WACC notwendigen Daten lassen sich so gut wie nicht dem externen Rechnungswesen entnehmen. Lediglich der tatsächliche Unternehmens-

---

774 Dieser entspricht dem Cash Flow aus laufender Geschäftstätigkeit.

775 Vgl. IFRS for SME 7.15.

776 Die tatsächlich gezahlten Unternehmenssteuern sind durch fiktive Steuern zu ersetzen, die bei vollständiger Eigenfinanzierung des Unternehmens angefallen wären. Vgl. hierzu die Ausführungen in den Abschnitten 2.2.3.4.2.2 und 3.5.

steuersatz, der bei der Ermittlung des Fremdkapitalkostensatzes benötigt wird, ließe sich aus dem Abschluss herleiten. Dies gilt jedoch auch für den Abschluss nach HGB. Fraglich ist dabei jedoch, ob dieser Steuersatz auch für den in der DCF-Methode betrachteten Planungszeitraum Gültigkeit besitzt.

Zusammenfassend bleibt also festzuhalten, dass der einzige Vorteil der Rechnungslegung nach IFRS for SME im Rahmen von Harmonisierungsbestrebungen die im externen Rechnungswesen verpflichtend zu erstellende Kapitalflussrechnung ist. Diese Tatsache erhöht im Zweifel die Wirtschaftlichkeit eines im Bereich der DCF-Methode harmonisierten Rechnungswesens, weil sich die Frage nach einer freiwilligen Erstellung der Kapitalflussrechnung nicht stellt.

4.8 Eignung der Daten der IFRS for SME-Rechnungslegung als Basis für die Finanz- und Liquiditätsrechnung

Die Pflichtbestandteile des Abschlusses nach IFRS for SME sind die Bilanz, die Gesamtergebnisrechnung[777], die Eigenkapitalveränderungsrechnung, die Kapitalflussrechnung und der Anhang.[778]

Wie auch beim HGB geben die IFRS for SME eine Mindestgliederung für die Bilanz vor.[779] Danach ist die Aktivseite grundsätzlich in kurz- und langfristiges Vermögen und die Passivseite in kurz- und langfristige Verbindlichkeiten zu unterteilen.[780] Eine Untergliederung nach der Liquidierbarkeit ist auch zulässig, wenn diese Untergliederung für die Adressaten relevantere und zuverlässigere Informationen liefert.[781] Explizit wird weiterhin darauf hingewiesen, dass eine feinere Untergliederung vorzunehmen ist, sofern diese für ein besseres Verständnis der Finanzlage des Unternehmens bei den Adressaten sorgt.[782] Als so genannte Wahlpflichtangaben sehen die IFRS for SME 4.11 bis 4.14 allerdings bestimmte feinere Untergliederungen verpflichtend vor. Diese können wahlweise im Anhang

777 Auf die alternative Möglichkeit der Erstellung einer GuV-Rechnung sowie einer deutlich kleineren Gesamtergebnisrechnung wurde bereits mehrfach eingegangen.

778 Vgl. IFRS for SME 3.17.

779 Vgl. IFRS for SME 4.2.

780 In den IFRS for SME 4.5 und 4.7 ist definiert, was unter kurzfristigem Vermögen und kurzfristigen Verbindlichkeiten zu verstehen ist. Hierbei gilt – dem HGB entsprechend – unter anderem die zwölf Monats-Grenze was die Tilgung beziehungsweise die Realisierung angeht.

781 Vgl. IFRS for SME 4.4; Kirsch (2009), S. 32.

782 Vgl. IFRS for SME 4.3 und 4.10.

oder direkt in der Bilanz vorgenommen werden. Zu ihnen gehört beispielsweise eine detailliertere Untergliederung der Forderungen und Verbindlichkeiten aus Lieferungen und Leistungen sowie der sonstigen Forderungen und Verbindlichkeiten.[783] Außerdem ist das Vorratsvermögen feiner zu untergliedern.[784]

Sowohl die Vornahme der Wahlpflichtangaben, das heißt, die feinere Untergliederung insbesondere des kurzfristigen Vermögens und der kurzfristigen Verbindlichkeiten, als auch die freiwillige Untergliederung nach der Liquidierbarkeit machen die Informationen der Bilanz für eine Liquiditätsrechnung besser nutzbar. Der aus den Informationen der Wahlpflichtangaben resultierende Nutzen ist für die Liquiditätsrechnung dabei größer, wenn die Informationen sich unmittelbar aus der Bilanz und nicht erst aus dem Anhang ergeben. Demnach wäre vor dem Hintergrund einer Harmonisierung des Rechnungswesens zu empfehlen, die Wahlpflichtangaben in der Bilanz und zusätzlich die freiwillige Untergliederung nach der Liquidierbarkeit vorzunehmen.

Die Full IFRS weisen in IAS 1.56 darauf hin, dass Informationen über den Realisierungszeitpunkt[785] von Vermögenswerten und Schulden einer besseren Beurteilung der Liquidität und der Zahlungsfähigkeit eines Unternehmens dienen.[786] Gefordert werden solche Angaben jedoch nicht. Die IFRS for SME enthalten weder die Pflicht, derartige Angaben zu machen, noch enthalten sie einen Hinweis darauf, dass derartige Angaben sinnvoll wären. Dessen ungeachtet ist der Bilanzierende berechtigt, über die Mindestanforderungen hinaus weitere Informationen zu veröffentlichen. Dabei hat er lediglich die qualitativen Anforderungen, die sich aus IFRS for SME 2 ergeben, zu berücksichtigen:[787]

Bei der Angabe der Realisierungszeitpunkte ist insbesondere zu beachten, dass diese Informationen auch entscheidungsrelevant und wesentlich für die Adressaten sein müssen. Sofern sich aus diesen Zusatzangaben Rückschlüsse auf die Zah-

783 Vgl. IFRS for SME 4.11 b und 4.11 d.

784 Vgl. IFRS for SME 4.11 c. Neben den genannten Angaben, sind weiterhin eine tiefere Untergliederung bei den Sachanlagen (IFRS for SME 4.11 a), den Altersvorsorgerückstellungen, den sonstigen Rückstellungen (IFRS for SME 4.11 e) und dem Eigenkapital (IFRS for SME 4.11 f, 4.12 und 4.13) vorzunehmen. Vgl. hierzu auch Kirsch (2009), S. 32.

785 Der in den Full IFRS verwendete Begriff der Realisierungszeitpunkte ist mit dem weiter oben verwendeten Begriff der Liquidierbarkeit vergleichbar. Im Bereich des Vermögens bezeichnen sie dasselbe. Im Bereich der Schulden ist mit ihnen jeweils die Fristigkeit gemeint.

786 Vgl. hierzu auch Stute (2007), S. 151.

787 Vgl. Abschnitt 4.3.5.

lungsfähigkeit des Unternehmens ableiten lassen – wovon grundsätzlich auszugehen ist –, sollte dies der Fall sein. Weiterhin ist eine Abwägung zwischen den Kosten für die Generierung der Informationen und dem aus ihnen zu ziehenden Nutzen vorzunehmen. Da die Angaben über die Realisierungszeitpunkte für interne Zwecke im Zweifel ohnehin erhoben werden müssten und aus ihnen sowohl ein Mehrwert für die externen Adressaten als auch für die Unternehmenssteuerung im Bereich der Liquiditätsrechnung resultiert, ist auch diese qualitative Anforderung als erfüllt anzusehen. Zu prüfen ist lediglich, ob mit der freiwilligen Preisgabe dieser Informationen an externe Adressaten (und damit auch an Konkurrenten) Nachteile für das Unternehmen verbunden sein können. Grundsätzlich sind die Zusatzangaben über die Realisierungszeitpunkte von Vermögenswerten und Verbindlichkeiten im Jahresabschluss einer Harmonisierung aber sehr dienlich, denn sie ermöglichen eine unmittelbare Gegenüberstellung von Fristen, was wiederum das Erkennen von sich abzeichnenden Liquiditätsengpässen erleichtert.

Dem Vorgehen bei der HGB-Rechnungslegung entsprechend ist trotz dieser Vorteile unterjährig zu überprüfen, ob sich wesentlichen Änderungen in der Zusammensetzung des kurzfristigen Vermögens und der kurzfristigen Verbindlichkeiten ergeben haben, da der Jahresabschluss zeitpunktbezogen ist und demnach derartige Informationen nicht liefern kann.

Bei der Analyse der Eignung der Daten der HGB-Rechnungslegung als Basis für die Liquiditätsrechnung wurde deutlich, dass die GuV-Rechnung in nur sehr geringem Umfang zur Harmonisierung beitragen kann.[788] Auch die Möglichkeit der Zweiteilung der Gesamtergebnisrechnung, die die Rechnungslegung nach IFRS for SME bietet, ist einer Harmonisierung im Bereich der Liquiditätsrechnung wenig dienlich. Hier bietet die internationale Rechnungslegung demnach keine Vorteile gegenüber der handelsrechtlichen Rechnungslegung.

Neben den Möglichkeiten, welche die Bilanz nach IFRS for SME bietet, bringt auch bei der internationalen Rechnungslegung die Kapitalflussrechnung das größte Harmonisierungspotential im Bereich der Liquiditätsrechnung mit. Wie im deutschen Handelsrecht ist auch die Kapitalflussrechnung nach IFRS for SME in die Cash Flows der betrieblichen Tätigkeit, der Investitions- und der Finanzie-

[788] Vgl. Abschnitt 3.6.2.

rungstätigkeit gegliedert.[789] Dabei sind die Beträge der Kapitalflussrechnung im Rahmen einer Überleitungsrechnung mit den Posten der Bilanz zu verknüpfen.[790] Letzteres könnte die Nutzbarkeit der Daten für das interne Rechnungswesen verbessern, da es ein Mehr an Informationen darstellt.

Die Vor- und Nachteile der Nutzung der Kapitalflussrechnung unter der HGB-Rechnungslegung finden sich auch hier: Es handelt sich auch bei der IFRS for SME-Rechnungslegung um eine retrospektive Rechnung. Auch hier lassen sich aber bereits aus diesen vergangenheitsorientierten Daten Rückschlüsse auf potentielle zukünftige Zahlungsschwierigkeiten ziehen. Der zentrale Unterschied zum deutschen Handelsrecht ist jedoch, dass sich hier die Frage, ob für eine bessere Harmonisierbarkeit des Rechnungswesens freiwillig eine Kapitalflussrechnung erstellt werden sollte, nicht stellt, da die Kapitalflussrechnung ein Pflichtbestandteil des Jahresabschlusses nach IFRS for SME ist.[791]

Die Eigenkapitalveränderungsrechnung bietet, wie die GuV-Rechnung, einen nur sehr geringen Nutzen im Zusammenhang mit der Liquiditätsrechnung. Das liegt auch hier daran, dass sowohl zahlungswirksame als auch zahlungsunwirksame Bestandteile in ihr enthalten sein können. Hinzukommt, dass die periodenerfolgsunabhängigen Bestandteile der Eigenkapitalveränderungsrechnung neben der Tatsache, dass auch diese nicht zwingend zahlungswirksam sein müssen, wenig bis gar keine Rückschlüsse auf zukünftige Zahlungsströme zulassen, welche jedoch entscheidend für die DCF-Methode sind. Es handelt sich bei ihnen meist um unregelmäßig auftretende Kapitalerhöhungen oder -herabsetzungen.[792]

Als letztes Instrument des externen Rechnungswesens nach IFRS for SME liefert der Anhang Zusatzinformationen zu den bereits genannten Instrumenten. Wie im deutschen Handelsrecht übernimmt auch der Anhang nach den IFRS for SME eine

---

789 Hierauf wurde bereits im Abschnitt 4.7 eingegangen. Vgl. IFRS for SME 7.1 S. 2.

790 Vgl. IFRS for SME 7.20.

791 Vgl. IFRS for SME 3.17.

792 Eine andere Meinung wird hier von STUTE (2007) vertreten (wobei er sich jedoch auf die Full IFRS und nicht auf die IFRS for SME bezieht). Nach seiner Ansicht können auch aus den periodenerfolgsunwirksamen Bestandteilen der Eigenkapitalveränderungsrechnung (wie zum Beispiel Kapitalerhöhungen) Rückschlüsse auf zukünftige Zahlungsströme gezogen werden. Er begründet dies mit den zu diesen Positionen im Anhang zu machenden Angaben. Vgl. Stute (2007), S. 152.

Erläuterungs-[793], eine Entlastungs-[794] und eine Ergänzungsfunktion[795]. Unter anderem sind dabei Angaben zu Eventualverbindlichkeiten zu machen.[796] Letztere können – neben den Anhangsangaben zu den Posten der Bilanz, Gesamtergebnisrechnung und Kapitalflussrechnung – einen Beitrag zur Datengenerierung für die Liquiditätsrechnung leisten, da sie Hinweise auf einen eventuellen zukünftigen Liquiditätsabfluss geben können.

Insgesamt bietet der Jahresabschluss nach IFRS for SME eine Reihe von Möglichkeiten, die Liquiditätsrechnung mit dem externen Rechnungswesen zu verbinden. Die zum Teil verpflichtende feinere Untergliederung der für die Liquiditätsrechnung entscheidenden Bilanzpositionen (kurzfristiges Vermögen und kurzfristige Verbindlichkeiten) und die Möglichkeit, die Realisierungszeitpunkte beziehungsweise Restlaufzeiten mit in die Bilanz aufzunehmen, sorgen für eine gute Harmonisierbarkeit. Weiterhin ist die Kapitalflussrechnung verpflichtend zu erstellen. Ihre Erstellung für Zwecke der Harmonisierung sorgt also für keinen Mehraufwand im Vergleich zu anderen nach IFRS for SME bilanzierenden Unternehmen, da auch diese verpflichtet sind, eine Kapitalflussrechnung zu erstellen. Ein weiterer Vorteil der IFRS for SME-Rechnungslegung ist die verpflichtend zu erstellende Überleitungsrechnung zwischen den Posten der Kapitalflussrechnung und der Bilanz. Und schließlich liefert der Anhang Informationen über Eventualverbindlichkeiten, welche für einen Liquiditätsabfluss in naher Zukunft sorgen könnten.

Nichtsdestotrotz ist auch unter der Rechnungslegung nach IFRS for SME nur eine bedingte Harmonisierung im Bereich der Liquiditätsrechnung möglich. Unterjährige Rechnungen müssen intern weiterhin durchgeführt werden, da die Jahresabschlussinstrumente jeweils nur Momentaufnahmen liefern. Auch die Tatsache,

---

793 Der Anhang soll die Vorgehensweise bei der Abbildung von Sachverhalten in der Bilanz und Gesamtergebnisrechnung usw. erläutern. Hierbei sind insbesondere Informationen zu den Bilanzierungs- und Bewertungsmethoden zu geben. Vgl. IFRS for SME 8.2a.

794 Der Anhang soll solche Informationen liefern, die von den IFRS for SME gefordert werden, die jedoch in keinem der anderen Abschlussinstrumente veröffentlicht werden (können). Vgl. IFRS for SME 8.2b.

795 Der Anhang soll die Informationen der anderen Abschlussinstrumente dann ergänzen, wenn damit ein besseres Verständnis der Vermögens-, Finanz- und Ertragslage ermöglicht wird. Dies ist beispielsweise dann der Fall, wenn die Befolgung der IFRS for SME den Einblick in die tatsächliche Vermögenslage trübt. Vgl. IFRS for SME 8.2c.

796 Gemäß IFRS 8.4d. Vgl. hierzu auch Kirsch (2009), S. 53.

dass es sich bei dem externen Rechnungswesen vor allem um vergangenheitsorientierte Rechnungen handelt, spielt dabei eine Rolle.

4.9 Eignung der Daten der IFRS for SME-Rechnungslegung als Basis für Investitionsrechnungen

Im Abschnitt 3.7 wurde bereits deutlich, dass das externe Rechnungswesen nach HGB fast keine Ankerpunkte für eine sinnvolle Harmonisierung im Bereich der Investitionsrechnungen liefert. Die Hauptgründe hierfür sind die starke Aggregation und der Vergangenheitsbezug der Daten des externen Rechnungswesens. Damit die Rechnungslegung nach IFRS for SME besser für eine Harmonisierung im Bereich der Investitionsrechnungen geeignet wäre, müsste sie also eine weniger starke Aggregation der Daten in den relevanten Bereichen des Abschlusses und/oder einen Zukunftsbezug aufweisen.

Hinsichtlich der Aggregation bietet die Rechnungslegung nach IFRS for SME keine Vorteile. Auch hier ist die – für die Investitionsrechnung besonders relevante – Kapitalflussrechnung mit dem Abschluss einmal jährlich für das gesamte Unternehmen zu erstellen. Und auch hier wird sie in die Cash Flows aus betrieblicher Tätigkeit, Investitionstätigkeit und Finanzierungstätigkeit gegliedert.[797] Die Aggregation auf Gesamtunternehmensebene macht es sehr schwer bis unmöglich, die Daten der Kapitalflussrechnung für einzelne Investitionsentscheidungen im internen Rechnungswesen zu nutzen. Dies gilt auch für die anderen Bestandteile des IFRS for SME-Abschlusses. Lediglich die historischen Anschaffungs- oder Herstellungskosten aus der Bilanz beziehungsweise dem Anlagespiegel können – wie auch bei der HGB-Rechnungslegung – einen Anhaltspunkt für die Ermittlung der Anfangsauszahlungen von geplanten Investitionen bieten.

Hinsichtlich des Zeitbezugs bietet die Rechnungslegung nach IFRS for SME ebenfalls keine Vorteile gegenüber dem Handelsrecht. Neben der Bilanz und der Gesamtergebnisrechnung ist auch die Kapitalflussrechnung nach IFRS for SME komplett retrospektiv und damit als Grundlage für die Zukunft betreffende Investitionsentscheidungen nur sehr bedingt nutzbar.[798]

---

[797] Vgl. IFRS for SME 7.3 bis 7.6.

[798] Zur Nutzbarkeit von Vergangenheitsdaten für zukünftige Investitionsentscheidungen vgl. die Ausführungen im Abschnitt 3.7.

4.10 Auswirkungen einer zusätzlichen Erstellung und Veröffentlichung eines IFRS for SME-Abschlusses

Neben der Frage, welche Möglichkeiten der IFRS for SME-Abschluss hinsichtlich der Harmonisierung des Rechnungswesens bietet, ist abschließend noch darauf einzugehen, welche weiteren Auswirkungen eine zusätzliche Erstellung eines IFRS for SME-Abschlusses mit sich bringen könnte.

Zurzeit sind die Einzelabschlüsse deutscher Unternehmen noch zwingend nach dem Handelsrecht zu erstellen. Full IFRS-Abschlüsse dürfen lediglich freiwillig zu Informationszwecken erstellt und veröffentlicht werden.[799] Abschlüsse nach den IFRS for SME sind bislang weder durch die EU noch durch die Bundesrepublik anerkannt.[800] Die Zulassung einer freiwilligen Veröffentlichung zu Informationszwecken ist mittelfristig jedoch nicht unwahrscheinlich.[801] Bisweilen bleibt die Diskussion jedoch auf einer hypothetischen Ebene. Nichtsdestotrotz wäre ein IFRS for SME-Abschluss in jedem Fall *zusätzlich* zum HGB-Abschluss zu erstellen und demzufolge mit einem entsprechendem Mehraufwand verbunden. So wären beispielsweise zusätzliche Bilanzierungshandbücher zu erstellen, IT-Systeme zu modifizieren und Schulungen des Personals durchzuführen. Hinzukommt, dass für die IFRS for SME ein Überarbeitungsturnus von drei Jahren vorgesehen ist.[802] Das heißt, es ist alle drei Jahre mit Änderungen in der Rechnungslegung zu rechnen, was bei einer Harmonisierung des Rechnungswesens auf Basis der IFRS for SME auch zu einem sich alle drei Jahre wiederholenden Anpassungsbedarf im internen Rechnungswesen führen kann.

Im Zuge der Diskussion um die Full IFRS als Alternative zum handelsrechtlichen Jahresabschluss im Bereich der Publizität wird häufig das Argument der besseren Information der Adressaten ins Feld geführt.[803] Die Ausführungen in dieser Arbeit haben gezeigt, dass diese Aussage für die IFRS for SME nicht in allen Bereichen in gleicher Weise gelten muss. Insbesondere die im Vergleich zum neuen HGB fehlende Möglichkeit der Aktivierung von Entwicklungskosten selbst geschaffe-

[799] Die Veröffentlichung der Full IFRS-Einzelabschlüsse zu Informationszwecken wurde durch das am 29.10.2004 vom Bundestag verabschiedete Bilanzrechtsreformgesetz (BilReG) ermöglicht. Danach dürfen seit dem 01.01.2005 auf freiwilliger Basis beim Einzelabschluss die IFRS für informatorische Zwecke angewendet werden

[800] Vgl. hierzu die Ausführungen im Abschnitt 4.3.1.

[801] Vgl. hierzu u.a. Krähenhorst/Wallau (2005), S. 178 f.; Küting/Pfitzer/Weber (2011), S. 25 f.

[802] Vgl. IFRS for SME P17.

[803] Vgl. beispielsweise Böcking (2007), S. 27.

ner immaterieller Vermögensgegenstände des Anlagevermögens schränkt die Informationsfunktion des IFRS for SME-Abschlusses ein. Dies wird auch vom überwiegenden Teil der KMU in Deutschland als nachteilig empfunden.[804]

Auf der anderen Seite bietet die Bilanzierung nach den IFRS for SME eine Reihe von Vorteilen – auch im Bereich der Information der Adressaten. Beispielsweise spielt für einen nicht unwesentlichen Teil der KMU die periodenübergreifende Auftragsfertigung eine wichtige Rolle. Sowohl für die Nutzung der externen Rechnungswesendaten für die interne Steuerung als auch für die Informationsvermittlung gegenüber den externen Adressaten sehen KMU die Gewinnrealisierung in Abhängigkeit des Projektfortschritts, wie sie die nach IFRS for SME vorgeschriebene percentage-of-completion-Methode vorsieht, als vorteilhaft gegenüber der nach HGB vorgeschriebenen completed-contract-Methode an.[805]

Darüber hinaus kann ein IFRS for SME-Abschluss die Beziehungen zu internationalen Adressaten – wie Kunden, Lieferanten oder Kreditgebern – stark verbessern, weil im Ausland häufig das Verständnis für den handelsrechtlichen Jahresabschluss fehlt. Unabhängig von den möglichen Vorteilen im Bereich der Harmonisierung des Rechnungswesens ist bei einer zukünftigen Entscheidung darüber, ob ein zusätzlicher IFRS for SME-Abschluss erstellt wird, demnach auch die Internationalität der Geschäfte des Unternehmens zu berücksichtigen.

Als im Wettbewerb nachteilig gegenüber nur nach HGB bilanzierenden Mittelständlern könnten sich allerdings die vergleichsweise ausführlichen Anhangsangaben der IFRS for SME herausstellen. Durch sie ist ein Unternehmen, dass die IFRS for SME anwenden möchte, gezwungen, viele Informationen gegenüber seinen externen Adressaten und damit auch gegenüber den Konkurrenten preiszugeben.[806] Während das HGB das Problem der Geheimhaltung beziehungsweise der (Nicht-)Preisgabe von sensiblen Unternehmensinformationen über Wahlrechte, Größenkriterien und Geheimhaltungsklauseln[807] entschärft, sind in den IFRS for SME kaum Mechanismen zum Schutz sensibler Unternehmensinformationen

---

804 Vgl. Eierle/Haller/Beiersdorf (2011), S. 1592.

805 Vgl. Eierle/Haller/Beiersdorf (2011), S. 1592.

806 Die nach IFRS for SME im Anhang zu machenden Angaben ergeben sich zum einen aus IFRS for SME 8.2 bis 8.4. Zum anderen ergeben sich materielle Angabepflichten aus den anderen Abschnitten der IFRS for SME, die sich mit Bilanzierungs- und Bewertungsvorschriften beschäftigen (IFRS for SME 9 ff.). Vgl. Kirsch (2009), S. 52 ff.

807 Vgl. § 286 HGB.

vorgesehen.[808] Hinzukommt, dass das HGB lediglich von Kapitalgesellschaften die Veröffentlichung eines Anhangs fordert. Die IFRS for SME fordern sie von allen Unternehmen, die nach ihnen bilanzieren.[809]

Die IFRS for SME fordern im Anhang unter anderem Informationen über große Teile der Finanzplanung, abgeschlossene Verträge[810] – die unter Umständen Rückschlüsse auf die strategische Ausrichtung zulassen – und Schwächen des Unternehmens, die allesamt für die Konkurrenz von großem Interesse sein können. Aus einer ohnehin schon problematischen Unternehmenskrise könnte durch die erzwungene Veröffentlichung von Interna, die Rückschlüsse auf eine Krise zulassen, und den daraus resultierenden Reaktionen der Stakeholder des Unternehmens schnell eine Existenz bedrohende Situation resultieren.[811] Freilich kann indessen ein gesundes Unternehmen von der erhöhten Transparenz auch profitieren. So könnte dies beispielsweise Vorteile bei der Finanzierung über Kredite mit sich bringen. Hierauf wurde bereits an anderer Stelle eingegangen.[812]

Abschließend bleibt jedoch zu konstatieren, dass die IFRS for SME zwar im Vergleich zu den Full IFRS wesentliche Erleichterungen bei der Bilanzierung mit sich bringt. Allerdings sind die Regelungen der IFRS for SME im Vergleich zum HGB noch sehr komplex.[813]

4.11 Zwischenfazit

Die Rechnungslegung nach den IFRS for SME wäre zusätzlich zum Einzelabschluss nach deutschem Handelsrecht durchzuführen. Demnach galt es zu untersuchen, inwieweit ein mit den IFRS for SME verbundenes Harmonisierungspoten-

---

808 Vgl. Grottke (2010), S. 1152.

809 Vgl. § 264 Abs. 1 HGB und IFRS for SME 3.17 (e).

810 Vgl. beispielsweise IFRS for SME 4.14, 11.42, 16.10 (d), 17.32 und 32.11. Diese verlangen unter anderem, dass Angaben über geplante Veräußerungen von Unternehmensbereichen, zentralen Wirtschaftsgütern oder eine große Anzahl von Vermögenswerten gemacht werden müssen. Über diese können Konkurrenten beispielsweise Information darüber erhalten, ob ein Unternehmen an neuen Standorten aktiv werden möchte oder eine Produktoffensive plant. Letzteres könnte durch den verstärkten Neuerwerb von Lagerkapazität ersichtlich werden. Weiterhin könnten Anhangsangaben Rückschlüsse auf vorhandene Liquiditätsengpässe zulassen, was wiederum zu Reaktionen der Konkurrenz führen könnte, die die Situation existenzgefährdend werden lassen könnten. Vgl. Grottke (2010), S. 1148 f.

811 Vgl. Grottke (2010), S. 1152 f.

812 Vgl. hierzu die Ausführungen im Abschnitt 4.4.

813 Vor allem die nach den IFRS for SME geforderten umfangreichen Anhangsangaben sind hier zu nennen. Vgl. Küting/Pfitzer/Weber (2011), S. 38 ff.

tial im Rechnungswesen die zusätzliche Erstellung und Veröffentlichung eines internationalen Abschlusses rechtfertigen würde.

	Eignung der IFRS for SME-Rechnungslegung als Basis einer Harmonisierung	
Aufwendungen und Kosten	Harmonisierungspotentiale im Bereich von: • neutralen Aufwendungen • kalkulatorischen Abschreibungen • kalkulatorischen Wagnissen Wenig Harmonisierungspotentiale im Bereich von: • kalkulatorischen Materialkosten • kalkulatorischen Zinsen • kalk. Unternehmerlohn und kalk. Mieten	 (+) (o) (+) (-) (--) (-)
EVA-Konzept	• Nachteile bei der Ermittlung des betrieblich notwendigen Vermögens Vorteile durch • Komponentenansatz • Percentage-of-completion-Methode	(-) (+) (+)
DCF-Methode	• Informationen des externen Rechnungswesens (Kapitalflussrechnung(Pflichtbestandteil)) nur auf Gesamtunternehmensebene nutzbar • Kaum Harmonisierungspotential bei WACC-Berechnung	(o) (-)
Finanz- und Liquiditätsrechnung	• Verpflichtende Verknüpfung zwischen Bilanz und Kapitalflussrechnung	(+)
Investitionsrechnung	• Wegen Diskontinuität und Prospektivität der Investitionsrechnung so gut wie kein Harmonisierungspotential	(--)

Legende		
	(++)	viel nutzbares Harmonisierungspotential
	(+)	nutzbares Harmonisierungspotential
	(o)	bedingtes Harmonisierungspotential
	(-)	wenig Harmonisierungspotential
	(--)	sehr wenig bis kein Harmonisierungspotential

Abbildung 43: Eignung der IFRS for SME-Rechnungslegung als Basis einer Harmonisierung

Im Rahmen der Kosten- und Leistungsrechnung bieten die IFRS for SME zum Teil ein größeres, zum Teil jedoch auch ein kleineres Harmonisierungspotential als das HGB. Die Struktur der Erfolgsrechnung – insbesondere die Zweiteilung – ermöglicht bereits das Ausgliedern bestimmter neutraler Aufwendungen aus der GuV-Rechnung. Bis auf die Tatsache, dass das Finanzergebnis (mit seinen neutralen Bestandteilen) nicht im Ergebnis der betrieblichen Tätigkeit enthalten ist, hat jedoch auch die GuV-Rechnung nach IFRS for SME mit in den sonstigen Erträgen oder Aufwendungen enthaltenen neutralen Ergebnisbestandteilen „zu kämpfen". Neutrale Aufwendungen sind demnach nicht wesentlich leichter zu eliminieren als nach der HGB-Rechnungslegung.

Bei den kalkulatorischen Kosten gibt es sowohl Bereiche, die eine Harmonisierung erleichtern als auch Bereiche, die sie erschweren. Als vorteilhaft hat sich beispielsweise bei den kalkulatorischen Abschreibungen der Komponentenansatz erwiesen. Nachteilig wirkt sich hier jedoch das Verbot des Einbezugs von Fremdkapital-, Sozial- und allgemeinen Verwaltungskosten in die Herstellungskosten selbst geschaffener Vermögenswerte aus. In die Abschreibungsbasis können demnach nicht alle einem selbst geschaffenen Vermögenswert tatsächlich zurechenbaren Kosten einbezogen werden, was wiederum ökonomisch nicht sinnvolle Abschreibungsbeträge in den Jahren der Nutzung zur Folge hat.

Im Bereich der kalkulatorischen Wagnisse ist eine Harmonisierung im Allgemeinen vor allem dort möglich, wo ihnen im externen Rechnungswesen die Bildung von Rückstellungen gegenübersteht. Aufwandsrückstellungen sind zwar nach den IFRS for SME überhaupt nicht vorgesehen, sie sind aber aufgrund des Komponentenansatzes häufig auch nicht nötig, um eine Harmonisierung zu ermöglichen.

Zu den kalkulatorischen Materialkosten ist lediglich festzustellen, dass es aufgrund der fehlenden Zulassung der Lifo-Methode als Verbrauchsfolgeverfahren bei einer Harmonisierung des Rechnungswesens zu einer schlechteren Erfüllung der Anforderung der Periodenabgrenzung als bei der HGB-Rechnungslegung käme.

Bei den kalkulatorischen Zinsen wäre eine vollständige Harmonisierung auch bei den IFRS for SME nur über den Verzicht auf den Ansatz von kalkulatorischen Eigenkapitalzinsen im internen Rechnungswesen möglich. Dies ist jedoch wegen der daraus möglicherweise folgenden Fehlentscheidungen nicht zu empfehlen. Wird stattdessen das bilanzielle Vermögen als Basis für die Zinsermittlung herangezogen, schneidet das HGB im Vergleich besser ab als die IFRS for SME. Letztere bieten zwar weniger Bewertungs- und Ansatzwahlrechte, das bilanzierte Vermögen fällt aber unter Umständen wegen der weniger umfangreichen Herstellungskosten und der fehlenden Möglichkeit zur Aktivierung von selbst geschaffenen immateriellen Vermögenswerten des Anlagevermögens deutlich niedriger aus als nach dem HGB.

Die kalkulatorische Miete und der kalkulatorische Unternehmerlohn lassen sich – wie auch bei der Rechnungslegung nach HGB – nicht sinnvoll mit dem externen Rechnungswesen harmonisieren. Eine Harmonisierung wäre hier nur über den Umweg der nicht unproblematischen Mindestgewinnrechnung möglich.

Im Rahmen des EVA-Konzeptes und der dabei nötigen Ermittlung des betrieblich gebundenen Vermögens greifen neben dem Vorteil aus dem Komponentenansatz vor allem die Nachteile, die oben bei den kalkulatorischen Zinsen bereits genannt wurden. Bei der Ermittlung des operativen Ergebnisses nach EVA stellt sich hingegen die nach IFRS for SME vorgeschriebene percentage-of-completion-Methode bei der Gewinnrealisierung von langfristigen Fertigungsaufträgen als vorteilhaft im Vergleich zu den Vorschriften des HGB heraus.

Für die Harmonisierung im Bereich der DCF-Methode hat sich die IFRS for SME-Rechnungslegung bis auf die Tatsache, dass die Kapitalflussrechnung grundsätzlich von jedem Bilanzierenden zu erstellen und zu veröffentlichen ist, als wenig vorteilhaft gegenüber der HGB-Rechnungslegung erwiesen. Die weiterhin geforderte Verknüpfung der Kapitalflussrechnung mit den Positionen der Bilanz kann wiederum der Harmonisierung im Bereich der Finanz- und Liquiditätsrechnung sehr dienlich sein. Hier wäre auch eine feinere Untergliederung der Bilanzpositionen mit der eventuellen Angabe von Restlaufzeiten beziehungsweise Realisierungszeitpunkten hilfreich. Bei Letzterem ist jedoch zu prüfen, ob die freiwillige Preisgabe dieser Informationen nicht auch mit Nachteilen für das bilanzierende Unternehmen verbunden ist.

Schließlich bleibt festzustellen, dass auch bei der IFRS for SME-Rechnungslegung die starke Aggregation und der Vergangenheitsbezug des externen Rechnungswesens einer Harmonisierung im Bereich der Investitionsrechnung im Wege stehen.

Die Vor- und Nachteile eines IFRS for SME-Abschlusses gegenüber eines HGB-Abschlusses hinsichtlich der Harmonisierbarkeit des Rechungswesens halten sich in etwa die Waage. Eine klare und eindeutige Vorteilhaftigkeit ist losgelöst vom Einzelfall jedenfalls nicht festzustellen. Neben der Frage, mit welchen Sachverhalten es ein KMU in der Regel zu tun hat (beispielsweise langfristige Fertigungsaufträge oder selbst geschaffene immaterielle Vermögenswerte), ist zu klären, ob ein zusätzlich erstellter Abschluss nach IFRS for SME aufgrund der internationalen Tätigkeit eines KMU Vorteile in Punkto Konkurrenzfähigkeit mit sich bringen würde. Zu nennen sind hier beispielsweise die Geschäftsbeziehungen zu internationalen Lieferanten, Kunden usw. und die möglicherweise günstigeren Kapitalbeschaffungsmöglichkeiten, die sich jedoch vor allem bei größeren Volumina bemerkbar machen. Ein Nutzen über die Harmonisierungspotentiale hinaus müsste in jedem Fall vorliegen, da der IFRS for SME-Abschluss aufgrund der Tatsache, dass er zusätzlich zum HGB-Abschluss zu erstellen wäre, mit einem erheblichen Mehraufwand verbunden wäre. Darüber hinaus gibt der IFRS for SME-Abschluss eine Reihe von Informationen über das Unternehmen preis (vor allem über den Anhang), die nach HGB nicht veröffentlicht werden müssen. Allein durch die wenigen Vorteile bei der Harmonisierbarkeit mit dem internen Rechnungswesen ließe sich das Inkaufnehmen dieser Nachteile nicht rechtfertigen.

Es gilt grundsätzlich, je größer ein Mittelständler ist und je stärker sein internationales Engagement ist, desto eher lohnt sich die Veröffentlichung eines zusätzlichen IFRS for SME-Abschlusses. Darüber hinaus ist zu vermuten, dass sich große Mittelständler, die auf Güter- und Kapitalmärkten mit nach IFRS bilanzierenden Unternehmen in Konkurrenz stehen, auf Dauer dem Anpassungsdruck hinsichtlich der IFRS-Anwendung nicht entziehen können.[814] Daran haben auch die Änderungen durch das BilMoG nichts geändert. Hier stellen die IFRS for SME – bei entsprechender Zulassung durch die EU und die Bundesrepublik – eine weniger komplizierte und damit kostengünstigere Alternative zu den Full IFRS dar.

---

814 Vgl. Krähenhorst/Wallau (2005), S. 179.

5 Zusammenfassung und Ausblick

Die Möglichkeiten, *Konzern*abschlüsse mit dem internen Rechnungswesen zu harmonisieren und auf diese Weise vor allem Kosten im Rechnungswesen zu senken, wurden in der Literatur bereits wiederholt diskutiert. Der Einzelabschluss deutscher Mittelständler wurde bisher allerdings aufgrund seiner Zweckpluralität fast komplett von der Harmonisierungsdiskussion ausgeklammert. Die Stärkung der Informationsfunktion des Einzelabschlusses nach HGB durch das BilMoG und die Veröffentlichung der IFRS for SME durch das IASB haben im Jahr 2009 jedoch eine erneute Diskussion über die Harmonisierbarkeit von Einzelabschlüssen möglich und nötig gemacht.

Die vorliegende Arbeit hat gezeigt, dass den Argumenten, die für ein Fortbestehen der klassischen Zweiteilung des Rechnungswesens sprechen, eine Vielzahl von Argumenten gegenüberstehen, die zumindest für eine teilweise Harmonisierung sprechen. Neben der Steigerung der **Verständlichkeit** und **Transparenz** der Informationen des Rechnungswesens spielen dabei vor allem die **Komplexitätsreduktion** und die damit einhergehenden Möglichkeiten der **Kosteneinsparungen** eine wesentliche Rolle. Die Abbildung 44 fasst die wesentlichen Harmonisierungspotentiale der beiden Rechnungslegungssysteme zusammen.

Eine der zentralen Erkenntnisse ist zunächst, dass die zu Beginn dieser Arbeit aufgestellte Vermutung, dass eine vollständige Harmonisierung des Rechnungswesens nicht möglich sei, bestätigt werden konnte. Das gilt sowohl für die Rechnungslegung nach HGB als auch nach IFRS for SME. Es gibt Bereiche im internen Rechnungswesen, deren Funktionen schlicht nicht mit den Daten des externen Rechnungswesens zu erfüllen sind. Dazu zählen beispielsweise die Ermittlung eines gewogenen Kapitalkostensatzes (WACC) – unter anderem im Rahmen der Nutzung des EVA-Konzeptes für die Unternehmenssteuerung – und die Investitionsrechnung. Auch die Tatsache, dass die Wertung (++) in den Übersichten[815] nicht vergeben werden konnte, zeigt, dass auch in Zukunft eine Zweiteilung des Rechnungswesens sinnvoll erscheint, um die Aufgaben des internen Rechnungswesens wahrnehmen zu können.

---

[815] Vgl. auch die Übersichten auf S. 154 und S. 216.

Harmonisierungspotential der HGB- und IFRS for SME-Rechnungslegung im Vergleich			
		HGB	IFRS for SME
Aufwendungen und Kosten	• neutralen Aufwendungen • kalkulatorischen Abschreibungen • kalkulatorischen Wagnissen • kalkulatorischen Materialkosten • kalkulatorischen Zinsen • kalk. Unternehmerlohn und kalk. Mieten	(+) (+) (+) (+) (-) (-)	(+) (o) (+) (-) (--) (-)
EVA-Konzept	• Weniger Anpassungen durch BilMoG • Vorteile durch Komponentenansatz • Vorteile durch Percentage-of-completion-Meth. • Nachteile bei der Ermittlung des betrieblich notwenigen Vermögens	(+)	 (+) (+) (-)
DCF-Methode	• Informationen des externen Rechnungswesens (Kapitalflussrechnung) nur auf Gesamtunternehmensebene nutzbar • Kaum Harmonisierungspotential bei WACC-Berechnung	(o) (-)	(o) (-)
Finanz- und Liquiditätsrechnung	• Begrenztes Harmonisierungspotential über Kapitalflussrechnung • Verpflichtende Verknüpfung zwischen Bilanz und Kapitalflussrechnung	(o)	(+)
Investitionsrechnung	• Wegen Diskontinuität und Prospektivität der Investitionsrechnung so gut wie kein Harmonisierungspotential	(--)	(--)

Legende		
	(++)	viel nutzbares Harmonisierungspotential
	(+)	nutzbares Harmonisierungspotential
	(o)	bedingtes Harmonisierungspotential
	(-)	wenig Harmonisierungspotential
	(--)	sehr wenig bis kein Harmonisierungspotential

Abbildung 44: Harmonisierungspotential der HGB- und IFRS for SME-Rechnungslegung im Vergleich

Es konnte jedoch gezeigt werden, dass bereits der für deutsche KMU[816] verpflichtend zu erstellende HGB-Abschluss eine Reihe von Möglichkeiten bietet, die für den externen Abschluss zu erhebenden Daten auch für Zwecke des internen Rechnungswesens zu nutzen. Vor allem das neue Wahlrecht, selbst geschaffene immaterielle Vermögensgegenstände des Anlagevermögens aktivieren zu dürfen, und die Streichung von Wahlrechten im Bereich der Herstellkosten, Abschreibungen

[816] Gemäß dem KMU-Verständnis dieser Arbeit.

und Rückstellungen haben bei vielen Mittelständlern für eine bessere Harmonisierbarkeit des Rechnungswesens gesorgt.

Der grundlegende Unterschied zwischen dem externen und internen Rechnungswesen ist sicher zwischen den Größen Aufwand und Kosten zu suchen. Hier konnte gezeigt werden, dass in vielen Bereichen eine Harmonisierung durchaus möglich ist. Während bei der Rechnungslegung nach HGB vor allem die kalkulatorischen Abschreibungen, Materialkosten und zum Teil auch die Wagnisse sinnvoll harmonisierbar sind, sind bei der Rechnungslegung nach den IFRS for SME nur die Abschreibungen und Wagnisse in gewissem Umfang harmonisierbar. Bei den kalkulatorischen Materialkosten steht unter der IFRS for SME-Rechnungslegung die fehlende Zulassung der Lifo-Methode einer sinnvollen Harmonisierbarkeit im Wege. Bei beiden Rechnungslegungssystemen erwies sich die Harmonisierung im Bereich der kalkulatorischen Zinsen, Miete sowie dem kalkulatorischen Unternehmerlohn als sehr schwierig. Eine Lösung bei schwierig zu harmonisierenden Kosten stellt zwar grundsätzlich die differenzierende Gewinnkalkulation beziehungsweise die Mindestgewinnrechnung dar. Diese dürfte jedoch regelmäßig nur auf aggregierter Ebene – das heißt, für das ganze Unternehmen oder große Unternehmensbereiche – durchzuführen sein und damit eine sinnvolle Kalkulation von einzelnen Produkten erschweren. Die Preisuntergrenze, die ein zentrales Entscheidungsinstrument darstellt, würde bei einer derartigen Auslagerung relevanter Kostenbestandteile aus der Kalkulation einzelner Produkte ihre Funktion nicht mehr vollumfänglich erfüllen können. Dementsprechend ist es mehr als fraglich, ob eine derartige Auslagerung von Kosten durchgeführt werden sollte.

Eine Harmonisierung im Bereich des EVA-Konzeptes wurde durch das BilMoG deutlich erleichtert. Im Vergleich dazu bietet die IFRS for SME-Rechnungslegung zwar Vorteile durch den Komponentenansatz und bei der Berücksichtigung der Erfolge aus langfristigen Fertigungsaufträgen, jedoch auch Nachteile bei der Ermittlung des betrieblich gebundenen Vermögens.

Ein deutlich geringeres Potential zur Harmonisierung haben die DCF-Methode, die Finanz- und Liquiditätsrechnung und vor allem die Investitionsrechnung gezeigt – dies auch unabhängig vom Rechnungslegungssystem. Die IFRS for SME-Rechnungslegung bietet lediglich durch die verpflichtend zu erstellende Kapitalflussrechnung und deren Verknüpfung mit der Bilanz geringe Vorteile gegenüber der HGB-Rechnungslegung.

Zentrale Erkenntnisse sind also, dass es eine Reihe von Möglichkeiten gibt, die Daten des handelsrechtlichen Jahresabschlusses auch für interne Steuerungszwecke zu nutzen und dass deutsche KMU die aufgezeigten Harmonisierungspotentiale im Rechnungswesen so weit wie möglich nutzen sollten, um die Wirtschaftlichkeit des Rechnungswesens zu verbessern. Insbesondere das BilMoG hat für neue Harmonisierungspotentiale gesorgt.

Weiterhin ist festzustellen, dass sich eine zusätzliche Erstellung und Veröffentlichung eines IFRS for SME-Abschlusses nicht mit dem Nutzen aus dem sich dadurch ergebenden Harmonisierungspotential im Rechnungswesen rechtfertigen lässt. Dafür sind die Unterschiede hinsichtlich der Harmonisierbarkeit im Vergleich zum HGB zu gering. Ein zusätzlicher IFRS for SME-Abschluss erscheint aus Sicht eines KMU also nur dann sinnvoll, wenn neben den Harmonisierungspotentialen – die vor allem dann vorhanden sind, wenn das Unternehmen in der langfristigen Auftragsfertigung tätig ist und nur sehr wenige bis gar keine immateriellen Vermögenswerte selbst erstellt – Vorteile im Bereich der Finanzierung, des Vertriebs und der Beschaffung aufgrund internationaler Aktivitäten genutzt werden können. Ist eine derartige Internationalität bei dem Geschäftsbetrieb eines KMU nicht vorhanden, wird der Nutzen aus einem zusätzlichen IFRS for SME-Abschluss die für seine Erstellung aufzuwendenden Kosten nicht kompensieren können.

Sowohl das Inkrafttreten des BilMoG als auch die Veröffentlichung der IFRS for SME liegen nun schon einige Jahre zurück. Demnach erscheint aus heutiger Sicht eine empirische Studie – die im Rahmen dieser Arbeit keinen Raum mehr gefunden hat – durchaus sinnvoll. Im Zuge einer solchen Studie könnte untersucht werden, inwieweit vorhandene Harmonisierungspotentiale bei KMU bereits heute genutzt werden und von welchen Gegebenheiten beziehungsweise Voraussetzungen ihre Nutzung abhängig ist. Daraus könnten sich dann wiederum Handlungsempfehlungen für die Gesamtheit der KMU ableiten lassen.

Literaturverzeichnis

Altenburger, O. A. (1999): Besitzen IAS-konforme Jahres- und Konzernabschlüsse im Hinblick auf die Unternehmens- und Konzernsteuerung Vorteile gegenüber den Rechnungslegungstraditionen im deutschen Sprachraum?, in: Altenburger, O. A. (Hrsg.): Fortschritte im Rechnungswesen – Vorschläge für Weiterentwicklungen im Dienste der Unternehmens- und Konzernsteuerung durch Unternehmensorgane und Eigentümer, Festschrift zum 60. Geburtstag von Gerhard Seicht, Wiesbaden 1999, S. 533-552.

Baetge, J. (1976): Rechnungslegungszwecke des aktienrechtlichen Jahresabschlusses, in: Baetge, J./Moxter, A./Schneider, D. (Hrsg.): Bilanzfragen, Festschrift zum 65. Geburtstag von Prof. Dr. Ulrich Leffson, Düsseldorf 1976, S. 11-30.

Baetge, J./Kirsch, H.-J./Thiele, S. (2009): Bilanzen, 10. vollständig aktualisierte Aufl., Düsseldorf 2009.

Ballwieser, W. (1994): Adolf Moxter und der Shareholder Value-Ansatz, in: Ballwieser, W./Böcking, H.-J./Drukarczyk, J./Schmidt, R. H. (Hrsg.): Bilanzrecht und Kapitalmarkt – Festschrift zum 65. Geburtstag von Prof. Dr. Dr. h.c. Dr. h.c. Adolf Moxter, Düsseldorf 1994, S. 1377-1405.

Ballwieser, W. (2002): IAS 16 Sachanlagen (Property, Plant and Equipment), in: Baetge, J. et al. (Hrsg.): Rechnungslegung nach International Accounting Standards (IAS) – Kommentar auf der Grundlage des deutschen Bilanzrechts, 2. Aufl., Stuttgart 2002, Teil B.

Ballwieser, W. (2004): Schaden IAS dem Mittelstand?, in: Küting, K./Pfitzer, N./Weber, C.-P. (Hrsg.): Herausforderungen und Chancen durch weltweite Rechnungslegungsstandards – kapitalmarktorientierte Rechnungslegung und integrierte Unternehmenssteuerung, Stuttgart 2004, S. 11-27.

Ballwieser, W. (2011): Unternehmensbewertung – Prozeß, Methoden und Probleme, 3. Aufl., Stuttgart 2011.

Baltzer, B./Stegmüller, W. (2008): Kalkulatorische Kosten: Fossilien im harmonisierten Rechnungswesen auf Basis der IFRS?, in: Controlling-Berater, 29.Jg., Heft 2, 2008, S. 449-466.

Barth, T./Barth, D. (2004): IAS/IFRS-Rechnungslegung und Unternehmenssteuerung, in: Das Wirtschaftsstudium (WISU), 37.Jg., Heft 1, 2004, S. 74-79.

Barth, T./Barth, D./Kyank, M./Litz, A. (2008): Einfluss des BilMoG auf das Controlling – Harmonisierung des internen und externen Rechnungswesens?, in: Zeitschrift für Buchführung, Bilanzierung, Kostenrechnung (BBK), Heft 9, 2008, S. 465-476.

Baxmann, U. (2004): Grundsätzliche Implikationen aus Basel II für die Finanzierung und Investor-Relations-Politik von kleinen und mittleren Unternehmen (KMU), in: Merz, J./Schulte, R./Wagner, J. (Hrsg.): Perspektiven der Mittelstandsforschung – Ökonomische Analysen zu Selbständigkeit, freien Berufen und KMU, Münster 2004, S. 433-452.

Becker, W./Ulrich, P. (2009): Mittelstand, KMU und Familienunternehmen in der Betriebswirtschaftslehre, in: Wirtschaftswissenschaftliches Studium (WiSt), 38. Jg., Heft 1, 2009, S. 2-7.

Becker, W./Ulrich, P./Baltzer, B. (2011): Controlling in mittelständischen Unternehmen – Effekte von Unternehmensgröße und Familieneinfluss, in: Der Betrieb (DB), 64. Jg., Heft 6, 2011, S. 309-313.

Becker, W./Staffel, M./Ulrich, P. (2009): Funktionen des Controlling im Mittelstand – Ergebnisse einer empirischen Untersuchung, in: Lingnau, V. (Hrsg.): Mittelstandscontrolling 2009, Reihe: Controlling, Band 12, Köln 2009, S. 1-24.

Begründung zum Regierungsentwurf (Begr. RegE) BilMoG: Entwurf eines Gesetzes zur Modernisierung des Bilanzrechts (Bilanzrechtsmodernisierungsgesetz – BilMoG). Veröffentlicht am 21.05.2008 vom Bundesministerium der Justiz.

Beiersdorf, K. (2006): IFRS für kleine und mittelgroße Unternehmen - Veröffentlichung des Arbeitsentwurfs, in: Betriebs-Berater (BB), 61. Jg., Heft 35, 2006, S. 1898-1900.

Beiersdorf, K./Eierle, B./Haller, A. (2009): International Financial Reporting Standard for Small and Medium-sized Entities (IFRS for SMEs): Überblick über den finalen Standard des IASB, in: Der Betrieb (DB), 62. Jg., Heft 30, 2009, S. 1549-1557.

Beyhs, O./Melcher, W. (2009): Zur Umsetzung der HGB-Modernisierung durch das BilMoG: Wesentliche Änderungen bei außerplanmäßigen Abschreibungen und Wertaufholungen, in: Der Betrieb (DB), 62. Jg., Beilage Nr. 5/2009 zum Heft 23, 2009, S. 25-29.

Biebel, R. (2008): Rechnungslegung aus europäischer Sicht, in: Zeitschrift für internationale Rechnungslegung (IRZ), 3. Jg., Heft 2, 2008, S. 79-83.

Bieker, M. (2006): Ökonomische Analyse des Fair Value Accounting, Frankfurt a.M. 2006.

Bitz, M./Schneeloch, D./Wittstock, W. (2003): Der Jahresabschluss – Rechtsvorschriften, Analysen, Politik, 4. Aufl., München 2003.

Bley, A. (2007): Bundesverband der Deutschen Volksbanken und Raiffeisenbanken (BVR). Volkswirtschaft spezial – Meinung, Analyse, Fakten, Nr. 5, 2007, S. 1-13.

Böcking, H.-J. (2007): IFRS, SME-Project und Konzeption der deutschen Rechnungslegung, in: Baetge, J./Kirsch, H.-J. (Hrsg.): Deutsche Bilanzierung im Umbruch: BilMoG und SME-IFRS – Chance oder Belastung für deutsche Unternehmen?, Düsseldorf 2007, S. 13-38.

Böge, H. (2009): Konzernrechnungslegung – Das Zusammenspiel zwischen IFRS-Konzernabschluss und HGB-Einzelabschluss, in: Gleich, R./Klein, A. (Hrsg.), BilMoG und Controlling, Band 4, Freiburg 2009, S. 223-252.

Boemle, M. (1997): Der Jahresabschluss als Instrument der Rechenschaft – Herausforderung für Management und Revisionsstelle, in: Der Schweizer Treuhänder (ST), 71. Jg., Heft 1-2, 1997, S. 19-24.

Börner, C. J. (2006): Finanzierung, in: Pfohl, H.-C. (Hrsg.): Betriebswirtschaftslehre der Mittel- und Kleinbetriebe – Größenspezifische Probleme und Möglichkeiten zu ihrer Lösung, 4. Aufl., Berlin 2006, S. 297-329.

Börsig, C. (2000): Wertorientierte Unternehmensführung bei RWE, in: Zeitschrift für betriebswirtschaftliche Forschung (ZfbF), 54. Jg., Heft 2, 2000, S. 167-175.

Born, K. (2002): Rechnungslegung international – Einzel- und Konzernabschlüsse nach IAS, US-GAAP, HGB und EG-Richtlinie, 3. Aufl., Stuttgart 2002.

Botta, V./Arnold, W. G. (2002): Rechnungswesen und Controlling - Bausteine des Rechnungswesens und ihre Verknüpfung, 2. Aufl., Herne 2002.

Breimann, A. (2007): Bilanzierung nach IFRS im Mittelstand – Grundlagen, Unterschiede zum HGB, Anwendung, Auswirkung auf Bilanzpolitik und Bilanzanalyse, Saarbrücken 2007.

Breithecker, V. (2008): BilMoG – Überblick über die Änderungen einzelabschlussrelevanter Vorschriften und Auflistung der Durchbrechung des Maßgeblichkeitsprinzips, in: Schmiel, U./Breithecker, V. (Hrsg.): Steuerliche Gewinnermittlung nach dem Bilanzrechtsmodernisierungsgesetz, Berlin 2008, S. 1-30.

Brembt, T. (2010): Möglichkeiten einer internationalisierten Rechnungslegung für deutsche nicht-kapitalmarktorientierte Unternehmen, Düsseldorf 2010.

Brösel, G. (2010): Bilanzanalyse – Unternehmensbeurteilung auf der Basis von HGB- und IFRS-Abschlüssen, 13. neu bearbeitete und erweiterte Aufl., Berlin 2010.

Brösel, G./Müller, S./Homburg, O. (2009): Freiwillige Umstellung der Rechnungslegung von HGB auf IFRS – ein Weg auch für KMU?, in: Müller, D. (Hrsg.): Controlling für kleine und mittlere Unternehmen, München 2009, S. 129-151.

Bruns, H.-G. (1999): Harmonisierung des externen und internen Rechnungswesens auf Basis internationaler Bilanzierungsvorschriften, in: Küting, K./Langenbucher, G. (Hrsg.): Internationale Rechnungslegung – Festschrift für Prof. Dr. C.-P. Weber zum 60. Geburtstag, Stuttgart 1999, S. 585-603.

Budde, T. (2008): Eigenkapital, in: Kessler, H./Leinen, M./Strickmann, M. (Hrsg.): Bilanzrechtsmodernisierungsgesetz (BilMoG – RegE) – Die neue Handelsbilanz, Freiburg u.a. 2008, S. 240-260.

Budde, T./Heusinger-Lange, S. (2010): Einzelgesellschaftliche Rechnungslegung, in: Kessler, H./Leinen, M./Strickmann, M. (Hrsg.): Handbuch Bilanzrechtsmodernisierungsgesetz – Der praktische Leitfaden zum Bilanzrechtsmodernisierungsgesetz, 2. Aufl., Freiburg 2010, S. 105-164.

Bühner, R./Weinberger, H.-J. (1991): Cash-Flow und Shareholder Value, in: Betriebswirtschaftliche Forschung und Praxis (BFuP), 42. Jg., 1991, S. 187-208.

Bundesministerium der Finanzen (2012): Homepage des Bundesministerium der Finanzen (www.bundesfinanzministerium.de). Erläuterungen zu Basel III. Einzusehen unter http://www.bundesfinanzministerium.de/nn_39814/DE/BMF__Startseite/Service/Glossar/B/022__Basel__III.html (Tag der Einsichtnahme: 29.01.2012).

Bundesverband deutscher Banken (2005): Mittelstandsfinanzierung - Partnerschaftliche Zusammenarbeit von Unternehmen und Banken, Berlin 2005.

Burger, A./Buchhart, A. (2001): Integration des Rechnungswesens im Shareholder Value-Ansatz, in: Der Betrieb (DB), 54. Jg., Heft 11, 2001, S. 549-554.

Busse von Colbe, W. (1957): Der Zukunftserfolg: Die Ermittlung des künftigen Unternehmenserfolges und seine Bedeutung für die Bewertung von Industrieunternehmen, Wiesbaden 1957.

Busse von Colbe, W. (1964): Die Planung der Betriebsgröße, Wiesbaden 1964.

Busse von Colbe, W. (1995): Rechnungslegungsziele und Ansätze zur internationalen Harmonisierung der Rechnungslegung deutscher Unternehmen, in: Ballwieser, W. (Hrsg.): US-amerikanische Rechnungslegung - Grundlagen und Vergleiche mit dem deutschen Recht, 2. Aufl., Stuttgart 1995, S. 221-238.

Busse von Colbe, W. (2004): Anpassung der Konzernrechnungslegungsvorschriften des HGB an internationale Entwicklungen, in: Betriebsberater (BB), 59. Jg., Heft 38, 2004, S. 2063-2070.

Bussiek, J. (1996): Anwendungsorientierte Betriebswirtschaftslehre für Klein- und Mittelunternehmen, 2. Aufl., München u.a. 1996.

Carstensen, B./Leibfried, P. (2004): Auswirkungen von IAS/IFRS auf mittelständische GmbH und GmbH & Co. KG, in: GmbHRundschau (GmbHR), 95. Jg., Heft 13, 2004, S. 864-869.

Cassel, J. (2010): Finanzinstrumente des Handelsbestandes von Kredit- und Finanzdienstleistungsinstituten, in: Kessler, H./Leinen, M./Strickmann, M. (Hrsg.): Handbuch Bilanzrechtsmodernisierungsgesetz – Der praktische Leitfaden zum Bilanzrechtsmodernisierungsgesetz, 2. Aufl., Freiburg 2010, S. 551-571.

Chmielewicz, K. (1993): Rechnungswesen, Band 1: Der Jahresabschluß als Einzelabschluß, 4. Aufl., Bochum 1993.

Coenenberg, A. G. (1995): Einheitlichkeit oder Differenzierung von internem und externem Rechnungswesen – Die Anforderungen der internen Steuerung, in: Der Betrieb (DB), 48. Jg., Heft 42, 1995, S. 2077-2083.

Coenenberg, A. G./Fischer, T. M./Günther, T. (2009): Kostenrechnung und Kostenanalyse, 7. Aufl., Stuttgart 2009.

Coenenberg, A. G./Haller, A./Schultze, W. (2009): Jahresabschluss und Jahresabschlussanalyse – Betriebswirtschaftliche, handelsrechtliche, steuerrechtliche und internationale Grundsätze – HGB, IFRS, US-GAAP, 21. Aufl., Stuttgart 2009.

Coenenberg, A. G./Mattner, G./Schultze, W. (2004): Einführung in das Rechnungswesen – Grundzüge der Buchhaltung und Bilanzierung, 1. Aufl., Stuttgart 2004.

Coenenberg, A. G./Haller, A./Mattner, G./Schultze, W. (2007): Einführung in das Rechnungswesen – Grundzüge der Buchführung und Bilanzierung, 2. Aufl., Stuttgart 2007.

Coenenberg, A. G./Salfeld, R. (2007a): Wertorientierte Unternehmensführung – vom Strategieentwurf zur Implementierung, 2. Aufl., Stuttgart 2007.

Copeland, T./Koller, T./Murrin, J. (1998): Unternehmenswert – Methoden und Strategien für eine wertorientierte Unternehmensführung, 2. Aufl., Frankfurt a.M. 1998.

Deutsche Bundesbank/BaFin (2006): Protokoll der 14. Sitzung (am 27.11.2006) des Arbeitskreises „Umsetzung Basel II“ vom 15.01.2007, abrufbar unter www.bundesbank.de/download/bankenaufsicht/pdf/20061127_protokoll.pdf, S.14 (abgerufen am 08.01.2012).

DIHK (Deutscher Industrie- und Handelskammertag) (2011): Folgen von Basel III für den Mittelstand. Einzusehen unter http://www.dihk.de/themenfelder/starthilfe-und-unternehmensfoerderung/news?m=2011-10-24-basel-iii-publikation (Tag der Einsichtnahme: 26.03.2012).

Döring, U./Obermann, O. (2008): Primär- und Sekundärwirkungen von rechnungslegungspolitischen Maßnahmen, in: Freidank, C.-C./Müller, S./Wulf, I. (Hrsg.): Controlling und Rechnungslegung – Aktuelle Entwicklungen in Wissenschaft und Praxis, Laurenz Lachnit zum 65. Geburtstag, Wiesbaden 2008, S. 413-437.

Dorn, G. (1993): Geschichte der Kostenrechnung, in: Chmielewicz, K./Schweitzer, M. (Hrsg.): Handwörterbuch des Rechnungswesens, 3. Aufl., Stuttgart 1993, Sp. 722-729.

Driesch, D. (2009): Kapitalflussrechnung und Eigenkapitalspiegel bei nicht konzerngebundenen Unternehmen, in: Das Gesetz zur Modernisierung des Bilanzrechts (BilMoG) – Neue Herausforderungen für Rechnungslegung und Corporate Governance, Berlin 2009, S. 151-169.

Dross, C. (1996): Genußrechte: Einsatzmöglichkeiten in mittelständischen Unternehmen, München/Wien 1996.

Egner, H. (1974): Bilanzen – Ein Lehrbuch zur Bilanztheorie, München 1974.

Ehlers, H. (2005): Basel II/Rating: Die Hausaufgaben für Mittelstandsunternehmer und ihre Berater, 2. Aufl., Herne/Berlin 2005.

Ehrbar, A./Mühlfenzl, I. (1999): EVA - economic value added – Der Schlüssel zur wertsteigernden Unternehmensführung, Wiesbaden 1999.

Eierle, B./Haller, A./Beiersdorf, K. (2007): Entwurf eines internationalen Standards zur Bilanzierung von Small and Medium-sized Entities (ED-IFRS for SMEs) – Ergebnisse einer Befragung deutscher mittelständischer Unternehmen, Regensburg 2007.

Eierle, B./Haller, A./Beiersdorf, K. (2011): IFRS for SMEs – eine „attraktive" Alternative für nicht-kapitalmarktorientierte Unternehmen in Deutschland?, in: Der Betrieb (DB), 64. Jg., Heft 29, 2011, S. 1589-1596.

Eisele, W. (2002): Technik des betrieblichen Rechnungswesens: Buchführung und Bilanzierung, Kosten- und Leistungsrechnung, Sonderbilanzen, 7. Aufl., München 2002.

Ellrott, H. (2010): § 256 Bewertungsvereinfachungsverfahren, in: Ellrott, H. et al. (Hrsg.): Beck´scher Bilanzkommentar, 7. völlig neubearbeitete Aufl., München 2010, S. 689-714.

Ernst, C. (2008): Eckpunkte des Referentenentwurfs eines Bilanzrechtsmodernisierungsgesetztes (BilMoG), in: Die Wirtschaftsprüfung (WPg), 61. Jg., Heft 3, 2008, S. 114-116.

Europäische Kommission (2003): Mitteilung der Kommission an den Rat und das europäische Parlament. „Thinking Small" in einer größer werdenden Union. Brüssel, den 21.01.2003, KOM(2003) 26. Einzusehen unter: http://eur-lex.europa.eu/LexUriServ/LexUriServ.do?uri=COM:2003:0026:FIN:DE:PDF (Tag der Einsichtnahme: 28.05.2009).

Ewert, R./Wagenhofer, A. (2000): Rechnungslegung und Kennzahlen für das wertorientierte Management, in: Wagenhofer, A./Hrebicek, G. (Hrsg.): Wertorientiertes Management – Konzepte und Umsetzungen zur Unternehmenswertsteigerung, Stuttgart 2000, S. 3-64.

Ewert, R./Wagenhofer, A. (2008): Interne Unternehmensrechnung, 7. Aufl., Berlin/Heidelberg 2008.

Federmann, R. (2010): Bilanzierung nach Handelsrecht, Steuerrecht und IAS/IFRS – Gemeinsamkeiten, Unterschiede und Abhängigkeiten, 12. völlig neu bearbeitete und wesentlich erweiterte Aufl., Berlin 2010.

Fischer, T. M. (1999): Economic Value Added (EVA) – Informationen aus der externen Rechnungslegung zur internen Unternehmenssteuerung (HHL-Arbeitspapier Nr. 27), Leipzig 1999.

Fischer, T. M./Wenzel, J. (2000): Wertorientierte Unternehmenssteuerung und internationale Rechnungslegung – Ermittlung des Economic Value Added (EVA) auf der Basis des HGB, der US-GAAP und der IAS (HHL-Arbeitspapier Nr. 34), Leipzig 2000.

Franz, K.-P. (2004): Rechnungswesen und Berichtswesen als Grundlage des Controllings, in: Grob, H. L. et al. (Hrsg.): Controlling – Lerneinheiten zum Wissensnetzwerk Controlling, München 2004, S. 59-134.

Franz, K.-P./Winkler, C. (2006): Unternehmenssteuerung und IFRS, Grundlagen und Praxisbeispiele, München 2006.

Fülbier, R. U./Gassen, J. (2007): Das Bilanzrechtsmodernisierungsgesetz (BilMoG) – handelsrechtliche GoB vor der Neuinterpretation, in: Der Betrieb (DB), 60. Jg., Heft 48, 2007, S. 2605-2612.

Fülbier, R. U./Gassen, J./Ott, E. (2010): IFRS for SMEs für den europäischen Mittelstand? – Einige theoretische und empirische Überlegungen, in: Der Betrieb (DB), 63 Jg., Heft 25, 2010, S. 1357-1360.

Funk, W./Rossmanith, J./Eha, C. (2009): IFRS for SMEs – Auswirkungen auf die Gestaltung des Rechnungswesens und des Controllings in KMU, in: Müller, D. (Hrsg.): Controlling für kleine und mittlere Unternehmen, München 2009, S. 153-187.

Gabler Wirtschaftslexikon (2010): Gabler Wirtschaftslexikon, Winter, E./Mosena, R./Roberts, L., 17. komplett aktualisierte und erweiterte Aufl., Wiesbaden 2010.

Gebhardt, G./Mansch, H. (Hrsg.) (2005): Wertorientierte Unternehmenssteuerung in Theorie und Praxis – Arbeitskreis „Finanzierungsrechnung" der Schmalenbach-Gesellschaft für Betriebswirtschaft e.V., in: Zeitschrift für betriebswirtschaftliche Forschung (ZfbF), 57. Jg., Sonderheft 53, 2005.

Geiger, D. R. (1995): The Emerging Need for Managerial Cost Accounting, in: The Government Accountants Journal, o. Jg., Heft Herbst 1995, S. 46-53.

Göbel, S./Kormaier, B. (2007): Adressaten und deren Anforderungen an die externe Berichterstattung nicht kapitalmarktorientierter Unternehmen - Ergebnisse ausgewählter Studien, in: Zeitschrift für internationale und kapitalmarktorientierte Rechnungslegung (KoR), 7. Jg., Heft 10, 2007, S. 519-532.

Gräfer, H./Schneider, G. (2010): Bilanzanalyse – Traditionelle Kennzahlenanalyse des Einzeljahresabschlusses, kapitalmarktorientierte Konzernjahresabschlussanalyse, 11. Aufl., Herne 2010.

Gramlich, D. (2007): IFRS-Rechnungslegung, bankinternes Unternehmensrating und Wandel der Finanzkommunikation, in: Heyd, R./von Keitz, I. (Hrsg.): IFRS-Management – Interessenschutz auf dem Prüfstand – Treffsichere Unternehmensbeurteilung – Konsequenzen für das Management, München 2007, S. 179-195.

Graßhoff, J./Melcher, W. (2001): Ausgewählte Entwicklungstendenzen in der deutschen Rechnungslegung und deren Auswirkungen auf das Controlling, in: Controller Magazin, 26. Jg., Heft 2, 2001, S. 101-111.

Grottke, H. (2010): Operation gelungen – Mittelstand tot? – Eine Analyse der Anhangangaben der IFRS for SMEs auf mittelstandsschädliche Wirkungen, in: Deutsches Steuerrecht (DStR), 48. Jg., Heft 22, 2010, S. 1147-1153.

Günterberg, B./Kayser, G. (2004): SMEs in Germany – Facts and Figures 2004, IfM-Materialien Nr. 161, Bonn 2004.

Günther, T. (1997): Unternehmenswertorientiertes Controlling, München 1997.

Günther, T./Zurwehme, A. (2008): Harmonisierung des Rechnungswesens, in: Betriebswirtschaftliche Forschung und Praxis (BFuP), 60. Jg., Heft 2, 2008, S. 101-121.

Gutenberg, E. (1983): Grundlagen der Betriebswirtschaftslehre, Band 1: Die Produktion, 24. Aufl., Berlin 1983.

Gutenberg, E. (1990): Einführung in die Betriebswirtschaftslehre, Wiesbaden 1990.

Haaker, A. (2008): Potential der Goodwill-Bilanzierung nach IFRS für eine Konvergenz im wertorientierten Rechnungswesen – Eine messtheoretische Analyse, Wiesbaden 2008.

Haaker, A./Hoffmann, W.-D. (2010): Teilgewinnrealisierung bei langfristiger Auftragsfertigung im „modernisierten" HGB?, in: Praxis der internationalen Rechnungslegung (PiR), 6. Jg., Heft 2, 2010, S. 51-52.

Haase, K. D. (2009): Ökonomische Problematik einer Übertragung von IFRS auf KMU und Handwerksbetriebe, in: Hinterdobler, T./Küpper, H.-U. (Hrsg.): Ausrichtung der Rechnungslegung für KMU und Handwerksbetriebe – Kriterien, Gestaltungsmöglichkeiten und Grenzen ihrer Regulierung im europäischen Kontext, Berlin 2009, S. 105-136.

Haberstock, L. (2008): Kostenrechnung I, Einführung, 13. Aufl., Berlin 2008.

Hahn, D. (2002): Kardinale Führungsgrößen des wertorientierten Controlling in Industrieunternehmen, in: Controlling, 14. Jg., Heft 3, 2002, S. 129-141.

Hahn, D./Hungenberg, H. (2001): PuK – Planung und Kontrolle, Planungs- und Kontrollsysteme, Planungs- und Kontrollrechnung – Wertorientierte Controllingkonzepte, 6. Aufl., Wiesbaden 2001.

Hahn, D./Laßmann, G. (1993): Produktionswirtschaft – Controlling industrieller Produktion, Band 3, 2. Teilband: Informationssystem, Heidelberg 1993.

van Hall, G. (2008): Ansatz von Vermögensgegenständen und Schulden nach RegE BilMoG, in: Kessler, H./Leinen, M./Strickmann, M. (Hrsg.): Bilanzrechtsmodernisierungsgesetz (BilMoG – RegE) – Die neue Handelsbilanz, Freiburg u.a. 2008, S. 57-99.

van Hall, G./Kessler, H. (2010): Bilanzierung des Anlagevermögens, in: Kessler, H./Leinen, M./Strickmann, M. (Hrsg.): Handbuch Bilanzrechtsmodernisierungsgesetz – Der praktische Leitfaden zum Bilanzrechtsmodernisierungsgesetz, Freiburg 2010, S. 165-285.

Haller, A. (1997): Herausforderungen an das Controlling durch die Internationalisierung der externen Rechnungslegung, in: Horváth, P. (Hrsg.): Das neue Steuerungssystem des Controllers, Stuttgart 1997, S. 113-131.

Haller, A. (2003): IFRS für alle Unternehmen – Ein realisierbares Szenario in der Europäischen Union, in: Internationale und kapitalmarktorientierte Rechnungslegung (KoR), 3. Jg., Heft 10, 2003, S. 413-424.

Hamer, E. (2006): Volkswirtschaftliche Bedeutung von Klein- und Mittelbetrieben, in: Pfohl, H.-C. (Hrsg.): Betriebswirtschaftslehre der Mittel- und Kleinbetriebe, 4. Aufl., Berlin 2006, S. 25-49.

Harbrecht, W./Kick, T. (2006): Basel II: Auswirkungen auf Kreditzinsen – eine Modellrechnung für kleine und mittlere Unternehmen, in: Controlling, 18. Jg., Heft 4/5, 2006, S. 221-227.

Haring, N./Prantner, R. (2005): Konvergenz des Rechnungswesens – State-of-the-Art in Deutschland und Österreich, in: Controlling, 17. Jg., Heft 3, 2005, S. 147-154.

Hartmann-Wendels, T. (1991): Rechnungslegung der Unternehmen und Kapitalmarkt aus informationsökonomischer Sicht, Heidelberg 1991.

Haunerdinger, M./Probst, H.-J. (2004): Der Weg in die internationale Rechnungslegung – Grundlagen der Bilanzierung nach HGB und IFRS, Wiesbaden 2004.

Haunerdinger, M./Probst, H.-J. (2006): Finanz- und Liquiditätsplanung in kleinen und mittleren Unternehmen, München 2006.

Havermann, H. (2000): Konzernrechnungslegung – qou vadis?, in: Die Wirtschaftsprüfung (WPg), 53. Jg., Heft 3, 2000, S. 121-127.

Hax, H. (1967): Bewertungsprobleme bei der Formulierung von Zielfunktionen für Entscheidungsmodelle, in: Zeitschrift für betriebswirtschaftliche Forschung (ZfbF), Band 19, 1967, S. 749-761.

Hax, H. (2001): Abschied vom wertmäßigen Kostenbegriff?, in: Wagner, U. (Hrsg.): Zum Erkenntnisstand der Betriebswirtschaftslehre am Beginn des 21. Jahrhunderts, Festschrift für Erich Loitlsberger zum 80. Geburtstag, Berlin 2001, S. 93-111.

Hax, H. (2002): Integration externer und interner Unternehmensrechnung, in: Küpper, H.-U./Wagenhofer, A. (Hrsg.): Handwörterbuch Unternehmensrechnung und Controlling, 4. Aufl., Stuttgart 2002, Sp. 758-767.

Hayn, S./Waldersee, G. (2008): IFRS / HGB / HGB-BilMoG im Vergleich – Synoptische Darstellung mit Bilanzrechtsmodernisierungsgesetz, 7. Aufl., Stuttgart 2008.

Hebeler, C. (2003): Harmonisierung des internen und externen Rechnungswesens – US-amerikanische Accounting-Systeme als konzeptionelle Grundlage für deutsche Unternehmen?, Wiesbaden 2003.

Heil, R./Zarifakis, S./Weber, T./Wewer, M. (2011): Cashflow Planung, Reporting und Steuerung: Methoden zur erfolgreichen Umsetzung in der Praxis, in: Der Betrieb (DB), 64. Jg., Heft 26/27, 2011, S. 1457-1461.

Hennrichs, J. (2009): IAS 32 amended – Eigenkapital deutscher Personengesellschaften im IFRS-Abschluss, in: Die Wirtschaftsprüfung (WPg), 62. Jg., Heft 21, 2009, S. 1066-1075.

Hering, T. (2006): Unternehmensbewertung, 2. Aufl., München/Wien 2006.

Heyd, R. (2001): Zur Harmonisierung von internem und externem Rechnungswesen nach US-GAAP – Die Sichtweise deutscher Konzernunternehmen, Der Schweizer Treuhänder (ST), 74. Jg., Heft 3, 2001, S. 201-213.

Himmel, H. (2004): Konvergenz von interner und externer Unternehmensrechnung am Beispiel der Segmentberichterstattung, Aachen 2004.

Hinz, M. (2005): Rechnungslegung nach IFRS – Konzept, Grundlagen und erstmalige Anwendung, München 2005.

Hirsch, B./Gunkel, J.-D./Lambrecht, S. (2008): Die wertorientierte Steuerung konglomerater Familienunternehmen, in: Letmathe, P. et al. (Hrsg.): Management kleiner und mittlerer Unternehmen – Stand und Perspektiven der KMU-Forschung, Wiesbaden 2007.

Hirschböck, G./Schurbohm, A. (2003): Mehr Eigenkapital durch die Umstellung auf IFRS?, in: Börsenzeitung, 22.05.2003, S. B5.

Hochhold, S./Rudolph, B. (2009): Principal-Agent-Theorie, in: Schwaiger, M./Meyer, A. (Hrsg.): Theorien und Methoden der Betriebswirtschaft - Handbuch für Wissenschaftler und Studierende, 2009, S. 131-145.

Hofmann, G. (2004): Externes versus internes Rating, in: Küting, K./Pfitzer, N./Weber, C.-P. (Hrsg.): Herausforderungen und Chancen durch weltweite Rechnungslegungsstandards – Kapitalmarktorientierte Rechnungslegung und integrierte Unternehmenssteuerung, Stuttgart 2004, S. 263-280.

Hoke, M. (2001): Konzernsteuerung auf Basis eines intern und extern vereinheitlichten Rechnungswesens: Empirische Befunde vor dem Hintergrund der Internationalisierung der Rechnungslegung, Bamberg 2001.

Hommel, M./Schmidt, R. H./Wüstemann, J. (2004): Adolf Moxter und die Grundsätze ordnungsmäßiger Rechnungslegung – Kontinuität und Zukunft eines Forschungsleitbildes, in: Die Wirtschaftsprüfung (WPg), 57. Jg., Sonderheft, 2004, S. 84-98.

Horváth, P./Herter, R. N./Michel, U. (1994): Wertorientiertes Management von strategischen Allianzen, in: Höfner, K./Pohl, A. (Hrsg.), Wertsteigerungsmanagement, Frankfurt/New York 1994, S. 227-262.

Horváth, P. (2009): Controlling, 11. Aufl., München 2009.

Hostettler, S. (1997): Economic Value Added (EVA), Darstellung und Anwendung auf Schweizer Aktiengesellschaften, 2. Aufl., Bern u.a. 1997.

Hostettler, S. (2000): Economic Value Added (EVA). Darstellung und Anwendung auf Schweizer Aktiengesellschaften, 4. Aufl., Bern 2000.

Hutzschenreuter, T. (2009): Allgemeine Betriebswirtschaftslehre – Grundlagen mit zahlreichen Praxisbeispielen, 3. Aufl., Wiesbaden 2009.

IASB (2007): Grundlage für Schlussfolgerungen zum Entwurf IFRS für kleine und mittelgroße Unternehmen, München 2007.

Institut für Mittelstandsforschung Bonn (2007): Die Bedeutung der außenwirtschaftlichen Aktivitäten für den deutschen Mittelstand (Kurzfassung), Untersuchung im Auftrag des Bundesministeriums für Wirtschaft und Technologie, Bonn 2007.

Institut für Mittelstandsforschung Bonn (2009): Unterteilungskriterien des Instituts für Mittelstandsforschung für KMU. Einzusehen unter www.ifm-bonn.org. (Tag der Einsichtnahme: 14.05.2009).

Institut für Mittelstandsforschung Bonn (2011): Mittelstand in Deutschland (Kurzinformation) Ausgabe 2011. Einzusehen unter www.ifm-bonn.org. (Tag der Einsichtnahme: 26.03.2012).

Jacob, H.-J./Berner, C. (2005): Auswirkungen von Corporate Governance auf die Rechnungslegung, in: Brecht, U. (Hrsg.): Neue Entwicklungen im Rechnungswesen – Prozesse optimieren, Berichtswesen anpassen, Kosten senken, Wiesbaden, 2005, S. 175-196.

Janschek, O. (1999): Führt die Orientierung an internationalen Rechnungslegungsstandards zu einer Harmonisierung von internem und externem Rechnungswesen?, in: Seicht, G. (Hrsg.): Jahrbuch für Controlling und Rechnungswesen, Wien 1999, S. 93-128.

Janssen, J. (2009): Rechnungslegung im Mittelstand – Eignung der nationalen und internationalen Rechnungslegungsvorschriften unter Berücksichtigung der Veränderungen durch den IFRS for Private Entities und das Bilanzrechtsmodernisierungsgesetz, 1. Aufl., Wiesbaden 2009.

Janssen, J./Gronewold, U. (2010): IFRS for Small and Medium-sized Entities – Konzeptionelle Schwächen des neuen Standards und ihre Implikationen, in: Zeitschrift für internationale und kapitalmarktorientierte Rechnungslegung (KoR), 10. Jg., Heft 2, 2010, S. 75-80.

Jebens, C. T. (2003): Was bringen die IFRS oder IAS dem Mittelstand?, in: Der Betrieb (DB), 66. Jg., Heft 44, 2003, S. 2345-2350.

Jonen, A./Lingnau, V. (2006): Konvergenz des internen und externen Rechnungswesens – Betriebswirtschaftliche Überlegungen und Umsetzung in der Praxis, Schriftenreihe: Beiträge zur Controlling-Forschung Nr. 5, 2. Aufl., Kaiserslautern 2006.

Jung, H. (2007): Controlling, 2. Aufl., München 2007.

Kadner, A. (2010): Bilanzrechtsmodernisierungsgesetz – Auswirkungen der Neuerungen in der handelsrechtlichen Rechnungslegung für kleine und mittelständische Unternehmen (KMU), in: Schöning, S. et al. (Hrsg.): Kleine und mittlere Unternehmen: Herausforderungen und Innovationen, Frankfurt a.M. 2010, S. 289-312.

Kahle, E. (1973): Betriebswirtschaftliches Problemlösungsverhalten – Theoretische Überlegungen zum Einfluß von Zielen und Entscheidungsmodellen auf die Lösung betriebswirtschaftlicher Probleme, Wiesbaden 1973.

Kahle, E. (1992): Organisation der mittelständischen Unternehmung, in: Frese, E. (Hrsg.): Handwörterbuch der Organisation, 3. Aufl., Stuttgart 1992, Sp. 1408-1419.

Kahle, E. (1999): Nachhaltigkeit aus Sicht der Betriebswirtschaft, in: Fischer, A. (Hrsg.): Herausforderung Nachhaltigkeit, Frankfurt a.M. 1999, S. 179-191.

Kahle, E. (2000): Vertrauen als Voraussetzung für bestimmte Formen organisatorischen Wandels, in: Brauchlin, E./Pichler, J. H. (Hrsg.): Unternehmer und Unternehmensperspektiven für Klein- und Mittelunternehmen, Berlin 2000, S. 535-546.

Kahle, E. (2001): Betriebliche Entscheidungen: Lehrbuch zur Einführung in die betriebliche Entscheidungstheorie, 6. Aufl., München 2001.

Kahle, H./Günter, S. (2008): Vermögensgegenstand und Wirtschaftsgut - Veränderung der Aktivierungskriterien durch das BilMoG? In: Schmiel, U./Breithecker, V. (Hrsg.): Steuerliche Gewinnermittlung nach dem Bilanzrechtsmodernisierungsgesetz, Berlin 2008, S. 69-101.

Kahle, H. (2003): Unternehmenssteuerung auf Basis internationaler Rechnungslegungsstandards?, in: Zeitschrift für betriebswirtschaftliche Forschung (ZfbF), 55. Jg., Heft 8, Dezember 2003, S. 773-789.

Kalina-Kerschbaum, C./Steggewentz, E. (2007): Herbsttagung der Bundessteuerberaterkammer (Berlin) und der Kammer der Wirtschaftstreuhänder (Wien) in Brüssel - „IFRS für KMU?" Tagungsbericht, in: Deutsches Steuerrecht (DStR), 45. Jg., Heft 5, 2007, S. 215-218.

Karrenbrock, H. (2008): Vollkostenansatz ante portas: Die Neuregelung der bilanziellen Herstellungskosten nach dem Regierungsentwurf des BilMoG, in: Schmiel, U./Breithecker, V. (Hrsg.): Steuerliche Gewinnermittlung nach dem Bilanzrechtsmodernisierungsgesetz, Berlin 2008, S. 125-147.

Kaupe, G. (2003): Segmentberichterstattung – Katalysator zur Harmonisierung des Rechnungswesens?, in: Junge, K./Mildenberger, U./Wittmann, J. (Hrsg.): Perspektiven und Facetten der Produktionswirtschaft – Schwerpunkte der Mainzer Forschung, Wiesbaden 2003, S. 219-237.

Von Keitz, I./Schmieszek, O. (2004): Ertragserfassung – Anforderungen nach den Vorschriften des IASB und deren praktische Umsetzung, in: Internationale und kapitalmarktorientierte Rechnungslegung (KoR), 4. Jg., Heft 4, 2004, S. 118-127.

von Keitz, I./Stibi, B. (2004): Rechnungslegung nach IAS/IFRS – auch ein Thema für den Mittelstand? – Ergebnisse einer Befragung mittelständischer Unternehmen, in: Internationale und kapitalmarktorientierte Rechnungslegung (KoR), 4. Jg., Heft 10, 2004, S. 423-429.

Kessler H. (2008): BilMoG: Die wesentlichen Änderungen im Überblick, in: Kessler, H./Leinen, M./Strickmann, M. (Hrsg.): Bilanzrechtsmodernisierungsgesetz (BilMoG – RegE) – Die neue Handelsbilanz, Freiburg u.a. 2008, S. 35-38.

Kessler H. (2008a): BilMoG: Bewertung von Rückstellungen – allgemeine Regelungen, in: Kessler, H./Leinen, M./Strickmann, M. (Hrsg.): Bilanzrechtsmodernisierungsgesetz (BilMoG – RegE) – Die neue Handelsbilanz, Freiburg u.a. 2008, S. 142-156.

Keuper, F./Brösel, G./Albrecht, T. (2009): Controlling in KMU – Identifikation spezifischer Handlungsbedarfe auf Basis aktueller Studien, in: Müller, D. (Hrsg.): Controlling für kleine und mittlere Unternehmen, 2009, S. 55-71.

Kirsch, H.-J. (2009): IFRS-Rechnungslegung für kleine und mittlere Unternehmen – Der Standard, 2. Aufl., Herne 2009.

Kirsch, H.-J. (2010): IFRS for SME – Positionierung der IFRS-Rechnungslegung für kleine und mittelgroße Unternehmen im Verhältnis zu den full IFRS, in: Zeitschrift für internationale Rechnungslegung (IRZ), 5. Jg., Heft 3, 2010, S.119-126.

Kirsch, H.-J. (2010a): „IFRS for SME" versus BilMoG – Vereinbarkeit der IFRS-SME-Rechnungslegung mit dem modernisierten HGB?, in: Praxis der internationalen Rechnungslegung (PiR), 6. Jg., Heft 1, 2010, S. 1-6.

Kirsch, H.-J./Meth, D. (2007): Adressaten einer IFRS-Rechnungslegung für mittelständische Unternehmen, in: Betriebs-Berater (BB), 62. Jg., Sonderheft Nr. 6 zu Heft 19, 2007, S. 7-12.

Kirsch, H.-J./Schellhorn, M. (2011): IFRS for SMEs – Deutschland ist keine Insel, Gastkommentar in: Der Betrieb (DB), 64. Jg., Heft 16, 2011, S. M1.

Kirsch, H.-J./Steinhauer, L. (2004): Zum Einfluss der internationalen Rechnungslegung auf das Controlling, in: Freidank, C.-C. (Hrsg.): Corporate Governance und Controlling, Heidelberg 2004, S. 169-190.

Klein, G. A. (1999): Unternehmenssteuerung auf Basis der International Accounting Standards – Ein Beitrag zur Konvergenz von internem und externem Rechnungswesen, München 1999.

Klein, G. A. (1999a): Konvergenz von internem und externem Rechnungswesen auf der Basis der International Accounting Standards (IAS), in: Männel, W./Küpper, H.-U. (Hrsg.): Integration der Unternehmensrechnung – Harmonisierung – Internationale Rechnungslegung – Shareholder Value – Investitionsrechnung, Kostenrechnungspraxis (krp), 43. Jg., Sonderheft 3, 1999, S. 67-77.

Kleinmanns, H. (2005): IFRS-Rechnungslegung für kleine und mittelgroße Unternehmen – Einführung von „IFRS-light" für den Mittelstand?, in: Buchführung, Bilanzierung, Kostenrechnung (BBK), 12. Jg., Heft 3, 2005, S. 1289-1292.

Klett, C./Pivernetz, M. (2004): Controlling in kleinen und mittleren Unternehmen – ein Handbuch mit Auswertungen auf der Basis der Finanzbuchhaltung, 3. stark überarbeitete Aufl., Herne/Berlin 2004.

Kley, K.-L. (2006): IFRS – Möglichkeiten und Grenzen ihrer Abbildung im Controlling, in: Zeitschrift für Controlling und Management (ZfCM), 50. Jg., Heft 3, 2006, S. 150-157.

Kloock, J. et al. (2005): Kosten- und Leistungsrechnung, 9. Aufl., Stuttgart 2005.

Knorren, N./Weber, J. (1997): Shareholder Value – Eine Controlling-Perspektive, Vallendar 1997.

Koch, H. (1984): Zur Frage der Jahreserfolgsrechnung bei inflationären bzw. deflationären Preisänderungen – Die Konzeption der synchronen Erfolgsrechnung, in: Zeitschrift für Betriebswirtschaft (ZfB), 54. Jg., Heft 9, 1984, S. 824-841.

Koch, H. (1997): Kostenrechnung im Wandel der Zeiten, in: Claussen, C. P. (Hrsg.): Umbruch und Wandel: Herausforderungen zur Jahrhundertwende – Festschrift für Prof. Dr. Carl Zimmerer zum 70. Geburtstag, München 1997, S. 581-592.

Köhler, A. G./Marten, K.-U. (2005): Diskussionsstand der IFRS-Konversion nicht kapitalmarktorientierter Unternehmen in Deutschland – empirischer Befund, in: Marten, K.-U./Quick, R./Ruhnke, K.(Hrsg.): IFRS für den Mittelstand? Tagungsband zur Fachveranstaltung des Ulmer Forums für Wirtschaftswissenschaften e.V. am 25.05.2005 an der Universität Ulm, Düsseldorf 2005, S. 1-30.

Köhler, A. G./Köhler-Braun, K. (2010): Abgrenzung betroffener Unternehmen, in: Bruns, H.-G. et al. (Hrsg.): IFRS for SMEs – Kommentar zur Rechnungslegung nach IFRS für nicht kapitalmarktorientierte Unternehmen, Stuttgart 2010, S. 54-65.

Körner, D. (1994): Anreizverträglichkeit in der innerbetrieblichen Erfolgsrechnung, Bergisch Gladbach 1994.

Kosiol, E. (1972): Zur Theorie und Systematik des Rechnungswesens, in: Lechner, K. (Hrsg.), Analysen zur Unternehmenstheorie, Festgabe für Leopold L. Illetschko zum 70. Geburtstag, Berlin 1972, S. 133-148.

Kozikowski, M./Roscher, K./Schramm M. (2010): § 253 Abs. 3 Abschreibungen bei Gegenständen des Anlagevermögens, in: Ellrott, H. et al. (Hrsg.): Beck'scher Bilanzkommentar, 7. völlig neubearbeitete Aufl., München 2010, S. 439-486 (mit Ausnahme der S. 463-464)

KPMG (2007): IFRS für den Mittelstand. Rechnungslegung von kleinen und mittelständischen Unternehmen, abrufbar unter www.kpmg.de/industries/mittelstand/17741.htm, abgerufen am 26.05.2008, Stand: Juli 2007.

KPMG (2008): IFRS und HGB in der Praxis – Zur Bedeutung von IFRS-Abschlüssen bei der Kreditvergabe von Banken an mittelständische Unternehmen, abzurufen unter http://www.kpmg.de/docs/IFRS_und_HGB_in_der_Praxis.pdf, 2008 (Tag der Einsichtnahme: 08.01.2012).

Krähenhorst, I./Wallau, F. (2005): Freiwillige Rechnungslegung nach IFRS – eine Handlungsalternative für den Mittelstand?, in: Meyer, F. et al. (Hrsg.): Mittelstand in Lehre und Praxis: Beiträge zur mittelständischen Unternehmensführung und zur Betriebswirtschaftslehre mittelständischer Unternehmen, Aachen 2005, S. 126-190.

Kramer, K.-H. (2000): Die Börseneinführung als Finanzierungsinstrument deutscher mittelständischer Unternehmen – Ein praxisnahes Handlungskonzept, Wiesbaden 2000.

Krawitz, N. (1997): Die bilanzielle Behandlung der langfristigen Auftragsfertigung und Reformüberlegungen unter Berücksichtigung internationaler Entwicklungen, in: Deutsches Steuerrecht (DStR), 35. Jg., Heft 22/23, 1997, S. 886-894.

Krey, A./Lorson, P. (2007): Controlling in KMU – Gestaltungsempfehlungen für eine Kombination aus internem und externem Controlling, in: Betriebs-Berater (BB), 62. Jg., Heft 32, 2007, S. 1717-1723.

Krey, A./Lorson, P. (2009): Buchhaltung als Basis für das KMU-Controlling – Ansatzpunkte zur Ausgestaltung vor dem Hintergrund des BilMoG, in: Müller, D. (Hrsg.): Controlling für kleine und mittlere Unternehmen, München 2009, S. 189-215.

Kruschwitz, L. (2009): Investitionsrechnung, 12.Aufl., München 2009.

Kruth, B.-J. (2006): Freiwillige Anwendung der IFRS im Mittelstand: Vorteile bei der Ansprache von Kapitalgebern?, in: Herzig, N./Winkeljohann, N. (Hrsg.): IFRS für den Mittelstand: Perspektiven – Anwendung – Praxisberichte, Stuttgart 2006, S. 167-178.

Küpper, H.-U. (1994): Interne Unternehmensrechnung auf kapitaltheoretischer Basis, in: Ballwieser, T./Böcking, H.-J./Drukarczyk, J./Schmidt, R. H. (Hrsg.): Bilanzrecht und Kapitalmarkt, Festschrift zum 65. Geburtstag von Prof. Adolf Moxter, Düsseldorf 1994, S. 967-1002.

Küpper, H.-U. (1995): Unternehmensplanung und -steuerung mit pagatorischen oder kalkulatorischen Erfolgsrechnungen?, in: Schildbach, T./Wagner, F. W. (Hrsg.): Unternehmensrechnung als Instrument der internen Steuerung, Zeitschrift für betriebswirtschaftliche Forschung (ZfbF), 47. Jg., Sonderheft 34, 1995, S. 19-50.

Küpper, H.-U. (1998): Angleichung des externen und internen Rechnungswesens, in: Börsig, C./Coenenberg, A. G. (Hrsg.): Controlling und Rechnungswesen im internationalen Wettbewerb, Stuttgart 1998, S. 143-162.

Küpper, H.-U. (2000): Bedeutung der Buchhaltung für Planungs- und Steuerungszwecke der Unternehmung, in: Altenburger, O. A./Janschek, O./Müller, H. (Hrsg.): Fortschritte im Rechnungswesen – Vorschläge für Weiterentwicklungen im Dienste der Unternehmens- und Konzernsteuerung durch Unternehmensorgane und Eigentümer, Wiesbaden 2000, S. 443-466.

Küpper, H.-U. (2008): Controlling – Konzeption, Aufgaben, Instrumente, 5. Aufl., Stuttgart 2008.

Küting, K. (2008): Die Ermittlung der Herstellungskosten nach den Änderungen durch das Bilanzrechtsmodernisierungsgesetz: BilMoG führt zu grundlegenden Neuerungen, in: Unternehmensteuern und Bilanzen (StuB), 10. Jg., Heft 10, 2008, S. 419-427.

Küting, K. (2012): Zur Komplexität der Rechnungslegungssysteme nach HGB und IFRS, in: Der Betrieb (DB), 65. Jg., Heft 6, 2012, S. 297-304.

Küting, K./Ellmann, D. (2009): Immaterielles Vermögen, in: Küting, K./Pfitzer, N./Weber, C.-P. (Hrsg): Das neue deutsche Bilanzrecht – Handbuch zur Anwendung des Bilanzrechtsmodernisierungsgesetzes (BilMoG), 2. Aufl., Stuttgart 2009, S. 263-292.

Küting, K./Lorson, P. C. (1998): Anmerkungen zum Spannungsfeld zwischen externen Zielgrößen und internen Steuerungsinstrumenten, in: Betriebs-Berater (BB), 53. Jg., Heft 9, 1998, S. 469-475.

Küting, K./Lorson, P. C. (1998a): Konvergenz von internem und externem Rechnungswesen – Anmerkungen zu Strategien und Konfliktfeldern, in: Die Wirtschaftsprüfung (WPg), 51. Jg., Heft 11, 1998, S. 483-493.

Küting, K./Lorson, P. C. (1998b): Grundsätze eines Konzernsteuerungskonzeptes auf „externer" Basis: ein Beitrag zur Konvergenz von internem und externem Rechnungswesen, Teil I und II, in: Betriebs-Berater (BB), 53. Jg., Heft 44 und 45, 1998, S. 2251-2258 und S. 2303-2309.

Küting, K./Pfitzer, N./Weber, C.-P. (2009): Das neue deutsche Bilanzrecht – Handbuch zur Anwendung des Bilanzrechtsmodernisierungsgesetzes (BilMoG), 2. Aufl., Stuttgart 2009.

Küting, K./Pfitzer, N./Weber, C.-P. (2011): IFRS oder HGB? Systemvergleich und Beurteilung, Stuttgart 2011.

Küting, K./Weber, C.-P. (2009): Die Bilanzanalyse – Beurteilung von Abschlüssen nach HGB und IFRS, 9. Aufl., Stuttgart 2009.

Kußmaul, H. (1990): Finanzwirtschaftliche und steuerliche Aspekte mittelständischer Unternehmen, in: Kußmaul, H. (Hrsg.): Aktuelle Aspekte mittelständischer Unternehmen, Bad Homburg 1990, S. 11-58.

Langguth, H. (2008): Kapitalmarktorientiertes Wertmanagement – Unternehmensbewertung, Unternehmenssteuerung und Berichterstattung, München 2008.

Laßmann, G. (1995): Stand und Weiterentwicklung des internen Rechnungswesens, in: Zeitschrift für betriebswirtschaftliche Forschung (ZfbF), 47. Jg., Heft 11, 1995, S. 1044-1063.

Laux, H. (1995): Erfolgssteuerung und Organisation – Anreizkompatible Erfolgsrechnung, Erfolgsbeteiligung und Erfolgskontrolle, Berlin 1995.

Laux, H./Liermann, F. (2005): Grundlagen der Organisation – Die Steuerung von Entscheidungen als Grundproblem der Betriebswirtschaftslehre, 6. Aufl., Berlin/Heidelberg 2005.

Leffson, U. (1987): Die Grundsätze ordnungsmäßiger Buchführung, 7. Aufl., Düsseldorf 1987.

Lewicki, B. (1998): Konvergenz von internem und externem Rechnungswesen – Erfolgreiche Schlankheitskur vor dem Hintergrund internationaler Bilanzierung nach IAS oder US-GAAP, in: Der Betriebswirt, 39. Jg., Heft 3, 1998, S. 14-17.

Lorson, P./Zündorf, H. (2009): Controlling, in: Küting, K./Pfitzer, N./Weber, C.-P. (Hrsg): Das neue deutsche Bilanzrecht – Handbuch zur Anwendung des Bilanzrechtsmodernisierungsgesetzes (BilMoG), 2. Aufl., Stuttgart 2009, S. 717-735.

Lücke, T. (2011): Bankenaufsichtsrechtliche Anerkennung interner Kreditportfoliomodelle, Frankfurt a.M. 2011.

Lüdenbach, N. (2004): IAS/IFRS – Der Ratgeber zur erfolgreichen Umstellung von HGB auf IAS/IFRS, 3. Aufl., Freiburg 2004.

Lüdenbach, N./Hoffmann, W.-D. (2004): IFRS für den Mittelstand?, in: Betriebswirtschaftliche Forschung und Praxis (BFuP), 55. Jg., Heft 6, 2004, S. 596-614.

Lühr, I. (2010): Internationale Rechnungslegung für kleine und mittelgroße Unternehmen, Wiesbaden 2010.

Lüpken, S. (2003): Alternative Finanzierungsinstrumente für mittelständische Unternehmen – vor dem Hintergrund von Basel II, Bremen 2003.

Männel, W. (1999): Entwicklungsperspektiven der Kostenrechnung – integriertes Rechnungswesen, Ergebniscontrolling, 5. Aufl., Lauf a. d. Pegnitz 1999.

Mandler, U. (2004): Der deutsche Mittelstand vor der IAS-Umstellung 2005: Konzepte und empirische Befunde zur Umsetzung der IAS-Verordnung, Herne/Berlin 2004.

Maskell, B./Baggaley, B. (2000): The Future of Management Accounting, in: Journal of Cost Management, 14. Jg., Heft September/Oktober 2000, S. 24-27.

Matschke, M. J./Hering, T./Klingelhöfer, H. E. (2002): Finanzanalyse und Finanzplanung, München 2002.

Mayr, B. A. (2006): IFRS für mittelständische Unternehmen – Grundlagen, Analyse, Bedeutung, Saarbrücken 2006.

Meeh-Bunse, G./Sattler, W. (2012): Die Suche nach dem passenden Finanzierungskonzept für mittelständische Unternehmen – ein strukturierter Ansatz, in: Der Betrieb (DB), 65. Jg., Heft 4, 2012, S. 185-192.

Meinhövel, H. (2004): Grundlagen der Principal-Agent-Theorie, in: Das Wirtschaftsstudium (WiSt), 33. Jg., Heft 8, August 2004, S. 470-475.

Melcher, W. (2002): Konvergenz von internem und externem Rechnungswesen – Umstellung des traditionellen Rechnungswesens und Einführung eines abgestimmten vertikalen und horizontalen Erfolgsspaltungskonzepts, Hamburg 2002.

Melcher, W./Schaier, S. (2009): Zur Umsetzung der HGB-Modernisierung durch das BilMoG: Einführung und Überblick, in: Der Betrieb (DB), 62. Jg., Beilage Nr. 5/2009 zum Heft 23, 2009, S. 4-8.

Menn, B.-J. (1999): Auswirkungen der internationalen Bilanzierungspraxis auf Unternehmensrechnung und Controlling, in: Küting, K./Langenbucher, G. (Hrsg.): Internationale Rechnungslegung, Festschrift für Professor Dr. Claus-Peter Weber zum 60. Geburtstag, Stuttgart 1999, S. 631-647.

Menn, B.-J./Lemken, N. (2001): Die Umstellung der Rechnungslegung aus Sicht des Controlling eines Konzerns, in: Auer, K. V. (Hrsg.): Die Umstellung der Rechnungslegung auf IAS/US-GAAP – Erfahrungsberichte, 2. Aufl., Frankfurt a.M./Wien 2001, S. 92-116.

Messner, S. (2003): Die Kostenrechnung im Spannungsfeld internationaler Entwicklungen – Über die Amerikanisierung des Rechnungswesens und ihre Bedeutung für die interne Unternehmensrechnung in Österreich und Deutschland, Wien 2003.

Meurer, H./Tamm, G. (2010): Neues Eigenkapital durch RIC 3? – Kritische Würdigung der Auswirkungen des RIC 3 auf die Behandlung des gesellschaftsrechtlichen Eigenkapitals von Personengesellschaften nach IFRS, in: Zeitschrift für internationale Rechnungslegung (IRZ), 5. Jg., Heft 6, 2010, S. 269-275.

Middelmann, U. (2001): Neuere Entwicklungen des wertorientierten Controlling – Potenziale und Realisierung in der Praxis, dargestellt am Beispiel Thyssen Krupp, in: Die Betriebswirtschaft (DBW), 61. Jg., Heft 4, 2001, S. 493-508.

Miller, T. (2009): Die Bilanzierung von Pensionsverpflichtungen nach HGB, IFRS und SME-IFRS – Mögliche Auswirkungen auf die Rechnungslegung von kleinen und mittleren Unternehmen, Hamburg 2009.

Möller, H. P./Hüfner, B. (2004): Betriebswirtschaftliches Rechnungswesen – die Grundlagen von Buchführung und Finanzberichten, München 2004.

Müller, M. (2006): Harmonisierung des externen und internen Rechnungswesens – Eine empirische Untersuchung, Wiesbaden 2006.

Müller, W. (1995): Wohin entwickelt sich der bilanzrechtliche Eigenkapitalbegriff?, in: Fröschle, G./Kaiser, K./Moxter, A. (Hrsg.): Rechenschaftslegung im Wandel, München 1995, S. 445-463.

Mugler, J. (1998): Betriebswirtschaft der Klein- und Mittelbetriebe. Band I, 3. Aufl., Wien 1998.

Mussnig, W. (1996): Von der Kostenrechnung zum Management Accounting, Wiesbaden 1996.

Oberbrinkmann, F. (1990): Statische und dynamische Interpretation der Handelsbilanz – Eine Untersuchung der historischen Entwicklung, insbesondere der Bilanzrechtsaufgabe und der Bilanzrechtskonzeption, Düsseldorf 1990.

Obermann, O. (2011): Bilanzpolitik und Kreditvergabeentscheidungen: Auswirkung von Kreditvergabeentscheidungen auf das rechnungslegungspolitische Verhalten von mittelständischen Unternehmen, Wiesbaden 2011.

Oehler, R. (2005): Auswirkungen einer IAS/IFRS-Umstellung bei KMU, München 2005.

Oser, P./Roß, N./Wader, D./Drögemüller, S. (2008): Eckpunkte des Regierungsentwurfs zum Bilanzrechtsmodernisierungsgesetz (BilMoG), in: Die Wirtschaftsprüfung (WPg), 61. Jg., Heft 15, 2008, S. 675-694.

Ossadnik, W./Barklage, D./van Lengerich, E. (2004): Controlling im Mittelstand: Ergebnisse einer empirischen Untersuchung, in: Controlling, 16. Jg., Heft 11, 2004, S. 621-630.

Oversberg, T. (2007): Übernahme der IFRS in Europa: Der Endorsement-Prozess – Status quo und Aussicht, in: Der Betrieb (DB), 60. Jg., Heft 30, 2007, S. 1597-1602.

Pawelzik, K. U. (2006): Kommen Personengesellschaften durch den „ownership aproach“ nach IFRS wieder zu Eigenkapital?, in: Internationale und kapitalmarktorientierte Rechnungslegung (KoR), 6. Jg., Heft 3, 2006, S. 153-160.

Peemöller, V. H. (2005): Controlling – Grundlagen und Einsatzgebiete, 5. Aufl., Herne/Berlin 2005

Peemöller, V. H./Schmalz, H. (2007): IFRS für kleine und mittlere Unternehmen sowie Genossenschaften: Erfolgsmodell oder Kostentreiber? in: Zeitschrift für das gesamte Genossenschaftswesen (ZfgG), 57. Jg., Heft 3, 2007, S. 204-221.

Pellens, B./Fülbier, R./Gassen, J./Sellhorn, T. (2008): Internationale Rechnungslegung – IFRS 1 bis 8, IAS 1 bis 41, IFRIC-Interpretationen, Standardentwürfe – mit Beispielen, Aufgaben und Fallstudien, 7. Aufl., Stuttgart 2008.

Penndorf, B. (1913): Geschichte der Buchhaltung in Deutschland, Leipzig 1913.

Perlet, H./Müller, B. (2004): Value Management-basiertes Konzerncontrolling, in: Fischer, M. (Hrsg.): Handbuch Wertmanagement in Banken und Versicherungen, Wiesbaden 2004, S. 247-262.

Perridon L./Steiner, M./Rathgeber, A. W. (2009): Finanzwirtschaft der Unternehmung, 15. Aufl., München 2009.

Pfaff, D. (1995): Der Wert von Kosteninformationen für die Verhaltenssteuerung in Unternehmen, in: Zeitschrift für betriebswirtschaftliche Forschung (ZfbF), 47. Jg., Sonderheft 34, 1995, S. 119-156.

Pfaff, D. (1996): Kostenrechnung als Instrument der Entscheidungssteuerung – Chancen und Probleme, in: Kostenrechnungspraxis (krp), 40. Jg., Heft 3, 1996, S. 151-156.

Pfaff, D./Pfeiffer, T. (2001): Controlling, in: Jost, P.-J. (Hrsg.): Die Prinzipal-Agenten-Theorie in der Betriebswirtschaftslehre, Stuttgart 2001, S. 359-394.

Pfaff, D./Weber, J. (1998): Zweck der Kostenrechnung – Eine neue Sicht auf ein altes Problem, in: Die Betriebswirtschaft (DBW), 58. Jg., Heft 2, 1998, S. 151-165.

Pfohl, H.-C. (2006): Abgrenzung der Klein- und Mittelbetriebe von Großbetrieben, in: Pfohl, H.-C. (Hrsg.): Betriebswirtschaftslehre der Mittel- und Kleinbetriebe, 4. Aufl., Berlin 2006, S. 1-24.

Plattner, D./Plankensteiner, D. (2006): Unternehmensfinanzierung: Banken entdecken den Mittelstand neu. Kreditzugang für kleine Unternehmen bleibt schwierig, KfW-Unternehmensbefragung 2006, Frankfurt a.M. 2006.

Pleitgen, V. (2005): Die Entwicklung des betriebswirtschaftlichen Rechnungswesens von 1890 bis 1940 am Beispiel der Firmen Krupp, Scheidt und Farina, Köln 2005.

Piontkowski, J. O. (2009): Wertorientierte Unternehmensführung in mittelständischen Unternehmen – Empirische Hinweise auf Anwendung, in: Controlling – Zeitschrift für erfolgsorientierte Unternehmenssteuerung, 21. Jg., Heft 7, 2009, S. 357-363.

Pöschke, M. (2009): Eigenkapital mittelständischer Gesellschaften nach IAS/IFRS, Frankfurt a.M. 2009.

PricewaterhouseCoopers (2004): IAS/IFRS – Kapitalmarktorientierte Unternehmen in Deutschland – Eine Analyse der deutschen Aktien- und Anleiheemittenten vor dem Hintergrund der Internationalisierung der Rechnungslegung, Düsseldorf 2004.

Reichmann, T. (2001): Controlling mit Kennzahlen und Managementberichten – Grundlagen einer systemgestützten Controllingkonzeption, 6. Aufl., München 2001.

Reiners, F. (2000): Bemessung kalkulatorischer Abschreibungen, Zinsen und Gewinne vor dem Hintergrund des Unternehmenserhaltungszieles – eine Analyse unter Berücksichtigung der Rahmenbedingungen verschiedener Wirtschaftszweige, Frankfurt a. M. 2000.

Riebel, P. (1987): Überlegungen zur Integration von Unternehmensplanung und Unternehmensrechnung, in: Zeitschrift für Betriebswirtschaft (ZfB), 57. Jg., Heft 12, 1987, S. 1154-1168.

Dr. Röver & Partner KG (2004): IAS/IFRS, Herausforderung und Chance für den Mittelstand, Berlin 2004.

Dr. Röver & Partner (Hrsg.) (2007): IFRS-Leitfaden Mittelstand – Grundlagen, Einführung und Anwendung der Internationalen Rechnungslegung, Berlin 2007.

Ruhnke, K. (2008): Rechnungslegung nach IFRS und HGB – Lehrbuch zur Theorie und Praxis der Unternehmenspublizität mit Beispielen und Übungen, 2. Aufl., Stuttgart 2008.

Sandt, J. (2003): Kennzahlen für die Unternehmensführung – verlorenes Heimspiel für Controller?, in: Zeitschrift für Controlling und Management (ZfCM), 47. Jg., Heft 47, 2003, S. 75-79.

Schaber, M./Kuhn, S./Eichhorn, S. (2004): Eigenkapitalcharakter von Genussrechten in der Rechnungslegung nach HGB und IFRS, in: Betriebs-Berater (BB), 59. Jg., Heft 6, 2004, S. 315-319.

Schaier, S. (2007): Konvergenz von internem und externem Rechnungswesen – Bedarf für eine Neustrukturierung des Rechnungswesens?, Wiesbaden 2007.

Schaier, S. (2008): Erklärungsansätze für eine Konvergenz von internem und externem Rechnungswesen, in: Betriebswirtschaftliche Forschung und Praxis (BFuP), Jg. 60, Heft 2, 2008, S. 122-136.

Schenk, U. (2003): Konzernrechnungswesen und Verhaltenssteuerung – Ebenen der Integration von internem und externem Konzernrechnungswesen, Aachen 2003.

Scherff, S./Willeke, C. (2005): Zur Abschlussprüfung kleiner und mittelgroßer Unternehmen (KMU) – der IDW PH 9.100.1, in: Unternehmensteuern und Bilanzen (StuB), 7. Jg., Heft 3, 2005, S. 61-66.

Schierenbeck, H./Wöhle, C. B. (2008): Grundzüge der Betriebswirtschaftslehre, 17. völlig überarbeitete und aktualisierte Aufl., München 2008.

Schildbach, T. (1995): Entwicklungslinien in der Kosten- und internen Unternehmensrechnung, in: Schildbach, T./Wagner, F. (Hrsg.): Unternehmensrechnung als Instrument der internen Steuerung, Zeitschrift für betriebswirtschaftliche Forschung (ZfbF), 47. Jg., Sonderheft 34, 1995, S. 1-18.

Schildbach, T. (2007): IFRS – Irre führendes Rechnungslegungs-System. Teil 2, in: Zeitschrift für internationale Rechnungslegung (IRZ), 2. Jg., Heft 2, 2007, S. 91-97.

Schildbach, T./Grottke, M. A. (2011): IFRS for SMEs – unvermeidbar mit den Anforderungen der EU und eine Gefahr für den Mittelstand, in: Der Betrieb (DB), 64. Jg., Heft 17, 2011, S. 945-953.

Schmalenbach, E. (1899): Buchführung und Kalkulation im Fabrikgeschäft, in: Deutsche Metallindustrie-Zeitung, 15. Jg., Heft 1, 1899, S. 3-31.

Schmitt, Ch. (2011): Umsetzung von Basel III in europäisches Recht - Implikationen für die Mittelstandsfinanzierung, in: Betriebs-Berater (BB), 66. Jg., Heft 38, 2011, S. 2347-2350.

Schneider, D. (1988): Grundsätze anreizverträglicher innerbetrieblicher Erfolgsrechnung zur Steuerung und Kontrolle von Fertigungs- und Vertriebsentscheidungen, in: Zeitschrift für Betriebswirtschaft (ZfB), 58. Jg., 1988, S. 1181-1192.

Schneider, D. (1991): Versagen des Controlling durch eine überholte Kostenrechnung, in: Der Betrieb (DB), 44. Jg., Heft 15, 1991, S. 765-772.

Schneider, D. (1992): Theorien zur Entwicklung des Rechnungswesens, in: Zeitschrift für betriebswirtschaftliche Forschung (ZfbF), 44. Jg., Heft 44, 1992, S. 3-31.

Schneider, D. (1992a): Entwicklungsschwerpunkte zur heutigen Kostenrechnung, in: Männel, W. (Hrsg.): Handbuch Kostenrechnung, Wiesbaden 1992, S. 87-96.

Schneider, D. (1993): Geschichte der Buchhaltung und Bilanzierung, in: Chmielewicz, K./Schweitzer, M. (Hrsg.): Handwörterbuch des Rechnungswesens, 3. Aufl., Stuttgart, 1993, Sp. 712-721.

Schneider, D. (1997): Betriebswirtschaftslehre Band 2 – Rechnungswesen, 2. Aufl., München/Wien 1997.

Schneider, E. (1969): Industrielles Rechnungswesen – Grundlagen und Grundfragen, 5. Aufl. (Nachdruck der unv. 2. Aufl.), Tübingen 1969.

Schönbrunn, N. (2005): IFRS und HGB – Unterschiede, Gemeinsamkeiten, in: Brecht, U. (Hrsg.): Neue Entwicklungen im Rechnungswesen – Prozesse optimieren, Berichtswesen anpassen, Kosten senken, Wiesbaden 2005, S. 87-112.

Schorn, P. (2009): Studien zu den Auswirkungen einer IFRS-Umstellung auf die Fremdfinanzierung und zur schwellenwertorientierten Bilanzpolitik, Hamburg 2009.

Schweitzer, M./Küpper, H.-U. (2011): Systeme der Kosten- und Erlösrechnung, 10. überarbeitete und erweiterte Aufl., München 2011.

Schweitzer, M./Wagener K. (1998): Geschichte des Rechnungswesens, in: Wirtschaftswissenschaftliches Studium (WiSt), 27. Jg., Heft 9, 1998, S. 438-446.

Schweitzer, M./Ziolkowski, U. (1999): Interne Unternehmensrechnung – aufwandsorientiert oder kalkulatorisch, in: Zeitschrift für betriebswirtschaftliche Forschung (ZfbF), 51. Jg., Sonderheft 42, 1999.

Seeliger, R. (2001): Prozessorientiertes Controlling in Medienunternehmen Aachen, 2001.

Seicht, G. (1999): Brauchen Unternehmen noch „kalkulatorische Kosten"?, in: Österreichische Zeitung für Recht und Rechnungswesen (RWZ), 9. Jg., Heft 9, 1999, S. 262-265.

Selchert, F. W./Erhardt, M. (2003): Internationale Rechnungslegung – Der Jahresabschluss nach HGB, IAS und US-GAAP, 3. völlig neu bearbeitete und erweiterte Aufl., München 2003.

Siefke, M. (1999): Externes Rechnungswesen als Datenbasis der internen Unternehmenssteuerung – Vergleich mit der Kostenrechnung und Shareholder-Value-Ansätzen, Wiesbaden 1999.

Sill, H. (1995): Externe Rechnungslegung als Controlling-Instrument, in: Horvath, P. (Hrsg.): Controlling-Prozesse optimieren, Stuttgart 1995, S. 13-31.

Simons, D./Weißenberger, B. E. (2008): Die Konvergenz von externem und internem Rechnungswesen – Kritische Faktoren für die Entwicklung einer partiell integrierten Rechnungslegung aus theoretischer Sicht, in: Betriebswirtschaftliche Forschung und Praxis (BFuP), 60. Jg., Heft 2, 2008, S. 137-160.

Sombart, W. (1955): Der moderne Kapitalismus, Dritter Band: Das Wirtschaftsleben im Zeitalter des Hochkapitalismus, Zweiter Halbband: Der Hergang der hochkapitalistischen Wirtschaft – Die Gesamtwirtschaft, Berlin 1955.

Stern, J. M./Shiely, J. S./Ross, I. (2002): Wertorientierte Unternehmensführung mit E(conomic) V(alue) A(dded) – Strategie, Umsetzung, Praxisbeispiele, München 2002.

Stibi, B./Fuchs, M. (2009): Zur Umsetzung der HGB-Modernisierung durch das BilMoG: Konzeption des HGB – Auslegung und Interpretation der Grundsätze ordnungsmäßiger Buchführung unter dem Einfluss der IFRS, in: Der Betrieb (DB), 62. Jg., Beilage Nr. 5 zum Heft 23, 2009, S. 9-15.

Stute, A. (2007): Konvergenz von IFRS und interner Unternehmensrechnung – Eignung der IFRS-Rechnungslegung zur Erfüllung von Funktionen und zur Substitution von Instrumenten der internen Unternehmensrechnung, Berlin 2007.

Töben, T./Fischer, H. (2007): Die Zinsschranke: Regelungskonzept und offene Fragen, in: Betriebs-Berater (BB), 62. Jg., Heft 18, 2007, S. 974-978.

Trageser, C. (2008): IFRS im Mittelstand? Kosten-Nutzen-Analyse einer Rechnungslegungsumstellung, in: Praxis der internationalen Rechnungslegung (PiR), 4. Jg., Heft 1, 2008, S. 21-26.

Troßmann, E./Baumeister, A. (2005): Harmonisierung von internem und externem Rechnungswesen durch die Fair Value-Bewertung?, in: Bieg, H./Heyd, R. (Hrsg.): Fair Value – Bewertung in Rechnungswesen, Controlling und Finanzwirtschaft, München 2005, S. 629-648.

Übelhör, M./Warns, C. (2004): Grundlage der neuen Eigenkapitalvereinbarung, in: Übelhör, M./Warns, C. (Hrsg.): Basel II: Auswirkungen auf die Finanzierung. Unternehmen und Banken im Strukturwandel, Heidenau 2004, S. 14-41.

Ulbrich, P. R. (2006): Segmentberichterstattung nach IAS 14 – Ein normativer Ansatz zur Neugestaltung auf der Grundlage des Beteiligungscontrollings, Hamburg 2006.

Ull, T. (2006): IFRS für den Mittelstand – das IASB Projekt, in: Winkeljohann, N. (Hrsg.): Rechnungslegung nach IFRS: Ein Handbuch für mittelständische Unternehmen, 2. Aufl., Herne, 2006, S. 430-436.

Vahrenkamp, R. (2007): Logistik – Management und Strategien, 6. Aufl., München 2007.

Vanini, U. (2006): IFRS-Rechnungslegung und Controlling, in: Das Wirtschaftsstudium (WISU), 35. Jg., Heft 11, 2006, S. 1388-1392.

Vieweg, R. (1971): Finanzplanung und Finanzdisposition – Moderne Methoden der Steuerung, Berlin 1971.

Volk, G. (1987): Das Informationsinteresse der Jahresabschlussadressaten, in: Betriebs-Berater (BB), 42. Jg., Heft 11, 1987, S. 723-728.

Währisch, M. (1998): Kostenrechnungspraxis in der deutschen Industrie – Eine empirische Studie, Wiesbaden 1998.

Währisch, M. (2000): Der Ansatz kalkulatorischer Kostenarten in der industriellen Praxis, in: Zeitschrift für betriebswirtschaftliche Forschung (ZfbF), 52. Jg., Heft 7, 2000, S. 678-694.

Wagenhofer, A. (2005): Rechnungslegung, in: Blitz, M./Domsch, M./Ewert, R./Wagner, F. W. (Hrsg.): Vahlens Kompendium der Betriebswirtschaftslehre – Band 1, 5. Aufl., München 2005, S. 449-536.

Wagenhofer, A. (2005a): Internationale Rechnungslegungsstandards IAS/IFRS – Grundkonzepte; Bilanzierung, Bewertung, Angaben; Umstellung und Analyse, 5. überarbeitete und erweiterte Aufl., Frankfurt a.M. 2005.

Wagenhofer, A. (2006): Zusammenwirken von Controlling und Rechnungslegung nach IFRS, in: Wagenhofer, A. (Hrsg.): Controlling und IFRS-Rechnungslegung, Berlin 2006, S. 1-20.

Wagenhofer, A. (2009): Internationale Rechnungslegungsstandards – IAS/IFRS: Grundlagen und Grundsätze, Bilanzierung, Bewertung und Angaben; Umstellung und Analyse, 6. aktualisierte und erweiterte Aufl., München 2009.

Wagenhofer, A. (2010): Bilanzierung und Bilanzanalyse – Eine Einführung, 10. überarbeitete und aktualisierte Aufl., Wien 2010.

Wagenhofer, A./Ewert, R. (2007): Externe Unternehmensrechnung, 2. Aufl., Berlin/Heidelberg 2007.

Wahrig-Burfeind, R. (2007): Fremdwörterlexikon, 6. Aufl., Gütersloh/München 2007.

Wala, T./Knoll, L./Messner, S. (2007): Vor- und Nachteile einer Integration von internem und externem Rechnungswesen auf Basis der IFRS – Teil I, in: Deutsches Steuerrecht (DStR), 45. Jg., Heft 41, 2007, S. 1834-1838.

Wallau, F. (2006): Mittelständische Unternehmen in Deutschland – das Rückrad der Wirtschaft, in: Schauf, M. (Hrsg.): Unternehmensführung im Mittelstand – Rollenwandel kleiner und mittlerer Unternehmen in der Globalisierung, München/Mering 2006, S. 9-33.

Walther, D. (2006): Eigenkapitalersetzende Instrumente zur Verbesserung des Rating, in: Reichmann, T./Pyszny, U. (Hrsg.): Rating nach Basel II: Herausforderungen für den deutschen Mittelstand, München 2006, S. 347-365.

Weber, J. (1997): Einführung in das Rechnungswesen – 2. Kostenrechnung, 5. Aufl., Stuttgart 1997.

Weber, J./Bramsemann, U./Heineke, C./Hirsch, B. (2004): Wertorientierte Unternehmenssteuerung – Konzepte – Implementierung – Praxisstatements, 1. Aufl., Wiesbaden 2004.

Weber, J./Hirsch, B./Linder, S./Zayer, E. (2003): Verhaltensorientiertes Controlling: der Mensch im Mittelpunkt, Vallendar 2003.

Weber, J./Hirsch, B./Rambusch R./Schlüter, H./Sill, F./Spatz, A. C. (2006): Controlling 2006: Stand und Perspektiven, Berlin 2006.

Weber, J./Weißenberger, B. E. (2010): Einführung in das Rechnungswesen – Bilanzierung und Kostenrechnung, 8. überarbeitete und aktualisierte Aufl., Stuttgart 2010.

Wehrheim, M./Rupp, D. (2009): Zum Geltungsbereich der Ausschüttungssperre des § 268 Abs. 8 HGB im Regierungsentwurf des BilMoG, in: Der Betrieb (DB), 62. Jg., Heft 8, 2009, S. 356-358.

Weiss, H.-J. (1999): Integrierte Konzernsteuerung: Strategiekonform, wertorientiert, global konsistent, technisch auf dem neuesten Stand, in: Küting, K./Langenbucher, G. (Hrsg.): Internationale Rechnungslegung – Festschrift für Prof. Dr. C.-P. Weber zum 60. Geburtstag, Stuttgart 1999, S. 649-669.

Weißenberger, B. E. (1997): Die Informationsbeziehung zwischen Management und Rechnungswesen: Analyse institutionaler Koordination, Wiesbaden 1997.

Weißenberger, B. E. (2003): Anreizkompatible Erfolgsrechnung im Konzern – Grundmuster und Gestaltungsalternativen, Wiesbaden 2003.

Weißenberger, B. E. (2004): Integrierte Rechnungslegung und Unternehmenssteuerung – Bedarf an kalkulatorischen Erfolgsgrößen auch unter IFRS?, in: Zeitschrift für Controlling und Management (ZfCM), 48. Jg., Sonderheft 2, 2004, S. 72-77.

Weißenberger, B. E. (2006): Integration der Rechnungslegung unter IFRS – Ergebnisse des Arbeitskreises „Controller und IFRS“ der International Group of Controlling, in: Controlling, 18. Jg., Heft 8/9, 2006, S. 409-415.

Weißenberger, B. E./Stahl, A. B./Vorstius, S. (2004): Die Umstellung auf internationale Rechnungslegungsgrundsätze – Wunsch und Wirklichkeit in deutschen Unternehmen, in: Internationale und kapitalmarktorientierte Rechnungslegung (KoR), 4. Jg., Heft 1, 2004, S. 5-15.

Werner, H. (2002): Supply Chain Management – Grundlagen, Strategien, Instrumente und Controlling, 2. vollständig überarbeitete und erweiterte Aufl., Wiesbaden 2002.

Wetzel, A. (2003): Kapitalmarkt und Mittelstand – Ergebnisse einer Umfrage bei nicht-börsennotierten Unternehmen in Deutschland, Studien des deutschen Aktieninstituts, o. Jg., Heft 24, Frankfurt a.M. 2003.

Wiedmann, H./Beiersdorf, K./Schmidt, M. (2007): IFRS im Mittelstand vor dem Hintergrund des Entwurfes eines IFRS für KMU, in: Betriebswirtschaftliche Forschung und Praxis (BFuP), 59. Jg., Heft 4, 2007, S. 326-345.

Winkeljohann, N./Haenelt, T. (2007): Das geplante Bilanzrechtsmodernisierungsgesetz und der ED IFRS for SME aus der Perspektive des Mittelstandes, in: Kirsch, H.-J./Thiele, S. (Hrsg.): Rechnungslegung und Wirtschaftsprüfung. Festschrift zum 70. Geburtstag von Jörg Baetge, Düsseldorf 2007, S. 417-448.

Winkeljohann, N./Morich, S. (2009): IFRS für den Mittelstand: Inhalte und Akzeptanzaussichten des neuen Standards, in: Betriebs-Berater (BB), 64. Jg., Heft 31, 2009, S. 1630-1634.

Witte, E. (1964): Zur Bestimmung der Liquiditätsreserve, Zeitschrift für Betriebswirtschaft (ZfB), 34. Jg., 1964, S. 763-772.

Wöhe, G. (1997): Bilanzierung und Bilanzpolitik: betriebswirtschaftlich, handelsrechtlich, steuerrechtlich; mit einer Einführung in die verrechnungstechnischen Grundlagen, 9. Aufl., München 1997.

Wöhe G./Döring U. (2010): Einführung in die Allgemeine Betriebswirtschaftslehre, 24. Aufl., München 2010.

Wöhe, G./Mock, S. (2010): Die Handels- und Steuerbilanz: betriebswirtschaftliche, handelsrechtliche und steuerrechtliche Grundsätze der Bilanzierung, 6. aktualisierte und erweiterte Aufl., München 2010.

Wolter, H.-J./Hauser, H.-E. (2001): Die Bedeutung des Eigentümerunternehmens in Deutschland – Eine Auseinandersetzung mit der qualitativen und quantitativen Definition des Mittelstands, in: Jahrbuch zur Mittelstandsforschung, Instituts für Mittelstandsforschung Bonn (Hrsg.), o. Jg., Heft 1, 2001, S. 25-77.

Wolz, M. (2005): Grundzüge der internationalen Rechnungslegung nach IFRS, München 2005.

Wossidlo, R. P. (1993): Mittelständische Unternehmungen, in: Wittmann, W. (Hrsg.): Handwörterbuch der Betriebswirtschaftslehre, Teilband 2, 3. Aufl., Stuttgart 1993, Sp. 2888-2898.

Wurl, H.-J./Kuhnert, M./Hebeler, C. (2001): Traditionelle Formen der kurzfristigen Erfolgsrechnung und der „Economic Value Added"-Ansatz – Ein kritischer Vergleich unter dem Aspekt der Unternehmenssteuerung, in: Die Wirtschaftsprüfung (WPg), 54. Jg., Heft 23, 2001, S. 1361-1372.

Wurl, H.-J./Mayer, J. H. (1999): Ansätze zur Gestaltung effizienter Führungsinformationssysteme für die internationale Management-Holding – Ergebnisse einer empirischen Untersuchung, in: Controlling, 11. Jg., Heft 1, 1999, S. 13-21.

Wussow, S. (2004): Harmonisierung des internen und externen Rechnungswesens mittels IAS/IFRS unter Berücksichtigung der wertorientierten Unternehmenssteuerung, München 2004.

von Wysocki, K. (1993): Jahresabschluß, in: Chmielewicz, K./Schweitzer, M. (Hrsg.): Handwörterbuch des Rechnungswesens, 3. Aufl., Stuttgart 1993, Sp. 989-999.

Ziegler, H. (1994): Neuorientierung des internen Rechnungswesens für das Unternehmens-Controlling im Hause Siemens, in: Zeitschrift für betriebswirtschaftliche Forschung (ZfbF), 46. Jg., Heft 2, 1994, S. 175-188.

Zimmermann, W. (2003): Wirtschaftlichkeits- und Investitionsrechnung, in: Zimmermann, W./Fries, H.-P./Hoch, G. (Hrsg.): Betriebliches Rechnungswesen – Bilanz und Erfolgsrechnung, Kosten- und Leistungsrechnung, Wirtschaftlichkeits- und Investitionsrechnung, 8. überarbeitete und erweiterte Aufl., München/Wien 2003, S. 273-348.

Zirkler, B./Nohe, R. (2003): Harmonisierung von internem und externem Rechnungswesen – Gründe und Stand in der Praxis, in: Bilanzbuchhalter und Controller, 2003, S. 222-225.

Zülch, H./Löw, E./Burghardt, S. (2008): Zur Bedeutung von IFRS-Abschlüssen bei der Kreditvergabe on Banken an mittelständische Unternehmen (HHL Arbeitspapier Nr. 82), Leipzig 2008.

Zwirner, Ch./Boecker, C./Froschhammer, M. (2012): Ermittlung der Herstellungskosten unter Berücksichtigung von Entwicklungskosten – Unterschiede und Gemeinsamkeiten nach IFRS und HGB – Eine Fallstudie unter Berücksichtigung steuerlicher Auswirkungen, in: Zeitschrift für internationale und kapitalmarktorientierte Rechnungslegung (KoR), 12. Jg., Heft 2, 2012, S. 93-101.